Couvertures supérieure et inférieure
en couleur

V. 889
3.B.

6482.

EXPOSITION ÉLÉMENTAIRE

DES PRINCIPES DES CALCULS SUPÉRIEURS,

QUI A REMPORTÉ LE PRIX PROPOSÉ

PAR

L'ACADÉMIE ROYALE DES SCIENCES

ET

BELLES - LETTRES

POUR

L'ANNÉE 1786.

PAR M. L'HUILIER,

CORRESPONDANT DE L'ACADÉMIE IMPÉRIALE DE PÉTERSBOURG,
MEMBRE DE I 1 SOCIÉTÉ D'ÉDUCATION DE POLOGNE etc.

À BERLIN,

CHEZ GEORGE JACQUES DECKER,
IMPRIMEUR DU ROI.

EXPOSITION ÉLÉMENTAIRE

DES

PRINCIPES DES CALCULS SUPÉRIEURS,

POUR SERVIR DE RÉPONSE

À LA DEMANDE

D'UNE THÉORIE CLAIRE ET PRÉCISE

DE

L'INFINI MATHÉMATIQUE.

L'Infini est le gouffre où se perdent nos pensées.
BAILLY, Hist. de l'Astronomie moderne.

A 2

Introduction.

Plus une science est étendue, plus ses applications sont importantes; plus aussi il est nécessaire de l'établir sur des principes certains & lumineux, & de mettre à l'abri de tout doute la liaison de ces principes avec leurs conséquences. Les Mathématiques jouissent sans contredir, par la nature même de leur objet, du premier de ces avantages; c'est au Mathématicien qui en contemple & expose les vérités à les faire jouir du second. Aussi les anciens, religieusement attachés à la méthode lumineuse qui caractérise leurs ouvrages, se sont-ils appliqués à n'admettre pour principes qu'un petit nombre de vérités, reconnues sans peine par le sens commun à leur seul énoncé; & à en déduire, par une chaîne non-interrompue de déductions rigoureuses, les conséquences les plus sublimes; qui, malgré leur éloignement des principes desquels elles sont déduites, n'en sont pas moins qu'eux mises au nombre des vérités éternelles & immuables qui composent cette divine science.

Mais les modernes, en entrant dans la carrière que les anciens nous ont ouverte, n'ont pas toujours marché sur leurs traces; & en la prolongeant, ils n'ont pas toujours suivi la direction que ces derniers lui avoient donnée. Il semble au contraire, en ouvrant les ouvrages d'un grand nombre de Mathématiciens modernes, que les Mathématiques se divisent en deux branches, distinctes l'une de l'autre; qui, à la vérité, se prêtent quelquefois un secours mutuel, & rentrent de temps en temps l'une dans l'autre; mais qui, en effet, reposent sur des principes entièrement opposés, & ont pour objet des êtres d'une nature entièrement différente. Les anciens n'ont jamais considéré les quantités que sous le point de vue d'êtres susceptibles d'augmentation & de diminution; & par conséquent, non-susceptibles d'atteindre un dernier terme de grandeur ou de petitesse. Au contraire, un grand nomlvre de Mathématiciens modernes, croyant pouvoir contempler la grandeur dans l'un & l'autre de ces états extrêmes, prennent pour principe l'existence même de ces états; &, ce qui jette une espèce de prestige sur une science qui devroit être toute lumineuse, cette supposition, toute opposée qu'elle est aux principes dont les anciens Géomètres sont partis, les mène aux mêmes résultats, dans tous les cas où les deux méthodes sont l'une & l'autre applicables; & elle étend au delà de toutes nos espérances les connoissances que les anciens nous ont transmises: & peut-être même celles qu'ils auroient été en état d'acquérir, en se tenant scrupuleusement attachés à leurs procédés & à leur notation.

Quelques Mathématiciens se sont déjà occupés avec succès de la conciliation des procédés des anciens & de ceux des modernes, en cherchant à ramener à des principes lumineux les calculs appelés supérieurs, qui paroissent reposer sur l'admission des quantités infiniment grandes ou infiniment petites. *) Content de leurs efforts pour concilier les deux méthodes, je n'aurois pas exposé au public le résultat de mes méditations particulières sur cet important objet, si la question proposée par le Corps illustre auquel j'ai l'honneur de le présenter, ne m'avoit donné lieu de croire que les travaux de ceux qui m'ont précédé, laissoient encore quelque chose à désirer sur cette matière.

Je me propose donc comme but principal, de montrer, avec la rigueur & la clarté requises par mes Juges: Que, *la méthode des anciens, connue sous le nom de Méthode d'Exhaustion, convenablement étendue, suffit pour établir d'une manière certaine les principes des nouveaux calculs;* sans que cependant cette réduction entraîne après elle des longueurs & des difficultés propres à rebuter dès les premiers pas ceux qui veulent entrer dans la carrière des Mathématiques sublimes. J'examinerai ensuite en abrégé les différentes manières dont les principes de ces calculs ont été exposés; & je montrerai, comment, en suivant des routes entièrement opposées, on est cependant parvenu à des résultats semblables.

*) *Note, postérieure au jugement de l'Académie.* Qu'il me suffise de nommer, après NEWTON & le plus grand nombre des Auteurs Anglois qui ont écrit sur la Méthode des Fluxions, Mrs. D'ALEMBERT, COUSIN, KÆSTNER, KARSTEN & TEMPELHOFF.

CHAPITRE PREMIER.

Sur les Limites des Quantités & des Rapports variables,

ou

Premiers Principes des Calculs Supérieurs.

§. I.

1re Définition. Soit une quantité variable, toujours plus petite ou toujours plus grande qu'une quantité constante proposée; mais qui puisse différer de cette dernière moins que d'aucune quantité proposée plus petite qu'elle: cette *quantité* constante est dite la *limite* en grandeur ou en petitesse de la quantité variable.

2de Définition. Soit un rapport variable toujours plus petit qu'un rapport donné, mais qui puisse être rendu plus grand qu'aucun rapport assigné plus petit que ce dernier: le *rapport* donné est appelé la *limite en grandeur* du rapport variable. Item; soit un rapport variable toujours plus grand qu'un rapport donné; mais qui puisse être rendu plus petit qu'aucun rapport assigné plus grand que ce dernier: le *rapport* donné est appelé la *limite en petitesse* du rapport variable.

Je vais éclaircir ces deux définitions par des exemples connus & élémentaires.

1er Exemple. Soit une progression géométrique décroissante, dont le premier terme est 1, & le second, p; Il est connu, que la somme d'un nombre quelconque n de termes de cette progression, est $\dfrac{1-p^n}{1-p} = \dfrac{1}{1-p} - \dfrac{p^n}{1-p}$. Donc la somme de cette progression, quel que soit le nombre de ses termes, est toujours plus petite que $\dfrac{1}{1-p}$. Mais, comme par l'augmentation de n, la différence $\dfrac{p^n}{1-p}$ de cette somme & de $\dfrac{1}{1-p}$ peut devenir plus petite qu'aucune quantité proposée, la quantité $\dfrac{1}{1-p}$ est la limite en grandeur de la somme de cette progression. Ce n'est donc qu'imparfaitement parlant qu'on dit communément que la quantité $\frac{1}{1-p}$ est la somme de cette progression. De même que le nombre n n'est jamais le plus grand de tous les nombres, la quantité p^n n'est jamais la plus petite; & la quantité $\frac{p^n}{1-p}$, n'est jamais zéro. Partant, quel que soit le nombre des termes qu'on prenne de cette suite, leur somme n'est jamais $\frac{1}{1-p}$.

Cet exemple doit s'appliquer à toutes les progressions décroissantes dont la somme est limitée, malgré l'augmentation illimitée du nombre de leurs termes. Ainsi la vraie valeur de la somme d'un nombre n de termes inverses des nombres triangulaires étant $2\left(1-\frac{1}{n+1}\right)$; & par l'augmentation de n la quantité $\frac{1}{n+1}$ pouvant être rendue plus petite qu'aucune quantité assignée; la limite de la somme des inverses des nombres triangulaires est 2. On détermine de même la limite de la somme des inverses des nombres figurés d'un ordre quelconque.

Cette distinction, entre la limite & la somme vraie d'une progression, peut être éclaircie par l'exemple des courbes asymptotiques, dont la surface est souvent limitée, malgré l'étendue illimitée de l'une de leurs dimensions, p. ex. de l'abscisse. Ainsi la surface d'une partie de la logarithmique terminée par deux ordonnées à l'axe, est rigoureusement égale au rectangle de la soustangente constante par la différence de ces deux ordonnées. Or, par l'augmentation illimitée de l'axe, la plus petite ordonnée peut devenir plus petite qu'aucune quantité assignée; d'où il suit, que la surface de cet espace logarithmique peut différer du rectangle de la soustangente par la plus grande des ordonnées qui le terminent, moins que d'aucun espace assigné. Partant, ce rectangle est la limite que ne peut excéder la surface de la logarithmique, quelque loin qu'elle soit prolongée.

2^d *Exemple.* Archimède a démontré: qu'on peut inscrire & circonscrire au cercle des polygones réguliers de même nom, dont, tant les contours

tours

tours que les surfaces, diffèrent du contour & de la surface de ce cercle, moins que d'aucune ligne ou d'aucune surface assignée. Et comme le contour & la surface du cercle sont plus grands que les contours & les surfaces des polygones inscrits, & plus petits que les contours & surfaces des polygones circonscrits, le contour & la surface du cercle sont respectivement les limites en grandeur & en petitesse des contours & des surfaces, d'une part, des polygones inscrits, & de l'autre part, des polygones circonscrits. Il en est de même des surfaces & des solidités, des cylindres, des cônes, & de la sphère, relativement aux prismes, pyramides, & polyèdres, qui leur sont respectivement inscrits & circonscrits.

Item. Le rapport d'égalité est la limite en grandeur ou en petitesse des rapports des contours & des surfaces des polygones inscrits & circonscrits au cercle, au contour & à la surface de ce cercle; & il en est de même des cylindres, cônes, & sphères, relativement aux prismes, pyramides, & polyèdres qui leur sont inscrits & circonscrits.

Exemple 3me. Soit une courbe quelconque rapportée à un axe, & dont les ordonnées à cet axe aillent toujours en croissant, depuis le zéro jusqu'à la plus grande d'entr'elles, laquelle soit prise pour base. Soit divisé l'axe en un nombre quelconque de parties égales. Par tous les points de division soient menées à la base des parallèles; sur la base & sur ses parallèles soient construits du côté du sommet de la Figure des parallélogrammes ayant pour leurs autres côtés les parties de l'axe. Ces parallélogrammes seront dits circonscrits à la Figure. Item: sur toutes les ordonnées parallèles à la base soient construits du côté de la base des parallélogrammes ayant ces ordonnées pour bases, & la même hauteur que les premiers. Ces parallélogrammes seront inscrits à cette Figure.

La différence de la somme des parallélogrammes circonscrits & de la somme des parallélogrammes inscrits à cette Figure, est égale au plus grand d'entr'eux. Mais ce parallélogramme ayant une base assignée, peut devenir par la diminution de sa hauteur plus petit qu'aucun espace assigné; donc aussi la différence de ces deux sommes peut être rendue plus petite qu'aucune surface affignée.   Or la furface de la Figure eft plus grande que la fomme des parallélogrammes infcrits, & plus petite que la fomme des parallélogrammes circonfcrits; mais fa différence à l'une ou à l'autre de ces deux fommes eft plus petite que la différence de ces deux fommes: donc cette Figure eft la limite en grandeur de la fomme des parallélogrammes qui lui font infcrits, & la limite en petiteffe de la fomme des parallélogrammes qui lui font circonfcrits.

Item: (l'angle des coordonnées étant droit).   Le folide engendré par la révolution de cette Figure tournant autour de fon axe, eft la limite en petiteffe de la fomme des cylindres engendrés pendant cette révolution par les rectangles qui lui font circonfcrits; & la limite en grandeur de la fomme des cylindres engendrés pendant la même révolution par les rectangles qui lui font infcrits.

§. II.

Théorème 1ᵉʳ. Soit une quantité conftante; & foit une quantité variable toujours plus petite ou toujours plus grande que la première, mais qui puiffe en différer moins que d'aucune quantité affignée plus petite qu'elle.   Le rapport d'égalité eft la limite en petiteffe ou en grandeur du rapport de la quantité conftante à la quantité variable.   Et réciproquement, fi le rapport d'égalité eft la limite, foit en grandeur foit en petiteffe, du rapport d'une quantité conftante à une quantité variable plus grande ou plus petite qu'elle, la quantité variable peut différer de la quantité conftante moins que d'aucune quantité affignée.

Soit *a* une quantité conftante; foit *x* une quantité variable, toujours plus petite ou toujours plus grande que *a*; mais qui puiffe en différer moins que d'aucune quantité affignée.   Je dis que le rapport de *a* à *x* peut approcher du rapport d'égalité plus près que n'en approche aucun rapport affigné de plus grande ou de plus petite inégalité.   Et réciproquement, fi le rapport de *a* à *x* peut approcher du rapport d'égalité plus près que n'en approche aucun rapport affigné, je dis que la quantité *x* peut différer de la quantité *a* moins que d'aucune quantité affignée.

Pour la Directe. Soit changé le rapport affigné dans le rapport de a à $a + v$; & foit faite z plus grande que $a - v$ dans le premier cas, & plus petite que $a + v$ dans le fecond cas: ce qui eft poffible (par fuppofition).

Dans le 1ᵉʳ cas; puifque $x > a - v$; $a : x < a : a - v$: donc le rapport de a à x approche du rapport d'égalité plus près que n'en approche le rapport affigné de a à $a - v$ de plus grande inégalité.

Dans le 2ᵈ cas; puifque $x < a + v$; $a : x > a : a + v$: donc le rapport de a à x approche du rapport d'égalité plus près que n'en approche le rapport affigné de a à $a + v$ de plus petite inégalité.

Pour l'Inverfe. Que la quantité affignée foit v.

Dans le 1ᵉʳ cas; par fupp. le rapport de a à x peut être fait plus petit que le rapport de a à $a - v$; en forte qu'on ait $a : x < a : a - v$; & partant $x > a - v$; ou $a - x < v$.

Dans le 2ᵈ cas; par fupp. le rapport de a à x peut être fait plus grand que le rapport de a à $a + v$; en forte qu'on ait $a : x > a : a + v$; & partant, $x < a + v$; ou $x - a < v$.

§. III.

Théorème 2ᵈ. Soient deux quantités variables fufceptibles de limites, l'une & l'autre en grandeur ou l'une & l'autre en petiteffe; & ayant entr'elles un rapport conftant; je dis que leurs limites font entr'elles dans le même rapport.

Soient A & B deux quantités variables, dont les limites, l'une & l'autre en grandeur ou l'une & l'autre en petiteffe, foient A' & B'; & foit le rapport de a à b le rapport conftant des quantités A & B. Je dis que auffi $A' : B' = a : b$.

1ᵉʳ cas. Que A' & B' foient refpectivement les limites en grandeur de A & de B. Si le rapport de A' à B' n'eft pas égal au rapport de a à b; le premier rapport eft plus grand ou plus petit que le fecond. Dans le premier cas il faut diminuer l'antécédent A'; & dans le fecond cas, il faut diminuer le conféquent

B'; pour que ces deux rapports deviennent égaux. Donc, dans l'un & l'autre cas, il faut diminuer l'une des limites A' ou B'.

Soit donc, s'il est possible, $A' - a' : B' = a : b = A : B$. Par supposition, on peut rendre A plus grande que $A' - a'$; cela étant, dans la proportion précédente B seroit plus grande que B'; ce qui est contraire à la supposition que B' est la limite en grandeur de B.

2^d cas. Que A' & B' soient respectivement les limites en petitesse de A & de B. Si le rapport de A' à B' n'est pas égal au rapport de a à b; le premier rapport est plus grand ou plus petit que le second: dans le premier cas, il faut augmenter le conséquent B'; & dans le second cas, il faut augmenter l'antécédent A'; pour que ces deux rapports deviennent égaux. Donc, dans l'un & l'autre cas, il faut augmenter un des termes, tel que A', du premier rapport. Soit donc, s'il est possible, $A' + a' : B' = a : b = A : B$. Soit fait, conformément à la supposition, A plus petit que $A' + a'$; donc, dans la proportion $A' + a' : B' = A : B$, B seroit plus petit que B'; & partant, B' ne seroit pas la limite en petitesse de B; ce qui est contre la supposition.

Remarque. Cette proposition est un des fondements de la méthode d'exhaustion des anciens, telle qu'elle nous a été transmise entr'autres par Euclide & par Archimède. Qu'il me suffise d'en citer quelques exemples.

Les contours des polygones réguliers semblables, circonscrits à deux cercles, sont entr'eux dans le rapport constant des rayons de ces cercles; & leurs surfaces sont en raison doublée de celle de ces rayons. Donc aussi, les contours & les surfaces de ces cercles (qui sont respectivement les limites des contours & des surfaces de ces polygones), sont respectivement en raison simple & en raison doublée de celle de ces rayons. Et la même proposition se déduit des polygones inscrits.

Soient deux pyramides de même hauteur, dont les bases sont sur un même plan, & qui sont situées d'un même côté de ce plan. Soit coupée la hauteur commune en un nombre quelconque de parties égales. Par les points de division soient menés des plans parallèles à celui des bases; & sur les sections des pyramides par ces plans soient décrits des prismes, ayant pour hauteur commune une des parties de la hauteur: & qui soient inscrits & circonscrits aux pyramides. Ces pyramides sont respectivement les limites en grandeur des sommes des prismes qui leur sont inscrits; & les limites en petitesse des sommes des prismes qui leur sont circonscrits. Mais les deux sommes des prismes inscrits sont entr'elles comme les bases des pyramides; & il en est de même des sommes des prismes circonscrits. Donc, les limites de ces sommes, savoir les pyramides, sont aussi entr'elles dans le même rapport.

C'est par le même procédé qu'on démontre que les cylindres de même hauteur, ou les cônes de même hauteur, sont entr'eux comme leurs bases; qu'un cône est le tiers du cylindre de même base & de même hauteur que lui; que les cylindres semblables & les cônes semblables ont leurs surfaces & leurs solidités, respectivement en raison doublée & en raison triplée de celle de leurs dimensions correspondantes. Enfin, c'est encore à cette proposition que peut se réduire la démonstration des découvertes d'Archimède sur la surface & la solidité de la sphère.

Soit une ellipse ayant pour un de ses axes le diamètre d'un cercle. Soit coupé cet axe en un nombre quelconque de parties égales. Par tous les points de division soient menées des ordonnées au cercle & à l'ellipse; & soient inscrits & circonscrits au cercle & à l'ellipse les rectangles ayant pour largeur commune une des parties de l'axe, & pour longueurs, les ordonnées au cercle & à l'ellipse. Les sommes des rectangles inscrits & circonscrits au cercle, sont aux sommes des rectangles inscrits & circonscrits à l'ellipse, respectivement, dans un rapport constant (celui de l'axe commun à ces deux Figures à son axe conjugué). Mais (§. I.) le cercle & l'ellipse sont respectivement les limites de ces sommes; donc aussi, le cercle & l'ellipse sont entr'eux dans le même rapport. De même, la sphère & l'ellipsoïde ayant un axe commun, sont entr'elles en raison doublée de l'axe qui lui est conjugué; parce que les sommes des cylindres à échelons qui leur sont inscrits ou qui leur sont circonscrits, sont entr'elles dans le même rapport, & que ces deux solides sont respectivement les limites de ces sommes.

§. IV.

Théorème 3ᵐᵉ. Soient deux quantités variables d'espèces différentes susceptibles de limites, l'une & l'autre en grandeur ou l'une & l'autre en petitesse. Que les rapports de ces quantités variables à deux quantités constantes soient toujours égaux entr'eux. Je dis que les rapports de leurs limites aux mêmes quantités constantes sont aussi égaux entr'eux.

Soient A & B deux quantités variables, dont les limites, l'une & l'autre en grandeur ou l'une & l'autre en petitesse, soient A' & B'; & soient a & b deux quantités constantes, respectivement, des mêmes espèces qu'elles. Si on a toujours la proportion $A : a = B : b$, je dis qu'on a aussi la proportion $A' : a = B' : b$.

1ᵉʳ cas. Que A' & B' soient les limites en grandeur de A & de B.

Si la proportion $A' : a = B' : b$ n'avoit pas lieu, l'un de ses rapports, p. ex. le premier, seroit plus grand que l'autre; & partant, il faudroit diminuer son antécédent A' pour le rendre égal au second. Soit donc, s'il est possible, $A' — a' : a = B' : b$. Soit prise la quantité variable A plus grande que $A' — a'$ (ce qui est possible par supp.); & soit B la quantité correspondante de la seconde espèce; on aura la proportion

$$A : a = B : b; \text{ ou } \qquad a : A = b : B.$$

$$\text{Donc, } \textit{ex æquo} \qquad A' — a' : A = B' : B.$$

Or, dans cette proportion, le conséquent A a été fait plus grand que l'antécédent $A' — a'$; donc aussi, le conséquent B seroit plus grand que l'antécédent B'; ce qui est contre la supposition que B' est la limite en grandeur de B.

2ᵈ Cas. Que A' & B' soient les limites en petitesse de A & de B. Si la proportion, $A' : a = B' : b$, n'avoit pas lieu, l'un de ses rapports, p. ex. le premier, seroit plus petit que l'autre; & partant, il faudroit augmenter son antécédent A' pour le rendre égal au second. Soit donc, s'il est possible, $A' + a' : a = B' : b$. Soit prise la quantité variable A plus petite que $A' + a'$: (ce qui est possible par supp.); & soit B la quantité correspondante de la seconde espèce; on aura la proportion

$$A : a = B : b; \text{ ou } \qquad - \qquad - \qquad a : A = b : B.$$

$$\text{Donc, } ex \ æquo \qquad - \qquad - \qquad A' + a' : A = B' : B.$$

Or, dans cette proportion, le conséquent A a été fait plus petit que l'antécédent $A' + a'$; donc aussi, le conséquent B seroit plus petit que l'antécédent B'; ce qui est contre la supposition que B' est la limite en petitesse de B.

Cette proposition trouve aussi de fréquentes applications. Qu'il me suffise de l'éclaircir par les exemples simples de la quadrature de la parabole d'Apollonius, & de la cubature du paraboloïde engendré par la révolution d'un segment parabolique tournant autour de l'axe.

1°. Soit SAB un segment parabolique dont S est le sommet, SB une abscisse de l'axe & AB l'ordonnée à l'axe correspondante. Soit SD une tangente au sommet, & soit AD parallèle à SB; soit menée SA. Soit divisée SD en un nombre quelconque de parties égales, & soient DD', PP' deux de ces parties. Par les points P & P' soient menées à l'axe des parallèles qui rencontrent la courbe parabolique en M & M', la ligne SA en Q & Q', & l'ordonnée AB en R & R'. Par les points M & Q soient menées à $P'R'$ les perpendiculaires Mm, Qq. Soient conçus le triangle SAD, & le rectangle $SBAD$, tournant autour de la tangente SD. Le triangle engendrera un cône, les rectangles tels que Pq engendreront des cylindres à échelons circonscrits à ce cône; & les rectangles tels que PR' engendreront des cylindres qui composeront le cylindre entier engendré par $SBAD$.

Par la propriété de la parabole

$$MP : AD = SP^2 : SD^2 = PQ^2 : AD^2 = PQ^2 : PR^2$$
$$\text{ou } MP : RP = \qquad\qquad\qquad\qquad PQ^2 : PR^2$$
$$\text{donc } Pm : PR' = \text{cyl. engendré par } Pq : \text{cyl. engendré par } PR'.$$

Dans toutes les proportions pareilles, les deux conséquents PR' & le cylindre engendré par PR' sont constants, tant que PP' reste la même:

donc la fomme de tous les premiers antécédents de toutes ces proportions eft au premier conféquent, comme la fomme de tous les feconds antécédents eft au fecond conféquent, & auffi la fomme de tous les premiers antécédents eft au premier conféquent pris autant de fois qu'il y a de proportions, comme la fomme de tous les feconds antécédents eft au fecond conféquent pris autant de fois qu'il y a de proportions. Savoir, la fomme des rectangles à échelons circonfcrits au fegment parabolique extérieur, eft au rectangle de la bafe par la hauteur de ce fegment, comme la fomme des cylindres à échelons circonfcrits au cône engendré par le triangle SAD tournant autour de SD, eft au cylindre engendré par le rectangle $SBAD$ tournant autour de la même ligne. Dans cette proportion, les conféquents font couftants, & le fegment parabolique extérieur & le cône font refpectivement les limites en petiteffe des deux fommes qui compofent les deux antécédents. Donc (par la proportion précédente), le fegment parabolique extérieur eft au rectangle de fa bafe par fa hauteur, comme le cône eft au cylindre de même bafe & de même hauteur que lui; c. à d. comme 1. eft à 3; & le fegment parabolique intérieur, terminé par l'axe parabolique, l'abfciffe de l'axe & l'ordonnée, eft les $\frac{2}{3}$ du même rectangle.

Fig. 2. 2°. Soit SAB un fegment parabolique engendrant un fegment paraboloïde par fa révolution autour de l'axe SB. Soit achevé le rectangle $SBAD$. Soit menée AS. Soit divifée la hauteur SB en un nombre quelconque de parties égales; & foient PP', BB', deux de ces parties. Par les points P, & P' foient menées à l'axe des ordonnées qui rencontrent la courbe en M & M', la droite AS en Q & Q'; & AD en R & R'. Soient enfin Qq, Mm, perpendiculaires à $P'R'$.

Cyl. engendré par Pm : cyl. eng. par $PR' = PM^2 : PR^2 = PM^2 : AB^2 = SP : SB = PQ : AB = PQ : PR = Pq : PR'$. Dans toutes les proportions pareilles, les deux conféquents font conftants; & partant, la fomme de tous les premiers antécédents eft au premier conféquent pris autant de fois qu'il y a de proportions, comme la fomme de tous les feconds antécédents eft au fecond conféquent pris autant de fois qu'il y a

de

de proportions. Savoir, la fomme des cylindres à échelons circonfcrits au paraboloïde, eft au cylindre circonfcrit, comme la fomme des rectangles à échelons circonfcrits au triangle SAB, eft au rectangle $SBAD$. Mais le paraboloïde & le triangle SAB, font refpectivement les limites en petiteffe des deux fommes qui compofent les deux antécédents; donc auffi le paraboloïde eft au cylindre circonfcrit, comme un triangle eft au rectangle de même bafe & de même hauteur que lui, favoir dans le rapport de 1 à 2, ou le paraboloïde eft la moitié du cylindre circonfcrit.

§ V.

Théorème. Si deux rapports variables, fufceptibles de limites, font toujours égaux entr'eux, leurs rapports limites font auffi égaux entr'eux.

Que les rapports de A à B & de C à D foient toujours égaux entr'eux, & que les rapports de A' à B' & de C' à D' foient refpectivement leurs limites; je dis que les rapports de A' à B' & de C' à D' font auffi égaux entr'eux.

1er cas. Que le rapport de A' à B' foit la limite en grandeur du rapport de A à B. Puisque le rapport de A' à B' eft toujours plus grand que le rapport de A à B & que le rapport de A à B eft égal au rapport de C à D; le rapport de A' à B' eft auffi plus grand que le rapport de C à D. Item, le rapport de A à B pouvant approcher du rapport de A' à B' plus près que n'en approche aucun rapport affigné plus petit que ce dernier, auffi le rapport de C à D, toujours plus petit que le rapport de A' à B', peut en approcher plus près que n'en approche aucun rapport affigné plus petit que lui; ou le rapport de A' à B' eft la limite du rapport de C à D. Et partant les rapports de A à B & de C à D ont une feule & même limite; ou les rapports de A' à B' & de C' à D' font égaux entr'eux.

2^d cas. Que le rapport de A' à B' foit la limite en petiteffe du rapport de A à B. La démonftration eft exactement la même que celle du premier cas, en fubftituant aux mots *plus petits* ou *plus grands*, les mots *plus grands* ou *plus petits*.

C

§. VI.

Théorème. Le rapport composé d'un nombre quelconque de rapports fusceptibles de limites a pour limite le rapport composé des rapports limites des premiers.

1°. Que le nombre des rapports compofants foit deux.

Que le rapport de A à B ait pour limite le rapport de A' à B', & que le rapport de B à C ait pour limite le rapport de B' à C'; j'affirme que le rapport de A à C a pour limite le rapport de A' à C'.

1er cas. Que les rapports de A' à B' & de B' à C' foient l'un & l'autre les limites en petiteffe des rapports de A à B & de B à C.

Par fupp. $A : B \succ A' : B'$; foit $A : B = A' : B' - b'$

Item; $B : C \succ B' : C'$; foit $B : C = B' : C' - c'$

$$= B' - b' : \frac{B' - b' \times C' - c'}{B'}$$

Donc $A : C$ - - - $= A' \cdot \frac{(B' - b')(C' - c')}{B'}$

$$= A' : C' - c' - b' \times \frac{C}{B'} + \frac{b'c'}{B'}.$$

Or (par fupp.) les quantités b' & c' peuvent être rendues l'une & l'autre plus petites qu'aucune quantité affignée; & partant, il y a autant de manières qu'on veut de rendre la quantité $c' + b' \times \frac{C}{B'} - \frac{b'c'}{B'}$ plus petite qu'aucune quantité affignée c, & partant, il y a autant de manières qu'on veut de rendre le rapport de A à C approchant du rapport de A' à C' plus près que n'en approche aucun rapport affigné de A' à C' — c plus grand que lui. Donc le rapport de A' à C' eft bien la limite en petiteffe du rapport de A à C.

Exemple. Soit $b' = c' \times \frac{B'}{C' - c'}$. Le rapport de A à C fera égal au rapport de A' à C' — $2c'$; donc la limite en petiteffe eft bien le rapport de A' à C' (§. II.)

2.ᵉ cas. Que les rapports de A' à B' & de B' à C' soient l'un & l'autre les limites en grandeur des rapports de A à B & de B à C.

Puisque $A : B \vartriangleleft A' : B'$; soit $A : B = A' : B' + b'$.

De même $B : C \vartriangleleft B' : C'$, soit $B : C = B' : C + c'$.

$$= B' + b' : \frac{(B' + b')(C + c')}{B'}.$$

Partant, $A : C = A' : \dfrac{(B' + b')(C + c')}{B'}.$

$$= A' : C' + c' + b' \times \frac{c'}{B'} + \frac{b' c'}{B'}.$$

Et partant, le rapport de A à C est aussi toujours plus petit que le rapport de A' à C'. Mais, comme les quantités b' & c' peuvent être rendues l'une & l'autre plus petites qu'aucune quantité assignée, il y a autant de manières qu'on veut de rendre le rapport de A à C approchant du rapport de A' à C' plus près que n'en approche aucun rapport assigné de A' à $C' + c$ plus petit que lui. Et partant, le rapport de A' à C' est bien la limite en grandeur du rapport de A à C.

Exemple. Soit $b' = c' \times \dfrac{B'}{C' + c'}$; le rapport de A à C sera celui de A' à $C' + 2c'$, dont la limite en grandeur est bien le rapport de A' à C' (§. II.)

3.ᵐᵉ cas. Que l'une des limites, p. ex. celle de A' à B' soit une limite en petitesse, & l'autre, celle de B' à C', une limite en grandeur.

Puisque $A : B \vartriangleright A' : B'$; soit $A : B = A' : B' - b'$

De même, $B : C \vartriangleleft B' : C'$; soit $B : C = B' : C' + c'$

$$= B' - b' : \frac{(B' - b')(C' + c')}{B'}$$

Donc $A : C = A' : \dfrac{(B' - b')(C' + c')}{B'}$

$$= A' : C' + c' - b' \times \frac{c'}{B'} - \frac{b' c'}{B'}$$

Partant, le rapport de A à C est égal au rapport de A' à C' plus grand que lui ou plus petit que lui, suivant que c' est égal à $b' \times \dfrac{C' + c'}{B'}$ plus petit que lui ou plus grand que lui; ou suivant que b' est égal à $\dfrac{C' \times B'}{C' + c'}$ plus grand que lui ou plus petit que lui. Partant, le cas d'égalité est un cas unique; & il y a au contraire un nombre de cas aussi grand que l'on veut, où le rapport de A à C, sans être égal au rapport de A' à C', peut en approcher plus près que n'en approche aucun rapport plus petit ou plus grand que lui. En effet, les quantités b', c', & $b' \times \dfrac{C'}{B'}$ pouvant être plus petites qu'aucune quantité assignée, il y a autant de manières qu'on veut de rendre la différence des quantités c', & $b' \times \dfrac{C' + c}{B}$ plus petite qu'aucune quantité assignée, & partant le rapport de A' à C' est bien la limite en grandeur ou en petitesse du rapport de A à C.

En second lieu. Que le nombre des rapports composants soit plus grand que deux. On pourroit appliquer le procédé précédent à un nombre quelconque de rapports; mais il vaut mieux partir du cas développé, pour en déduire le cas d'un plus grand nombre de rapports composants.

Que les rapports de A à B, de B à C & de C à D ayent respectivement pour limites les rapports de A' à B', de B' à C' & de C' à D'; je dis que le rapport de A à D a aussi pour limite le rapport de A' à D'.

En effet (par le 1.er cas), le rapp. de A à C a pour limite le rapp. de A' à C'

Mais (supp.) le rapp. de C à D a pour limite le rapp. de C' à D'

Donc (par le 1.er cas), le rapp. de A à D a pour limite le rapp. de A' à D'.

On passeroit de même du nombre trois de rapports composants, à celui de quatre, puis à celui de cinq, de six &c... & partant, la proposition est vraie pour un nombre quelconque de rapports composants.

Le cas qui se présente le plus souvent, est celui où les rapports limites sont égaux entr'eux. Pour ce cas, il est très-aisé de montrer que le rapport composé d'un nombre quelconque de rapports ayant chacun pour limite de même nom un même rapport, a pour limite le rapport multiplié de ce dernier autant de fois qu'il y a de rapports compofants. Par ex. Si les rapports de A à B, de B à C ont l'un & l'autre pour limite en grandeur le rapport de A' à B', le rapport de A à C a pour limite en grandeur le rapport double de A' à B'. En effet, fi on propofe un rapport plus petit que le rapport doublé de A' à B'; faifant chacun des rapports de A à B & de B à C plus grands que le rapport foufdoublé du rapport propofé; le rapport de A à C fera auffi plus grand que le rapport propofé, & le même raifonnement s'applique à un nombre quelconque de rapports limites égaux, en faifant le rapport de A à B plus grand que le rapport fouftriplé, foufquadruplé, &c... du rapport propofé.

En particulier: Si les limites des rapports des dimenfions correfpondantes de deux furfaces femblables ou de deux folides femblables font des rapports donnés: auffi les rapports de ces furfaces ou de ces folides ont pour limite des rapports donnés doublés ou triplés des premiers.

On montre de même, ou avec encore plus de facilité, que fi le rapport de A à B eft juftement égal au rapport de A' à B', & fi le rapport de B à C a pour limite le rapport de B' à C', auffi le rapport de A à C a. pour limite le rapport de A' à C', & il en eft de même pour un nombre quelconque de rapports.

§. VII.

Théorème. Soient $A, B, C, D, \ldots L, M, N$, des quantités données; foit x une quantité variable non-fufceptible de limite en petiteffe (ou qui peut être rendue plus petite qu'aucune quantité affignée); foient $b, c, d, \ldots l, m, n$, des expofants donnés qui vont fucceffivement en croiffant.

Soit Q une fonction de x telle que, $Q = A + Bx^b + Cx^c + Dx^d + \&c. \ldots Lx^l + Mx^m + Nx^n$;

je dis que le rapport d'égalité eft la limite du rapport de Q à A, en petiteffe ou en grandeur, fuivant que B eft pofitif ou négatif.

Conſtruction. Soit fait chaque terme de la fonction Q, à compter de-puis le ſecond Bx^b, plus grand que le double de celui qui le ſuit immédia-tement (ſavoir, ſi Lx^l & Mx^m ſont deux termes qui ſe ſuivent, ſoit fait $Lx^l > 2Mx^m$; ou, $x^{n-l} < \dfrac{L}{2M}$, & ſoit faite x plus petite qu'au-cune de ces valeurs).

1er cas. Que B ſoit poſitif.

1°. Que tous les termes ſuivants ſoient auſſi poſitifs.

Par la conſtruction, le ſecond terme Bx^b eſt plus grand que la ſomme de tous les termes qui le ſuivent. Donc auſſi $A + 2Bx^b$ eſt plus grande que Q. Donc le rapport de $A + 2Bx^b$ à A eſt plus grand que le rapport de Q à A. Mais (§. II.) le rapport de $A + 2Bx^b$ à A, ou de $\dfrac{A}{2B} + x^b$ à $\dfrac{A}{2B}$, peut approcher du rapport d'égalité plus près que n'en approche aucun rapport aſſigné de plus grande inégalité; donc *a for-tiori* le rapport de Q à A peut approcher du rapport d'égalité plus près que n'en approche aucun rapport aſſigné de plus grande inégalité; ou le rapport d'égalité eſt la limite en petiteſſe du rapport de Q à A.

2°. Que les termes qui ſuivent le ſecond, ſoient en partie poſitifs & en partie négatifs.

Le ſecond terme Bx^b ayant été fait plus grand que la ſomme de tous les termes qui le ſuivent ſuppoſés poſitifs, à plus forte raiſon eſt-il plus grand que la différence de la ſomme des termes poſitifs & de la ſomme des termes négatifs qui le ſuivent, & partant, $A + 2Bx^b$ eſt plus grand que Q. Donc par le 1°. le rapport d'égalité eſt la limite en petiteſſe du rapport de Q à A.

2^d cas. Que B ſoit négatif.

1°. Que tous les termes qui ſuivent le ſecond ſoient auſſi négatifs.

Le ſecond terme Bx^b ayant été fait plus grand que la ſomme de tous les termes qui le ſuivent, ſans avoir égard au ſigne, $A - 2Bx^b < Q$; donc $Q : A > A - 2Bx^b : A > \dfrac{A}{2B} - x^b : \dfrac{A}{2B}$. Mais ce dernier rapport peut être rendu plus grand qu'aucun rapport affigné de plus petite inégalité: donc *a fortiori* le rapport de Q à A peut être rendu plus grand qu'aucun rapport affigné de plus petite inégalité. Ou le rapport d'égalité eft la limite en grandeur du rapport de Q à A.

2°. Que les termes qui fuivent le fecond foient en partie pofitifs & en partie négatifs.

Le fecond terme Bx^b ayant été rendu plus grand que la fomme de tous les termes qui le fuivent fans avoir égard au figne, à plus forte raifon eft-il plus grand que la différence de la fomme des termes négatifs & des termes pofitifs qui le fuivent. Donc auffi $A - 2Bx^b < Q$: & partant (1°.), le rapport de Q à A peut être rendu plus grand qu'aucun rapport affigné de plus petite inégalité; ou le rapport d'égalité eft la limite en grandeur du rapport de Q à A.

Remarque 1re. Il fuit de la conftruction, que toute fonction Q de la variable x de la forme $Bx^b + Cx^c + Dx^d + .. Lx^b + Mx^n$ Nx^n peut être rendue plus petite qu'aucune quantité affignée.

Remarque 2de. Le cas le plus important, & qui fe préfente le plus fouvent, eft celui où les expofants, $b, c, d, ... l, m, n,$ fuivent la progreffion des nombres naturels $1, 2, 3, 4, ...$ & ainfi, en particulier, le rapport d'égalité eft la limite du rapport de $A + Bx + Cx^2 + Dx^3$ $+ .... à A$.

Application. Soient x & y deux quantités qui peuvent l'une & l'autre devenir en même temps plus petites qu'aucune quantité affignée. Soient deux fonctions de ces quantités de la forme

$$A + Bx + Cx^2 + Dx^3 - - - \quad \& \quad A' + B'y + C'y^2 +$$
$$D'y^3 + - ...;$$ je dis que le rapport de A à A' eft la limite du rapport de ces deux fonctions.

En effet; $\text{Lim.}\,(A + Bx + Cx^2 + Dx^3 + \ldots : A) = 1 : 1$

$\qquad\qquad A \qquad\qquad\qquad\qquad : A' = A : A'.$

$\qquad \text{Lim.}\,(A' \qquad\qquad : A' + B'y + C'y^2 + D'y^3 + \ldots) = 1 : 1$

Donc ($\S.$ VI.); $(\text{Lim.}\,A + Bx + Cx^2 + Dx^3 + \ldots : A' + B'y + Cy^0 + Dy^3 + \ldots) = A : A'.$

$$\text{Ou Lim.}\ \frac{A + Bx + Cx^2 + Dx^3 + \ldots}{A' + B'y + C'y^2 + D'y^3 + \ldots} = \frac{A}{A'}.$$

<h2 style="text-align:center">§. 2.</h2>

Lemme. Soit Q une quantité variable susceptible de limite, laquelle soit Q': je dis que le rapport limite du rapport de Q à une quantité constante A est égal au rapport de Q' à A.

1°. Que Q' soit la limite en grandeur de Q.

Puisque $Q < Q'$; $Q : A < Q' : A$; donc le rapport limite du rapport de Q à A ne peut pas être plus grand que le rapport de Q' à A.

Soit, s'il est possible, $\lim.\ Q : A = Q' - q : A$.

Soit fait $Q' - q < Q$, ce qui est possible par supp. partant, $Q - q : A < Q : A$.

Donc aussi $\lim.\ Q : A < Q : A$; ce qui est absurde, puisque Q étant toujours plus petite que sa limite, le rapport de Q à A est toujours plus petit que la limite de ce rapport à A.

2°. Que Q' soit la limite en petitesse de Q.

La démonstration est exactement la même, en substituant l'un à l'autre les mots *grands* & *petits*.

Théorème. Le rapport limite du rapport de deux quantités variables susceptibles de limites est égal au rapport de leurs limites.

Soient q & Q deux quantités variables dont les limites sont q' & Q'; je dis que $\lim.\ q : Q = q' : Q'$.

Démonstration. Soit une quantité constante quelconque A.

$\qquad \text{Lim.}\ q : A = q' : A$.

$\qquad$ Et $\lim.\ A : Q = A' : Q'$.

$\qquad$ Donc $\lim.\ q : Q = q' : Q'$.

§. VIII.

§. VIII.

Théorème. Soit a un nombre donné; soit n un exposant donné; soit x une quantité variable, dont la variation, que j'appellerai changement, soit Δx; je dis: que le rapport des changements simultanés de $a^{n-1}x$ & de x^n peut approcher du rapport de a^{n-1} à nx^{n-1} plus près que n'en approche aucun rapport assigné plus petit ou plus grand que celui-là, suivant que n est plus grand ou plus petit que l'unité.

Démonst. Les changements simultanés de $a^{n-1}x$ & de x^n, par le changement Δx de x, sont

$$a^{n-1}\,\Delta x \quad \& \quad \frac{n}{1}\,x^{n-1}\,\Delta x + \frac{n}{1}\cdot\frac{n-1}{2}\,x^{n-2}\,\Delta x^2$$

$$+ \frac{n}{1}\cdot\frac{n-1}{2}\cdot\frac{n-2}{3}\,x^{n-3}\Delta x^3 + \ldots \quad \text{Donc, le rapport de ces}$$

changements simultanés est toujours celui de a^{n-1} à $\dfrac{n}{1}\,x^{n-1}$

$$+ \frac{n}{1}\cdot\frac{n-1}{2}\,x^{n-2}\,\Delta x + \frac{n}{1}\cdot\frac{n-1}{2}\cdot\frac{n-2}{3}\,x^{n-3}\,\Delta x^2$$

$$+ \frac{n}{1}\cdot\frac{n-1}{2}\cdot\frac{n-2}{3}\cdot\frac{n-3}{4}\,x^{n-4}\,\Delta x^3 + \ldots$$

1er cas. Que n soit un nombre positif plus grand que l'unité.

Le rapport de a^{n-1} à $\dfrac{n}{1}\,x^{n-1}$ est la limite en grandeur de ce rapport. (§. VII. Rem. 1re.)

2^d cas. Que n soit égale à l'unité.

Ce rapport est constamment celui de 1 à 1.

3me cas. Que n soit un nombre positif plus petit que l'unité.

Le second terme $\dfrac{n}{1}\cdot\dfrac{n-1}{2}\,x^{n-2}\Delta x$ du conséquent devient négatif: & partant, le rapport de a^{n-1} à $\dfrac{n}{1}\,x^{n-1}$ est la limite en petitesse de ce rapport (§. VII.)

4me cas. Que n soit un nombre négatif quelconque.

D

En changeant le ſigne de n, & en ayant égard à la grandeur, & non au ſigne, du changement de x^n, le rapport des changements ſimultanés de $a^{n-1}x$ & de x^n eſt celui de $\frac{1}{a^{n+1}}$ à $\frac{n}{1}\cdot\frac{1}{x^{n+1}} - \frac{n}{1}\cdot\frac{n+1}{2}\cdot\frac{\Delta x}{x^{n+2}} +$

$\frac{n}{1}\cdot\frac{n+1}{2}\cdot\frac{n+2}{3}\frac{\Delta x^2}{x^{n+3}}$. & partant le rapport de $\frac{1}{a^{n+1}}$ à $\frac{n}{1}\times\frac{1}{x^{n+1}}$

eſt la limite en petiteſſe du rapport de ces changements ſimultanés.

Remarque 1re. Lorsque Δx eſt négative, ces limites changent de nature; ſavoir les limites en grandeur & petiteſſe deviennent reſpectivement limites en petiteſſe & en grandeur.

Remarque 2de. Comme la détermination précédente dépend de la généraliſation du théorème binominal pour un expoſant quelconque, qui n'eſt pas un nombre entier poſitif; & que pluſieurs Mathématiciens ont cru que la démonſtration de ce théorème, priſe dans ce ſens général, dépend du calcul différentiel: on pourroit élever des doutes ſur la légitimité de ſon application dans un écrit où l'on tâche de démontrer les principes de ce calcul. Mais comme je ſuis ſûr qu'on peut démontrer ce théorème général d'une manière rigoureuſe (plus longue à la vérité que celle qui eſt déduite du calcul différentiel) par les éléments du calcul algébrique, je ne me laiſſe pas arrêter par cette difficulté. Je développerois cette démonſtration élémentaire, ſi je ne craignois de me trop écarter par ce hors-d'œuvre du but principal que je dois me propoſer.

§. IX.

Théorème. Soit Q une fonction de x de la forme $Ax^a + Bx^b + Cx^c + Dx^d + Ex^e + ...$ Et ſoit $Q' = Aax^{a-1} + Bbx^{b-1} + Ccx^{c-1} + Ddx^{d-1} + Eex^{e-1} + ...$; je dis que le rapport de A' à Q' eſt la limite du rapport des changements ſimultanés de $A'x$ & de Q, par un même changement Δx de x. En effet, le rapport des changements ſimultanés de $A'x$ & de Q eſt celui de A' à la quantité Q' augmentée de la ſomme des produits de Δx & de ſes puiſſances par des puiſſances de x & des facteurs conſtants. Donc, pour une même valeur de x, le rapport de A' à Q' eſt bien la limite du rapport de ces changements ſimultanés.

Il eſt connu que toute fonction algébrique de x, entière ou fractionelle, rationelle ou irrationelle, peut être réduite en ſuite, dont les termes ſont des puiſſances de x affectées de coëfficients conſtants. Partant nous avons affigné la limite du rapport des changements ſimultanés d'une quantité quelconque x & d'une fonction algébrique quelconque de cette quantité.

Cependant, comme on eſt ſouvent appelé à chercher immédiatement cette limite, ſans réduire en ſuite une fonction irrationelle ou fractionelle de x, il eſt convenable de traiter ſéparément l'un & l'autre de ces deux cas.

§. X.

Soit y une fonction de x telle que

$$Ay^a + By^b + Cy^c + Dy^d + \ldots\ldots = A'x^{a'} + B'x^{b'}$$
$$+ C'x^{c'} + D'x^{d'} \;—\;—\;—$$

Soient Δy & Δx les changements ſimultanés de y & de x; la relation de Δy à Δx ſera exprimée par l'équation

$$\Delta y \, . \, (Aay^{a-1} + Bby^{b-2} + Ccy^{c-1} + Ddy^{d-1} + \ldots)$$
$$+ \Delta y^2 \left(A\,\frac{a}{1} . \frac{a-1}{2} y^{a-2} + B . \frac{b}{1} . \frac{b-1}{2} y^{b-2} \right.$$
$$\left. + C . \frac{c}{1} . \frac{c-1}{2} y^{c-2} + D . \frac{d}{1} . \frac{d-1}{2} y^{d-2} + \ldots \right)$$
$$+ \Delta y^3 \left(A . \frac{a}{1} . \frac{a-1}{2} . \frac{a-2}{3} y^{a-3} \right.$$
$$+ B . \frac{b}{1} . \frac{b-1}{2} . \frac{b-2}{3} y^{b-3}$$
$$+ C . \frac{c}{1} . \frac{c-1}{2} . \frac{c-2}{3} . \frac{c-3}{4} y^{c-3}$$
$$\left. + D . \frac{d}{1} . \frac{d-1}{2} . \frac{d-2}{3} . \frac{d-3}{4} y^{d-3} + \ldots \right)$$

D 2

$$+ \Delta y^4 \left(A \cdot \frac{a}{1} \cdot \frac{a-1}{2} \cdot \frac{a-2}{3} \cdot \frac{a-3}{4} \, y^{a-6} \right.$$

$$+ B \cdot \frac{b}{1} \cdot \frac{b-1}{2} \cdot \frac{b-2}{3} \cdot \frac{b-3}{4} \, y^{b-4}$$

$$+ C \cdot \frac{c}{1} \cdot \frac{c-1}{2} \cdot \frac{c-2}{3} \cdot \frac{c-3}{4} \, y^{c-4}$$

$$\left. + D \cdot \frac{d}{1} \cdot \frac{d-1}{2} \cdot \frac{d-2}{3} \cdot \frac{d-3}{4} \, y^{d-4} \ldots + \right)$$

$$+ + + \;\&c.\;\&c.$$

$$= \Delta x \left(A'a'x^{a'-1} + B'b'x^{b'-1} + C'c'x^{c'-1} \right.$$

$$\left. + D'd'x^{d'-1} + \ldots \right.$$

$$+ \Delta x^2 \left(A'\frac{a'}{1} \cdot \frac{a'-1}{2} x^{a'-2} + B'\frac{b'}{1} \cdot \frac{b'-1}{2} \cdot x^{b'-2} \right.$$

$$\left. + C' \cdot \frac{c'}{1} \cdot \frac{c'-1}{2} x^{c'-2} + D' \cdot \frac{d'}{1} \cdot \frac{d'-1}{2} x^{d'-2} + \ldots \right.$$

$$+ \Delta x^3 \left(A' \cdot \frac{a'}{1} \cdot \frac{a'-1}{2} \cdot \frac{a'-2}{3} x^{a'-3} \right.$$

$$+ B' \cdot \frac{b'}{1} \cdot \frac{b'-1}{2} \cdot \frac{b'-2}{3} x^{b'-3}$$

$$+ C' \cdot \frac{c'}{1} \cdot \frac{c'-1}{2} \cdot \frac{c'-2}{3} x^{c'-3}$$

$$+ D' \frac{d'}{1} \cdot \frac{d'-1}{2} \cdot \frac{d'-2}{3} \cdot \frac{d'-3}{4} x^{d'-4} + \ldots$$

$$+ \Delta x^4 \left(A' \cdot \frac{a'}{1} \cdot \frac{a'-1}{2} \cdot \frac{a'-2}{3} \cdot \frac{a'-3}{4} x^{a'-4} \right.$$

$$+ B' \frac{b'}{1} \cdot \frac{b'-1}{2} \cdot \frac{b'-2}{3} \cdot \frac{b'-3}{4} x^{b'-4}$$

$$+ C' \cdot \frac{c'}{1} \cdot \frac{c'-1}{2} \cdot \frac{c'-2}{3} \cdot \frac{c'-3}{4} x^{c'-4}$$

$$+ D' \frac{d'}{1} \cdot \frac{d'-1}{2} \cdot \frac{d'-2}{3} \cdot \frac{d'-3}{4} x^{d'-4} + \ldots$$

A la place des coëfficients de Δy^2, Δy^3, Δy^4 &c… & de Δx^2, Δx^3 &c… Δx^4,… soient substituées les quantités l, m, n, &c… l', m', n', &c…

On aura

$$\frac{\Delta y}{\Delta x} = \frac{A'a'x^{a'-1} + B'b'x^{b'-1} + C'c'x^{c'-1} + D'd'x^{d'-1} + \ldots + l'\Delta x + m'\Delta x^2 + n'\Delta x^3 + \ldots}{Aay^{a-1} + Bby^{b-1} + Ccy^{c-1} + Ddy^{d-1} + \ldots + l\Delta y + m\Delta y^2 + n\Delta y^3 + \ldots}$$

Donc la limite du premier membre de cette équation est égale à la limite du second; mais les changements Δx & Δy pouvant être rendus l'un & l'autre plus petits qu'aucune quantité assignée, la limite du second est

$$\frac{A'a'x^{a'-1} + B'b'x^{b'-1} + C'c'x^{c'-1} + D'd'x^{d'-1} + \ldots}{Aay^{a-1} + Bby^{b-1} + Ccy^{c-1} + Ddy^{d-1} + \ldots} \qquad (\S.\ VII.)$$

Donc aussi lim. $\dfrac{\Delta y}{\Delta x} =$

$$\frac{A'a'x^{a'-1} + B'b'x^{b'-1} + C'c'x^{c'-1} + D'd'x^{d'-1} + \ldots}{Aax^{a-1} + Bbx^{b-1} + Ccx^{c-1} + Ddx^{d-1} + \ldots}$$

Exemple. Soit $y^n = Ax + Bx^2 + Cx^3 + Dx^4 + Ex^5 + \ldots$

$$\frac{\Delta y}{\Delta x} = \frac{A + 2Bx + 3Cx^2 + 4Dx^3 + 5Ex^4 + \ldots}{ny^{n-1}}$$

$$= \frac{A + 2Bx + 3Cx^2 + 4Dx^3 + 5Ex^4 + \ldots}{n(Ax + Bx^2 + Cx^3 + Dx^4 + \ldots)^{\frac{n-1}{n}}}.$$

§. XI.

Soit $\dfrac{P}{Q}$ une fraction dont les termes P & Q sont des fonctions algébriques d'une même variable x, telles que les exposants des rapports, ou du moins les exposants des rapports limites de leurs changements simultanés à celui de x, sont des quantités proposées A & A'. On demande la limite du rapport des changements simultanés de la variable x & de la fraction $\dfrac{P}{Q}$.

Les termes de la fraction $\dfrac{P}{Q}$ devenant $P + \Delta P$ & $Q + \Delta Q$, cette fraction devient $\dfrac{P + \Delta P}{Q + \Delta Q}$; & le changement qu'elle a subi, est

$$\frac{P + \Delta P}{Q + \Delta Q} - \frac{P}{Q} = \frac{Q\Delta P - P\Delta Q}{QQ + Q\Delta Q}.$$ Et partant le rapport des changements simultanés de x & de cette fraction est celui de x à

$$\frac{Q \times \frac{\Delta P}{\Delta x} - P \times \frac{\Delta Q}{\Delta x}}{QQ + Q\Delta Q}.$$

$$\text{Soit } \Delta P = A\,\Delta x + B\,\Delta x^2 + C\,\Delta x^3 + \ldots; \text{ ou}$$

$$\frac{\Delta P}{\Delta x} = A + B\,\Delta x + C\,\Delta x^2 + \ldots$$

$$\text{Et } \Delta Q = A'\,\Delta x + B'\,\Delta x^2 + C'\,\Delta x^3 + \ldots; \text{ ou}$$

$$\frac{\Delta Q}{\Delta x} = A' + B'\,\Delta x + C'\,\Delta x^2 + \ldots$$

$$\text{Et partant } \Delta x : \Delta\frac{P}{Q} = 1 : \frac{Q(A + B\,\Delta x + C\,\Delta x^2 + \ldots) - P(A' + B'\,\Delta x + C'\,\Delta x^2 + \ldots}{QQ + Q\,(A'\,\Delta x + B'\,\Delta x^2 + C'\,\Delta x^3 \ldots)} .$$

La limite du second rapport est celui de 1 à $\dfrac{QA - PA'}{QQ}$ ($\S$. VII).

Donc la limite du premier est aussi celui de 1 à $\dfrac{QA - PA'}{QQ}$.

$\S$. XII.

Soient P & Q des fonctions algébriques de x; que les exposants des rapports, ou du moins que les exposants des rapports limites de leurs changements simultanés au changement de x soient des quantités proposées A & A'. On demande l'exposant du rapport qui est la limite du rapport des changements simultanés du produit PQ & de ax.

Que P devienne $P + \Delta P$; & que Q devienne $Q + \Delta Q$. Les changements simultanés de ax & de PQ seront $a\,\Delta x$ & $P\Delta Q + Q\Delta P + \Delta P \times \Delta Q$; & le rapport de ces changements est celui de a à $P \times \dfrac{\Delta Q}{\Delta x} + Q\dfrac{\Delta P}{\Delta x} + \dfrac{\Delta P \times \Delta Q}{\Delta x}$.

$$\text{Soit } \Delta P = A\Delta x + B\Delta x^2 + C\Delta x^3 + D\Delta x^4 + \ldots \ \&$$

$$\frac{\Delta P}{\Delta x} = A + B\Delta x + C\Delta x^2 + D\Delta x^3 + \ldots$$

$$\Delta Q = A'\Delta x + B'\Delta x^2 + C'\Delta x^3 + D'\Delta x^4 + \ldots \ \&$$

$$\frac{\Delta Q}{\Delta x} = A' + B'\Delta x + C'\Delta x^2 + D'\Delta x^3 + \ldots$$

Et $\Delta P \times \Delta Q$ est de la forme $a\Delta x^2 + b\Delta x^3 + c\Delta x^4 + d\Delta x^5 + \ldots$

Donc $\Delta ax : \Delta PQ = a : P(A' + B'\Delta x + C'\Delta x^2 + D'\Delta x^3 + \ldots)$
$+ Q(A + B\Delta x + C\Delta x^2 + D\Delta x^3) + a\Delta x + b\Delta x^2 + c\Delta x^3$
$+ d\Delta x^4 + \ldots)$

3 1

Or la limite du rapport est celui de a à $PA' + QA$; donc la limite du premier rapport est aussi celui de a à $PA' + QA$; savoir

$$\text{Lim.} \ \frac{\Delta PQ}{\Delta ax} = \frac{PA' + QA}{a}$$

ou $\text{Lim.} \ \dfrac{\Delta PQ}{\Delta x} = PA' + QA.$

On montre de même, que les quantités P, Q, R, S, T, &c. étant telles que les exposants des rapports limites de leurs changements simultanés au changement Δx de x soient A, A', A', A'' &c.... respectivement: on obtient

$$\text{Lim.} \ \frac{\Delta PQRS}{\Delta x} = QRS \times A + PRS \times A' +$$
$$PQS \times A' + PQR \times A''.$$

§. XIII.

D'après ce qui précède, on est en état de trouver le rapport limite des changements simultanés de toutes les quantités algébriques, en connoissant la relation ou la manière dont elles dépendent les unes des autres.

Exemple. Que la relation de x à y soit donnée par l'équation.

$$y^m + Ay^{m-1}x + By^{m-2}x^2 + Cy^{m-3}x^3 + Dy^{m-4}x^4 + \dots$$
$$Ly^2x^{m-2} + Myx^{m-1} + Nx^m = 0, \text{ on trouvera}$$

$$\text{Lim.} \ \frac{\Delta y}{\Delta x} =$$

$$\frac{Ay^{m-1} + 2By^{m-2}x + 3Cy^{m-3}x^2 + \dots (m-2)Ly^2x^{m-1} + (m-1)Myx^{n-1} + mNx^{n-1}}{my^{m-1} + (m-1)Ay^{m-2}x + (m-2)By^{m-3}x^2 + (m-3)Cy^{m-4}x^3 + \dots 2Lyx^{n-1} + Mx^{n-1}}.$$

§. XIV.

Pour abréger & pour faciliter le calcul par une notation plus commode, on est convenu de désigner autrement que par lim. $\dfrac{\Delta P}{\Delta x}$, la limite du rapport des changements simultanés de P & de x, savoir par $\dfrac{dP}{dx}$; en sorte que lim. $\dfrac{\Delta P}{\Delta x}$ ou $\dfrac{dP}{dx}$ désignent la même chose.

Mais, en fubftituant ce dernier figne, il ne faut jamais perdre de vue fa vraie fignification; & je penfe que, quoiqu'on le préfente fous la forme fractionelle, on ne doit pas regarder ce figne comme compofé de deux termes d P, & d x; mais comme une expreffion unique & non décompofable de l'expofant du rapport limite de ΔP à Δx.

Ainfi Lim. $\dfrac{\Delta x^n}{\Delta x} = \dfrac{d x^n}{d x} = n x^{n-1}$

Lim. $\dfrac{\Delta xy}{\Delta x} = \dfrac{d xy}{d x} = y + x \dfrac{dy}{dx}$.

Lim. $\dfrac{\Delta \frac{x}{y}}{\Delta x} = \dfrac{d \frac{x}{y}}{d x} = \dfrac{y - x \cdot \frac{dy}{dx}}{yy}$.

Lim. $\dfrac{\Delta PQ}{\Delta x} = \dfrac{d PQ}{d x} = Q \dfrac{dP}{dx} + P \dfrac{dQ}{dx}$

Lim. $\dfrac{\Delta \frac{P}{Q}}{\Delta x} = \dfrac{d \frac{P}{Q}}{d x} = \dfrac{Q \frac{dP}{dx} - P \frac{dQ}{dx}}{QQ}$ &c. &c. ...

Définition. J'appellerai *rapport différentiel* de deux quantités variables, le rapport qui eft la limite de celui de leurs changements fimultanés; ou le rapport dont ces changements approchent d'autant plus qu'ils font plus petits. Et j'appellerai *calcul différentiel*, le calcul qui s'occupe de la recherche du rapport différentiel des quantités variables. De même que la connoiffance de la relation de deux quantités variables fert à déterminer leur rapport différentiel, réciproquement, de la connoiffance du rapport différentiel de deux quantités variables on détermine la relation même de ces quantités. J'appellerai *rapport intégral* de deux quantités variables, le rapport qui règne entre ces quantités, en tant qu'il eft déduit de leur rapport différentiel. Et j'appellerai *calcul intégral*, le calcul qui s'occupe du rapport intégral des quantités variables.

Ainfi, étant propofé le rapport différentiel $\dfrac{dP}{dx} = n x^{n-1}$, on déduit le rapport intégral de P à x, lequel eft $P = x^n$.

De

De même, si $\dfrac{dP}{dx} = y + x\dfrac{dy}{dx}$, on déduit $P = xy$.

Si $\dfrac{dP}{dx} = \dfrac{x}{V(1 + xx)}$, on déduit le rapport intégral $P = V(1 + xx)$.

Il n'entre pas dans le plan de ce Mémoire de détailler les artifices & les procédés particuliers qu'on est souvent obligé d'employer pour déterminer la relation intégrale de deux quantités variables, en connoissant leur relation différentielle. Ces détails n'appartiennent pas aux principes que je me propose de développer: & c'est la partie des calculs supérieurs sur laquelle les travaux de tant de grands Mathématiciens ont le plus étendu nos connoissances.

Je ne dois pas omettre qu'il y a une différence essentielle entre le calcul différentiel & le calcul intégral.

A une même relation intégrale entre des quantités variables ne peut répondre qu'une seule relation différentielle de ces mêmes quantités, tandis qu'à une même relation différentielle il peut répondre autant qu'on veut de relations intégrales. C'est que, lorsque dans la relation de deux quantités variables il entre un terme constant, ce terme évanouit dans l'expression de leur relation différentielle; donc réciproquement, après avoir déterminé la relation intégrable d'après la relation différentielle, comme si la première ne devoit être composée que de termes variables, il reste à déterminer dans chaque cas particulier, d'après la nature de la question, si l'expression intégrale doit contenir ou non quelque terme constant.

§. XV.

Puisque l'expression $\dfrac{dP}{dx}$ désigne une fonction de la variable x, on pourra faire sur elle toutes les opérations qu'on peut faire sur les fonctions en général des quantités variables. En particulier on pourra multiplier ou diviser les unes par les autres de pareilles fonctions, les ajouter, & les retrancher. On pourra de même en prendre des puissances quelconques.

E

Ainsi la puissance n^{me} de la limite du rapport de ΔP à Δx devroit être désignée par $\left(\frac{dP}{dx}\right)^n$; l'usage a mal à propos prévalu de la désigner par $\frac{dP^n}{dx^n}$.

Item, le produit de deux pareilles fonctions $\frac{dP}{dx}$ & $\frac{dQ}{dx}$ devroit être désigné par $\frac{dP}{dx} \times \frac{dQ}{dx}$; l'usage a prévalu de le désigner par $\frac{dP \times dQ}{dx^2}$.

Quant à la division de deux pareilles fonctions, elle peut être également désignée, ou par $\frac{dP}{dx} : \frac{dQ}{dx}$, ou par $\frac{dP}{dQ}$; sous cette dernière forme, elle indique le rapport différentiel de P & de Q.

$$\text{Soit Lim. } (\Delta P : \Delta x) = A : 1$$
$$\text{Soit Lim. } (\Delta x : \Delta Q) = 1 : A'$$
$$\text{On aura Lim. } (\Delta P : \Delta Q) = A : A' \text{ ou, } \frac{dP}{dQ} = \frac{A}{A'}.$$

Chapitre Second.

Sur les Tangentes des Lignes Courbes.

§. XVI.

Théorème. Soit une courbe rapportée à un diamètre par des ordonnées à ce diamètre. Le rapport différentiel de l'ordonnée & de l'abscisse est égal au rapport de l'ordonnée à la soustangente.

Soit $AM'M$ une courbe rapportée au diamètre AB, par les ordonnées MP, $M'P'$. Soit menée une chorde MM' de cette courbe, laquelle rencontre en S le diamètre AB, & soit menée $M'Q$ parallèle à AB, & rencontrant MP en Q. Les triangles $MM'Q$, MSP sont semblables; & partant, $MQ : M'Q = MP : SP$; savoir, le rapport des changements simultanés de l'ordonnée & de l'abscisse est égal au rapport de l'ordonnée à la sousfécante.

Soit une ligne MT touchant la courbe en M, & que $M'Q$ rencontre MT en Q'. Le rapport de la soustangente PT à l'ordonnée MP est égal au rapport de QQ' à MQ; & partant (dans le cas de la Figure où la courbe est concave vers l'axe & que le point S est situé entre P & T), le rapport de la soustangente à l'ordonnée est plus grand que le rapport des changemens simultanés de l'abscisse & de l'ordonnée.

Plus le point M' approche du point M, plus aussi le point S approche du point T; & partant, plus les rapports de PT à PS & de QQ' à QM' approchent d'être des rapports d'égalité, & partant, plus le rapport de $M'Q$ à MQ approche d'être égal au rapport de QQ' à MQ ou de PT à MP; je dis qu'en effet le rapport de $M'Q$ à MQ peut approcher du rapport de PT à MP plus près que n'en approche aucun rapport assigné plus petit que ce dernier.

Soit donc proposé le rapport de PS à PM plus petit que le rapport de PT à MP.

Soit menée MS, qui rencontrera la courbe en un point M' (vu que, la droite MT étant déjà tangente, la droite SM ne peut pas être tangente au même point M). Entre les points M & M' soit pris sur la courbe un point quelconque N, par lequel soit menée au diamètre une parallèle qui rencontre l'ordonnée MP en R, & la droite MS en N'. $PS : MP =$ $N'R : MR < NR : MR$. Donc, le rapport des changemens simultanés de l'abscisse & de l'ordonnée peut bien être rendu plus grand qu'aucun rapport proposé plus petit que le rapport de la soustangente à l'ordonnée, & partant, ce dernier rapport est bien égal au rapport différentiel de l'abscisse & de l'ordonnée.

Lorsque le point T est situé entre A & S, ou lorsque le point M' est situé sur l'arc AM prolongé, on montre par la même construction que le rapport de PT à PM, qui est égal au rapport de QQ' à MQ, est plus petit que le rapport de QM' à MQ, ou que le rapport des changemens simultanés de l'abscisse & de l'ordonnée; mais que ce dernier rapport peut approcher du premier plus près que n'en approche aucun rapport assigné plus grand que lui.

36

Lorsque la courbe eſt convexe vers le diamètre auquel on la rapporte, il ſuffit de changer les mots *plus grands* & *plus petits*, dans les mots *plus petits* & *plus grands*; & la démonſtration eſt exactement la même que celle du cas de la concavité. L'expreſſion de la ſouſtangente PT eſt donc $MP \times \frac{d.AP}{d.MP}$, ou $y \times \frac{dx}{dy}$: ſavoir, la ſouſtangente eſt égale à l'ordonnée multipliée par l'expoſant du rapport différentiel de l'abſciſſe & de l'ordonnée.

Exemple. Soit l'équation à une parabole quelconque, $y^m = a^{m-n} x^n$.

On a, $\frac{dx}{dy} = \frac{my^{m-1}}{a^{m-n} \times nx^{n-1}}$; &

$$y \times \frac{dx}{dy} = \frac{my^m}{a^{m-n} \times nx^{n-1}} = \frac{ma^{m-n}x^n}{a^{m-n} \times nx^{n-1}} = \frac{m}{n}x$$

ou ſouſtang. : $x = m : n$.

Tout comme l'équation donnée d'une courbe conduit à la détermination de la tangente, réciproquement quelque propriété connue de la tangente d'une courbe, p. ex. l'expreſſion de ſa ſouſtangente, peut conduire à l'équation de cette courbe. Mais comme dans ce problême inverſe on eſt le plus ſouvent amené à une équation différentielle intégrable par les logarithmes, je ſuis obligé d'en renvoyer l'examen au Chapitre qui traitera des logarithmes.

Corollaire. Lorsque l'angle des coordonnées eſt droit, $\frac{PM}{PT} = \text{tang.}\,T$. Mais $\frac{PM}{PT} = \frac{dy}{dx}$. Donc $\frac{dy}{dx} = \text{tang.}\,T$, ſavoir la tangente trigonométrique de l'angle formé par l'axe d'une courbe & par ſa tangente, eſt l'expoſant du rapport différentiel de l'ordonnée & de l'abſciſſe.

Scholie. Il eſt connu que, quelle que ſoit l'origine d'une courbe algébrique, on peut toujours la déterminer par une équation entre les coordonnées à un même diamètre. P. ex. en prenant pour propriété générative de l'ellipſe la conſtance de la ſomme des diſtances de chacun de ſes points à ſes foyers, on déduit la proportionalité des quarrés des ordonnées à un diamètre aux rectangles des abſciſſes correſpondantes. Par conſéquent, la propoſition précédente peut être regardée comme ſuffiſante, au moins pour toutes les courbes algébriques. Cependant, comme il arrive ſouvent que les affections des courbes, & en particulier leurs propriétés relatives aux tangentes, ſe déduiſent immédiatement & d'une manière plus ſimple & plus lumineuſe de quelqu'une de leurs propriétés particulières, ſans en déduire la relation de leurs coordonnées rectilignes, je crois devoir développer en particulier les cas les plus importants qui ſe préſentent pour mener des tangentes à des courbes qui ne ſont pas déterminées par une équation entre des coordonnées à un même diamètre.

Mais pour le faire d'une manière ſatisfaiſante, je ſuis obligé de faire précéder quelques Lemmes, dont les applications aux Chapitres ſuivants ne nous laiſſeront aucun regret de les avoir développés d'avance.

§. XVII.

Soit une courbe quelconque. Le rapport d'égalité eſt la limite en petiteſſe du rapport d'un arc de cette courbe à ſa chorde. Fig. 4

Soit AMM' un arc de courbe quelconque. Je dis qu'on peut prendre ſur cette courbe, depuis le point A, un arc AM tel, que le rapport de l'arc AM à ſa chorde AM approche du rapport d'égalité plus près que n'en approche aucun rapport aſſigné de plus grande inégalité.

Quel que ſoit le rapport aſſigné de plus grande inégalité, on peut faire un triangle iſofcèle CDE, dont la ſomme des jambes CE, DE, ſoit à la baſe CD dans le rapport aſſigné. Du point A ſoit menée ou conçue menée à la courbe une tangente BA. Du point A ſoit menée une chorde AM', faiſant avec la tangente BA un angle BAM' plus grand que l'angle CED; puis ſoit menée ou conçue menée à la courbe une tangente MT parallèle à la chorde AM' & rencontrant en T la tangente BA. Soit menée la chorde AM. Je dis que le rapport de l'arc AM à la chorde AM eſt plus petit que le rapport de $CE + ED$ à CD. Pour le montrer: ſur la baſe CD ſoit conſtruit un triangle $CE'D$ ſemblable au triangle ATM.

L'angle BAM' ou BTM ayant été fait plus grand que l'angle CED, aussi l'angle $CE'D$ est plus grand que l'angle CED. Partant, si sur la base CD on décrit un segment de cercle capable de l'angle CED, le point E' est en dedans de ce segment; d'où il est aisé de montrer (par les éléments) que la somme des droites CE, ED, est plus grande que la somme des droites CE', $E'D$, & partant $CE + ED : CD \rhd CE' + E'D : CD$. Mais les triangles $CE'D$, ATM étant semblables, $CE' + E'D : CD = AT + TM : AM$; donc $CE + ED : CD \rhd AT + TM : AM$. Savoir, le rapport de la somme des tangentes AT, MT, à la chorde AM, est plus petit que le rapport assigné de plus grande inégalité, & à plus forte raison, le rapport de l'arc AM à la chorde AM est plus petit que ce rapport.

Corollaire 1er. Le rapport d'un arc de courbe à la somme de deux tangentes menées par ses deux extrémités jusqu'à leur rencontre, peut être rendu plus grand qu'aucun rapport assigné de plus petite inégalité.

Corollaire 2^d. En particulier, le rapport d'un arc de cercle à sa chorde, & partant aussi le rapport d'un arc de cercle à son sinus, peut approcher du rapport d'égalité plus près que n'en approche aucun rapport assigné de plus grande inégalité. Et au contraire, le rapport d'un arc de cercle à sa tangente trigonométrique peut approcher du rapport d'égalité plus près que n'en approche aucun rapport assigné de plus petite inégalité.

Partant, si on désigne par Δs le sinus d'un arc, cet arc lui-même est une fonction de ce sinus de la forme $\Delta s + A\Delta s^2 + B\Delta s^3 + C\Delta s^4$ &c. &c.... le rapport de l'arc au sinus est celui de $1 + A\Delta s + B\Delta s^2 + \dots$ à 1. dont la limite en petitesse est le rapport d'égalité. Item, si Δt est la tangente d'un arc de cercle, cet arc lui-même est de la forme $\Delta t - A\Delta t^2 + B\Delta t^3 + \dots$ le rapport de l'arc à la tangente est celui de $1 - A\Delta t + B\Delta t^2 + \dots$ à l'unité, dont la limite en grandeur est le rapport d'égalité.

Fig. 1. *Corollaire 3e*. En général, soit AM une courbe quelconque, par un point M, de laquelle soit menée une droite quelconque MP & une tangente. Par un autre point M' de cette droite soit menée une droite parallèle à une droite donnée de pofition, laquelle rencontre en Q & Q' la droite MP & la tangente. Le rapport de la partie MQ' de la tangente à l'arc MM' a pour limite le rapport d'égalité.

En effet, par un point fixe P pris fur la droite MP, foit menée une droite parallèle à celle à laquelle $M'Q$ eft parallèle, & que la chorde MM' & la tangente rencontrent cette droite en S & T. Le point T étant conftant, & les points S & M' variables, la limite du rapport MT à MS eft le rapport d'égalité.

$$\text{Mais } MT : MS = MQ' : \text{Ch. } MM'.$$
$$\text{Donc lim. } (MQ' : \text{Ch. } MM') = 1 : 1.$$
$$\text{Mais lim. } (\text{Ch. } MM' : \text{Arc } MM') = 1 : 1$$
$$\text{Donc lim. } (MQ' : \text{Arc } MM') = 1 : 1 \; (\S. \text{VI.})$$

Item, le rapport d'égalité eft la limite du rapport de QQ' à QM'; en effet ce rapport eft celui de PT à PS, qui a pour limite le rapport d'égalité.

Corollaire 4ᵉ. Que l'angle P foit droit.

$$\text{Puisque lim. } (\text{Arc } MM : MQ') = 1 : 1$$
$$\& \text{ que } MQ' : MQ = 1 : \cos M$$
$$\overline{}$$
$$\text{on a lim. } (\text{Arc } MM' : MQ) = 1 : \cos M \; (\S. \text{VI.})$$
$$\text{Item, puisque lim. } (\text{Arc } MM' : MQ') = 1 : 1$$
$$\& \quad MQ' : QQ' = 1 : \text{fin } M$$
$$\& \text{ lim. } QQ' : M'Q = 1 : 1$$
$$\overline{}$$
$$\text{on a lim. } (\text{Arc } MM' : M'Q = 1 : \text{fin } M$$

favoir, le rapport différentiel de l'arc & de l'ordonnée d'une courbe eft égal au rapport du finus total au cofinus de l'angle que la tangente fait avec l'ordonnée; & le rapport différentiel de l'arc & de l'abfciffe eft égal au rapport du finus total au finus du même angle.

De là découle en particulier que dans le cercle le rapport différentiel d'un arc & de fon finus eft égal au rapport du finus total au cofinus de cet arc; & que le rapport différentiel d'un arc à fon cofinus eft égal au rapport du finus total au finus de cet arc; en ayant égard à ce que les changements de l'arc & du cofinus d'un angle font de fignes contraires.

Item, le rapport d'égalité eft la limite du rapport du finus total au cofinus d'un angle; foit Δs le finus d'un arc, fon cofinus eft

$$V(1 - \Delta s^2) = 1 - \tfrac{1}{1}\Delta s^2 - \tfrac{1}{1}\cdot\tfrac{1}{2}\Delta s^4 - \tfrac{1}{1}\cdot\tfrac{1}{2}\cdot\tfrac{1}{3}\Delta s^6 - \&c.$$

& partant le finus verfe de cet arc eft $\tfrac{1}{1}\Delta s^2 + \tfrac{1}{1}\cdot\tfrac{1}{2}\cdot\Delta s^4 +$

$$\tfrac{1}{1}\cdot\tfrac{1}{2}\cdot\tfrac{1}{3}\Delta s^6 + \ldots$$

$$\text{ou } \Delta s^2 \left(\tfrac{1}{1}\cdot + \tfrac{1}{1}\cdot\tfrac{1}{2}\Delta s^2 + \tfrac{1}{1}\cdot\tfrac{1}{2}\cdot\tfrac{1}{3}\Delta s^4 + \ldots \right). \quad \text{D'où}$$

il fuit que la limite du rapport de la fomme ou de la différence d'une fonction du finus d'un arc de la forme $A\Delta s + B\Delta s^2 + C\Delta s^3 + \ldots$ & du finus verfe à cette fonction elle-même, eft un rapport d'égalité, puisque ces deux quantités font entr'elles dans le rapport de $A\Delta s + B'\Delta s^2 + C'\Delta s^3 + \ldots$ & $A\Delta s + B\Delta s^2 + C\Delta s^3 + \ldots$ Ces propofitions préliminaires établies, je paffe à la détermination des tangentes des courbes, fans les rapporter à quelque diamètre par des coordonnées rectilignes.

§. XVIII.

Soit une courbe rapportée au point F, en prenant pour ordonnées les rayons vecteurs tels que FM, & pour abfciffes les angles AFM, ou les arcs AP appartenants à un cercle dont le rayon FA eft conftant. On doit mener une tangente à cette courbe à un point propofé M.

Que cette tangente foit MT. D'un point quelconque M' pris fur la courbe foit abaiffée fur FM la perpendiculaire $M'Q$ qui rencontre en Q' la tangente MT. Du point F comme centre, avec les rayons FM', FM, foient décrits les arcs de cercle $M'q$, Mq' compris entre les rayons vecteurs FM & FM'.

Puisque

Puisque la limite du rapport de Fq à FQ est un rapport d'égalité, aussi la limite du rapport de $FM - FQ$ à $FM - Fq$ est un rapport d'égalité, & partant on a la suite de proportions:

$$\lim. \ (Mq : MQ) = 1 : 1$$
$$MQ : QQ' = 1 : \text{tang. } FMT$$
$$\lim. \ (QQ' : QM') = 1 : 1 \ (\text{§. XVII.})$$
$$\lim. \ M'Q : M'q = 1 : 1 \ (\text{§. XVII.})$$
$$\lim. \ M'q : Mq' = 1 : 1$$
$$\text{ou de } (FM' : FM)$$
$$Mq' : PP' = FM : FA$$

Donc $\lim. \ (Mq : PP') = FM : FA \text{ tang. } FMT \ (\text{§. VI.})$

Savoir, le rapport différentiel du rayon vecteur & de l'arc AP est égal au rapport du rayon vecteur à la tangente trigonométrique de l'angle que la tangente à la courbe fait avec le rayon vecteur, rapportée au sinus total FA.

Exemple. Soit la spirale d'Archimède, dont l'équation est
$$MF = a \times AP : \text{ou } y = ax.$$

Puisque $y = ax$, $\frac{dy}{dx} = a$, donc $a = \dfrac{FM}{FA \text{ tang. } FMT}$, ou tang.

$FMT = \dfrac{y}{a \times FA}$, ou la tangente de l'angle formé par la tangente & le rayon vecteur est proportionnelle au rayon vecteur.

§. XIX.

Soit une courbe rapportée à un point & à une droite, par des perpendiculaires par ex. à cette droite; on demande de lui mener une tangente.

Soit une courbe $AM'M$ rapportée au point F & à la droite BP. Du point M soit menée la tangente MT, le rayon vecteur MF, & l'ordonnée MP à la droite BP. Sur la courbe soit un autre point M', duquel soient abaissées sur MF & MP les perpendiculaires $M'q$ & $M'q'$, & du point F avec le rayon FM' soit d'écrit l'arc $M'Q$.

F

$$\lim. \ (MQ : Mq) = 1 : 1$$
$$\lim. \ (Mq : MM) = \cos. FMT : 1$$
$$\lim. \ (MM' : Mq') = 1 : \cos. PMT$$
$$\text{donc } \lim. \ MQ : Mq' = \cos. FMT : \cos. PMT$$

favoir, le rapport différentiel de MF à MP eft égal au rapport des cofinus des angles que la tangente MT fait avec MF & MP.

Exemple. Que MF ait un rapport conftant à MP, ce qui eft une propriété des fections coniques. Donc auffi les cofinus des angles FMT, PMT font entr'eux dans un rapport conftant.

§. XX.

Soit une courbe rapportée à deux points. On demande de lui mener une tangente. Soient F & P' deux points auxquels on rapporte une courbe, & foit un point M, fur cette courbe, duquel on doit lui mener une tangente TT'.

Soit M' un autre point pris fur la courbe. Des points F & F' avec les rayons FM' & $F'M'$ foient décrits des arcs de cercle $M'Q$ & $M'Q'$, & du point M' foient abaiffées les perpendiculaires $M'q$, $M'q'$ fur FM & MF'.

$$\text{Lim. } MQ : Mq = 1 : 1 \quad (\S. XVII.)$$
$$\lim. \ Mq : MM' = \cos. T'MQ : 1 = \cos. FMT : 1$$
$$\lim. \ MM' : Mq' = 1 : \cos. F'MT'.$$
$$\lim. \ Mq' : MQ = 1 : 1$$

$$\text{Donc } \lim. \ MQ : MQ' = \cos FMT : \cos F'MT'$$

favoir, le rapport différentiel des deux rayons vecteurs eft égal au rapport des cofinus des angles que ces rayons font avec la tangente.

Exemple. Que la fomme des deux rayons vecteurs foit conftante, comme dans l'ellipfe. Les changements fimultanés de deux rayons vecteurs font égaux; & partant les cofinus des angles qu'ils font avec la tangente font égaux; & partant ces angles font auffi égaux.

Chapitre Troisième.

Sur les rapports différentiels des différens ordres.

§. XXI.

Le Chapitre précédent annonce suffisamment l'importance des principes développés dans le premier Chapitre, sur les limites des rapports. Je passe à un examen ultérieur de ces limites, pour pouvoir en tirer des conséquences plus étendues.

La quantité P' étant une fonction de x, nous avons trouvé que la limite du rapport de leurs changemens simultanés dépend de la nature même de cette fonction; savoir, l'exposant de ce rapport peut revêtir toutes sortes de valeurs, être constant ou variable, positif ou négatif; & passer par tous les états de la grandeur, depuis le zéro jusqu'à une grandeur plus grande qu'aucune quantité assignée, suivant la nature même de la fonction de laquelle ce rapport est déduit.

Savoir, si la fonction P est de la forme $A + Bx$, dans laquelle A & B sont des quantités constantes; $\frac{dP}{dx} = B$; & partant cet exposant est constant. Mais, si P est de la forme $A + Bx^n$, dans laquelle expression n est différent de l'unité; $\frac{dP}{dx} = n\,x^{n-1}$; quantité qui est elle-même variable & une fonction de x; & qui peut revêtir toutes sortes de valeurs, de même que x est susceptible de passer par tous les degrés de grandeur. Dans ce dernier cas; on peut se proposer sur cet exposant variable & fonction de x la même recherche que l'on s'est proposée en général dans le Chapitre premier sur les fonctions d'une quantité variable; & en particulier on peut se proposer de trouver le rapport des changemens simultanés de x & de sa fonction $\frac{dP}{dx}$; & la limite de ce rapport.

Soit donc $P = A + Bx + Cx^2 + Dx^3 + Ex^4 + Fx^5 + \ldots$

$$\frac{\Delta P}{\Delta x} = A' + B'\Delta x + C'\Delta x^2 + D'\Delta x^3 + \ldots$$

Et $\dfrac{dP}{dx} = A'$. Soit A' une fonction variable de x; on obtient

$$\Delta \frac{dP}{dx} = A' \Delta x + B'' \Delta x^2 + C'' \Delta x^3 + D'' \Delta x^4 + \dots$$

& $\dfrac{\Delta \frac{dP}{dx}}{\Delta x} = A'' + B'' \Delta x + C'' \Delta x^2 + D'' \Delta x^3 + \dots$

Et Lim. $\dfrac{\Delta \frac{dP}{dx}}{\Delta x} = A''$.

On est convenu de désigner cette limite du rapport différentiel de la manière suivante : $\dfrac{d\,dP}{dx^2}$ ou $\dfrac{d^2P}{dx^2}$. Je l'appellerai *rapport différentiel du second ordre*. Et je répète l'avis donné dès le premier Chapitre, que les expressions d^2P & dx^2 ne doivent pas être regardées comme des quantités distinctes qu'on puisse comparer l'une à l'autre ; mais, le signe $\dfrac{d^2P}{dx^2}$ doit être pris, tout comme le signe $\dfrac{dP}{dx}$, comme une expression unique, & non comme une fraction composée de deux termes, quoiqu'on lui en ait laissé la forme.

Si l'exposant A'' ou $\dfrac{d\,dP}{dx^2}$ du rapport différentiel du second ordre, est lui-même une quantité variable, on pourra de même chercher, tant le rapport des changements simultanés de A'' ou $\dfrac{d\,d\,\cdot}{dx^2}$ & de x, que la limite de ce rapport.

On aura $\dfrac{\Delta \frac{d\,dP}{dx^2}}{\Delta x} = A''' + B''' \Delta x + C''' \Delta x^2 + D''' \Delta x^3 + \dots$

Et Lim. $\dfrac{\Delta \frac{d\,dP}{dx^2}}{\Delta x} = A'''$.

On est convenu de désigner ce rapport limite du rapport différentiel du second ordre, par $\dfrac{d^3P}{dx^3}$; je l'appellerai *rapport différentiel du troisième ordre*, & je répète encore une fois sur cette expression, le même avis que j'ai donné sur les deux expressions des rapports différentiels du premier & du second ordre; ſavoir, que les deux expreſſions d^3P & dx^3 ne doivent pas être conſidérées ſéparément; mais ſeulement l'expreſſion $\frac{d^3P}{dx^3}$ doit être regardée comme une expreſſion commode d'une limite d'un rapport qui eſt lui-même limite d'un autre rapport, qui déſigne lui-même une limite.

De même lim. $\dfrac{\Delta\frac{d^3P}{dx^3}}{\Delta c}$ eſt déſigné par $\frac{d^4P}{dx^4}$; & je l'appellerai *rapport différentiel du quatrième ordre*.

Lim. $\dfrac{\Delta\frac{d^4P}{dx^4}}{\Delta x}$ eſt déſigné par $\frac{d^5P}{dx^5}$; je l'appellerai *rapport différentiel du cinquième ordre*.

En général lim. $\dfrac{\Delta\frac{d^{n-1}P}{dx^{n-1}}}{\Delta x}$ eſt déſigné par $\frac{d^nP}{dx^n}$; je l'appellerai *rapport différentiel du n^{me} ordre*.

Exemple. Soit $P = x^n$

$$\frac{dP}{dx} = nx^{n-1}$$

$$\frac{ddP}{dx^2} = n(n-1)x^{n-2}$$

$$\frac{d^3P}{dx^3} = n(n-1)(n-2)x^{n-3}$$

$$\frac{d^4P}{dx^4} = n(n-1)(n-2)(n-3)x^{n-4}$$

$$\frac{d^5P}{dx^5} = n(n-1)(n-2)(n-3)(n-4)x^{n-5}$$

$$\frac{d^mP}{dx^m} = n(-1)(n-2)(n-3)(n-4)\ldots n-(m-1)x^{n-m}.$$

Il ſuit de là, que ſi n eſt un nombre entier poſitif, cette ſuite eſt terminée, en ſorte que dans l'expoſant du rapport différentiel de l'ordre n^{me}, x a zéro pour coëfficient, ou devient une quantité conſtante, & que les expoſants des rapports différentiels des ordres ſupérieurs évanouiſſent.

F 3

Mais lorsque l'expofant n'eft pas un nombre entier pofitif, on ne parvient jamais à un rapport différentiel conftant.

Exemple.

Soit $n = 4$; ou $P = x^4$ $\qquad$ Soit $x = -1$; ou $P = \frac{1}{x}$

$$\frac{dP}{dx} = 4x^3; \qquad\qquad \frac{dP}{dx} = -\frac{1}{xx}$$

$$\frac{ddP}{dx^2} = 12x^2 \qquad\qquad \frac{ddP}{dx^2} = +2 \cdot \frac{1}{x^3}$$

$$\frac{d^3P}{dx^3} = 24x \qquad\qquad \frac{d^3P}{dx^3} = -6 \cdot \frac{1}{x^4}$$

$$\frac{d^4P}{dx^4} = 24. \qquad\qquad \frac{d^4P}{dx^4} = +24 \cdot \frac{1}{x^5} \ \&c\ldots$$

Il fuit de là, que fi P eft une fonction de x de la forme $Ax^a + Bx^b + Cx^c + Dx^d + \ldots$ on parviendra ou on ne parviendra pas à des rapports différentiels conftants, fuivant que tous les termes de cette fonction font ou ne font pas affectés d'expofants entiers pofitifs; & dans le premier cas, l'ordre du rapport différentiel conftant dépend du plus grand expofant de x dans cette fonction.

Exemple. $\quad$ Soit $P = Ax^4 + Bx^3 + Cx^2 + Dx + E$

$$\frac{dP}{dx} = 4Ax^3 + 3Bx^2 + 2Cx + D$$

$$\frac{ddP}{dx^2} = 12Axx + 6Bx + 2C$$

$$\frac{d^3P}{dx^3} = 24Ax + 6B$$

$$\frac{d^4P}{dx^4} = 24A.$$

Soit $P = V(aa - xx)$

$$\frac{dP}{dx} = \frac{-x}{V(aa - xx)}$$

$$\frac{ddP}{dx^2} = \frac{aa}{(aa - xx)\,V(aa - xx)}$$

$$\frac{d^3P}{dx^3} = \frac{3aax}{(aa - xx)^2\,V(aa - xx)} \cdot \&c\ldots$$

On détermine de même les rapports différentiels des ordres succeſſifs des fonctions de deux ou pluſieurs inconnues.

Exemple. Soit $P = xy$.

$$\frac{dP}{dx} = y + x\frac{dy}{dx}.$$

$$\frac{ddP}{dx^2} = \frac{2\,dy}{dx} + x\frac{ddy}{dx^2}$$

$$\frac{d^3P}{dx^3} = \frac{3\,ddy}{dx^2} + x\frac{d^3y}{dx^3} \quad \&c. \dots$$

Nous verrons dans les Chapitres fuivants les applications de ces principes. Mais comme les plus importantes d'entr'elles font fondées fur le beau théorème que *Taylor* a le premier développé, je crois devoir l'expofer ici, en le déduifant des principes élémentaires qui m'ont conduit jufqu'à préfent. Pour cet effet, je dois rappeler quelques principes connus fur les différences finies.

§. XXII.

Que la quantité x variant fucceſſivement des quantités Δx, $2\Delta x$, $3\Delta x$, $4\Delta x$,... $n\Delta x$, fa fonction P devienne fucceſſivement ... P', P'', P''', P^{iv}.... P^N. Que les changements fucceſſifs de P, P', P'', P''', P^{iv}... P^N correfpondants à un même changement Δx de x foient refpectivement... ΔP, $\Delta P'$, $\Delta P''$, $\Delta P'''$, ΔP^{iv}... ΔP^N; il eft évident que

$$P' = P + \Delta P$$
$$P'' = P' + \Delta P'$$
$$P''' = P'' + \Delta P''$$
$$P^{iv} = P''' + \Delta P'''$$
$$P^N = P^{N-1} + \Delta P^{N-1}.$$

Si les quantités ΔP, $\Delta P'$, $\Delta P''$ $\Delta P'''$...ΔP^N font elles-mêmes variables, que leurs changements foient défignés par $\Delta^2 P$, $\Delta^2 P'$, $\Delta^2 P''$, $\Delta^2 P'''$ ... $\Delta^2 P^N$, que les changements de ces dernières quantités foient $\Delta^3 P$, $\Delta^3 P'$, $\Delta^3 P''$, $\Delta^3 P'''$... $\Delta^3 P^N$, & ainſi des autres.

Puisque $P' = P + \Delta P$
$\Delta P' = \Delta P + \Delta^2 P.$

Donc $P' + \Delta P'$ ou $P'' = P + 2\Delta P + \Delta^2 P$
$\Delta P'' = \Delta P + 2\Delta^2 P + \Delta^3 P$

Et $P'' + \Delta P'' = P''' = P + 3\Delta P + 3\Delta^2 P + \Delta^3 P$
$\Delta P''' = \Delta P + 3\Delta^2 P + 3\Delta^3 P + \Delta^4 P$

$P''' + \Delta P''' = P^{iv} = P + 4\Delta P + 6\Delta^2 P + 4\Delta^3 P + \Delta^4 P$
$\Delta P^{iv} = \Delta P + 4\Delta^2 P + 6\Delta^3 P + 4\Delta^4 P + \Delta^5 P$

$P^{iv} + \Delta P^{iv} = P^v = P + 5\Delta P + 10\Delta^2 P + 10\Delta^3 P + 5\Delta^4 P + \Delta^5 P.$

En forte que la fonction P' est composée de la fonction P & des différences successives de cette fonction, respectivement multipliées par les coëfficients des termes du binome élevé à la puissance dont l'exposant est n. Pour montrer que cette loi a en effet toujours lieu, je dis que, si elle a lieu pour une fonction quelconque P^N, elle a lieu pour la suivante P^{N+1}. Soit donc

$$P^N = P + \frac{n}{1}\Delta P + \frac{n}{1}\cdot\frac{n-1}{2}\Delta^2 P + \frac{n}{1}\cdot\frac{n-1}{2}\cdot\frac{n-2}{3}\Delta^3 P$$
$$+ \cdots \frac{n}{1}\cdot\frac{n-1}{2}\cdot\frac{n-2}{3}\cdots\frac{n-(n-1)}{n}\Delta^n P$$

$$\Delta P^N = \Delta P + \frac{n}{1}\cdot\Delta^2 P$$
$$+ \frac{n}{1}\cdot\frac{n-1}{2}\Delta^3 P \cdots \frac{n}{1}\cdot\frac{n-1}{2}\cdot\frac{n-2}{3}\cdots\frac{n-(n-2)}{n-1}\Delta^n P$$
$$+ \frac{n}{1}\cdot\frac{n-1}{2}\cdot\frac{n-2}{3}\cdots\frac{n-(n-1)}{n}\Delta^{n+1} P$$

$$P^N + \Delta P^N = P^{N+1} = P + \frac{n+1}{1}\Delta P + \frac{n+1}{1}\cdot\frac{n}{2}\cdot\Delta^2 P$$
$$+ \cdots \frac{n+1}{1}\cdot\frac{n}{2}\cdot\frac{n-1}{3}\cdots\frac{n-(n-2)}{n}\Delta^n P$$
$$+ \frac{n+1}{1}\cdot\frac{n}{2}\cdot\frac{n-1}{3}\cdots\frac{1}{n+1}\cdot\Delta^{n+1} P.$$

Il est donc vrai que si la loi a lieu pour un nombre quelconque de fonctions successives de x, elle a lieu aussi pour la suivante; or elle a lieu pour les premières fonctions, P', P'', P''' &c... Donc elle a lieu pour toute la suite de ces fonctions. Savoir; la fonction P^N de x provenante de la substitution de $x + n \Delta x$ à la place de x, est bien celle que

$$P^N = P + \frac{n}{1} \Delta P + \frac{n}{1} \cdot \frac{n-1}{2} \cdot \Delta^2 P$$

$$+ \frac{n}{1} \cdot \frac{n-1}{2} \cdot \frac{n-2}{3} \Delta^3 P + \frac{n}{1} \cdot \frac{n-1}{2} \cdot \frac{n-2}{3} \cdot \frac{n-3}{4} \Delta^4 P + \ldots$$

§. XXIII.

Soit proposée une fonction P de x, & qu'on demande ce que devient cette fonction lorsqu'on substitue à x la quantité $x + b$.

Soit divisée ou conçue divisée b en un nombre n de parties égales; & que Δx soit une de ces parties; en sorte que $b = n \Delta x$. Soit conçue la fonction P de x provenante de la substitution de $x + n \Delta x$ ou $x + b$ à x comme étant la n^{me} des fonctions P provenantes des substitutions successives de $x + \Delta x$, $x + 2 \Delta x$, $x + 3 \Delta x \ldots x + n \Delta x$ à x; on aura

$$P^N = P + \frac{n}{1} \Delta P + \frac{n}{1} \cdot \frac{n-1}{2} \Delta^2 P + \frac{n}{1} \cdot \frac{n-1}{2} \cdot \frac{n-2}{3} \Delta^3 P + \ldots$$

$$= P + \frac{n}{1} \Delta x \times \frac{\Delta P}{\Delta x} + \frac{n}{1} \cdot \frac{n-1}{2} \cdot \Delta x^2 \times \frac{\Delta^2 P}{\Delta x^2}$$

$$+ \frac{n}{1} \cdot \frac{n-1}{2} \cdot \frac{n-2}{3} \Delta x^3 \times \frac{\Delta^3 P}{\Delta x^3}$$

$$+ \frac{n}{1} \cdot \frac{n-1}{2} \cdot \frac{n-2}{3} \cdot \frac{n-3}{4} \Delta x^4 \times \frac{\Delta^4 P}{\Delta x^4} + \ldots$$

$$= P + b \times \frac{\Delta P}{\Delta x} + \frac{\frac{b}{\Delta x} \times \frac{b}{\Delta x} - 1}{1 \cdot 2} \Delta x^2 \times \frac{\Delta^2 P}{\Delta x^2}$$

$$+ \frac{\frac{b}{\Delta x} \times \frac{b}{\Delta x} - 1}{1 \cdot 2} \cdot \frac{\frac{b}{\Delta x} - 2}{3} \Delta x^3 \times \frac{\Delta^3 P}{\Delta x^3}$$

$$+ \frac{\frac{b}{\Delta x} \times \frac{b}{\Delta x} - 1}{1 \cdot 2} \cdot \frac{\frac{b}{\Delta x} - 2}{3} \cdot \frac{\frac{b}{\Delta x} - 3}{4} \Delta x^4 \times \frac{\Delta^4 P}{\Delta x^4} + \ldots$$

G

$$= P + b \times \frac{\Delta P}{\Delta x} + \frac{b}{1} \cdot \frac{b - \Delta x}{2} \times \frac{\Delta^2 P}{\Delta x^2}$$

$$+ \frac{b}{1} \cdot \frac{b - \Delta x}{2} \cdot \frac{b - 2\Delta x}{3} \times \frac{\Delta^3 P}{\Delta x^3}$$

$$+ \frac{b}{1} \cdot \frac{b - \Delta x}{2} \cdot \frac{b - 2\Delta x}{3} \cdot \frac{b - 3\Delta x}{4} \times \frac{\Delta^4 P}{\Delta x^4} + \ldots$$

Puisque P est une fonction de x;

$$\frac{\Delta P}{\Delta x} = A' + B' \Delta x + C' \Delta x^2 + D' \Delta x^3 + E' \Delta x^4 + \ldots$$

$$\frac{\Delta^2 P}{\Delta x^2} = A'' + B'' \Delta x + C'' \Delta x^2 + D'' \Delta x^3 + E'' \Delta x^4 + \ldots$$

$$\frac{\Delta^3 P}{\Delta x^3} = A''' + B''' \Delta x + C''' \Delta x^2 + D''' \Delta x^3 + E''' \Delta x^4 + \ldots$$

$$\frac{\Delta^4 P}{\Delta x^4} = A^{iv} + B^{iv} \Delta x + C^{iv} \Delta x^2 + D^{iv} \Delta x^3 + E^{iv} \Delta x^4 + \ldots$$

Partant $P^N = P + b \times (A' + B'\Delta x + C'\Delta x^2 + D'\Delta x^3 + E'\Delta x^4 + \ldots$

$$+ \frac{b}{1} \cdot \frac{b - \Delta x}{2} \cdot \left(A'' + B''\Delta x + C''\Delta x^2 + D''\Delta x^3 + E''\Delta x^4 + \ldots \right.$$

$$+ \frac{b}{1} \cdot \frac{b - \Delta x}{2} \cdot \frac{b - 2\Delta x}{3} \left(A''' + B'''\Delta x + C'''\Delta x^2 + D'''\Delta x^3 \right.$$
$$+ E'''\Delta x^{iv} +$$

$$+ \frac{b}{1} \cdot \frac{b - \Delta x}{2} \frac{b - 2\Delta x}{3} \frac{b - 3\Delta x}{4} \left(A^{iv} + B^{iv}\Delta x + C^{iv}\Delta x^2 + D^{iv}\Delta x^3 \right.$$
$$+ E^{iv} \Delta x^4 + \ldots \&c. \&c.$$

Dans laquelle expression les quantités A', A'', A''', A^{iv} &c. &c. sont respectivement les exposants des rapports différentiels des ordres successifs de P & x; savoir, $\frac{dP}{dx}$, $\frac{d^2 P}{dx^2}$, $\frac{d^3 P}{dx^3}$, $\frac{d^4 P}{dx^4}$ &c....

Exécutant, on trouve que la fonction P^N de x est composée des quantités suivantes:

1° de la fonction P.

2° de la somme $\frac{b}{1} \cdot \frac{dP}{dx} + \frac{b^2}{1.2} \cdot \frac{d^2 P}{dx^2} + \frac{b^3}{1.2.3} \times \frac{d^3 P}{dx^3}$

$$+ \frac{b^4}{1.2.3.4} \times \frac{d^4 P}{dx^4} + \ldots$$

3°. d'une fonction de Δx de la forme $a' \Delta x + b' \Delta x^2 + c' \Delta x^3 + d' \Delta x^4 + \ldots$

La fonction P^N, provenante de la substitution de $x + b$ à x, est déterminée par le changement b de x, & ne dépend pas de la place arbitraire que nous lui avons fait tenir dans la suite des fonctions de x; ou, ce qui revient au même, elle ne dépend pas de la décomposition arbitraire de la quantité b dans un nombre n de parties égales à Δx. Donc la fonction de Δx, $a' \Delta x + b' \Delta x^2 + c' \Delta x^2 + d' \Delta x^3 + \ldots$ doit être, ou zéro, ou une quantité constante. Or la quantité Δx pouvant revêtir toutes sortes de valeurs depuis le zéro jusqu'à b, la fonction $a' \Delta x + b' \Delta x^2 + c' \Delta x^3 + d' \Delta x^3$ &c. peut être rendue plus petite qu'aucune quantité assignée, & n'a d'autre limite en petitesse que le zéro; & elle le devient en effet lorsque $\Delta x = 0$. Donc la valeur constante de cette fonction, qui doit répondre à toutes les valeurs de Δx, est en effet zéro; & partant, la fonction P de Δx provenante de la substitution de $x + b$ à x est $P + \dfrac{b}{1} \dfrac{d'P}{dx} + \dfrac{b^2}{1.2.} \dfrac{ddP}{dx^2} + \dfrac{b^3}{1.2.3.} \cdot \dfrac{d^3P}{dx^3} + \dfrac{b^4}{1.2.3.4.} \times \dfrac{d^4P}{dx^4} + \ldots$

Savoir, si ce n'étoit pas là la véritable valeur de P, on montreroit (par absurde) qu'elle ne peut en différer d'aucune quantité assignée d'après le §. VII.

Exemple. Soit $P = x^n$.

$$\pi = (x+b)^n = x^n + \frac{b}{1} \times n x^{n-1} + \frac{b^2}{1.2.} n(n-1) x^{n-2}$$
$$+ \frac{b^3}{1.2.3.} n(n-1)(n-2) x^{n-3}$$
$$+ \frac{b^4}{1.2.3.4.} (n.\ n-1.\ n-2.\ n-3\ x^{n-4} + \ldots$$
$$= x^n + \frac{n}{1} x^{n-1} b + \frac{n}{1} \frac{n-1}{2} x^{n-2} b^2$$
$$+ \frac{n}{1} \cdot \frac{n-1}{2} \cdot \frac{n-2}{3} x^{n-3} b^3 + \frac{n}{1} \frac{n-1}{2} \frac{n-2}{3} \frac{n-3}{4} x^{n-4} b^4 + \ldots$$

conformément au théorème binominal.

G 2

Chapitre Quatrième.

Sur les Maxima & Minima.

§. XXIV.

Définition. Lorsqu'une fonction P d'une quantité variable x est telle, que ses valeurs correspondantes à des valeurs successivement plus grandes de cette dernière, après avoir augmenté jusqu'à une certaine valeur de x, commencent à décroître; ou au contraire, après avoir diminué jusqu'à une certaine valeur de x, commencent à croître: à cette valeur de x répond une valeur de P plus grande dans le premier cas & plus petite dans le second, que celles qui répondent à d'autres valeurs de x antérieures ou postérieures à celle-là. Cette valeur de P est appelée dans le premier cas un *Maximum* & dans le second cas un *Minimum.*

Ainsi le rectangle fait des deux parties égales d'une droite donnée de grandeur, est plus grand que tout autre rectangle fait de deux parties de la même droite coupée en deux parties inégales: & la somme des quarrés de ces parties égales est au contraire plus petite que la somme des quarrés de ces parties inégales.

Dans ces deux exemples simples, le maximum du rectangle & le minimum de la somme des quarrés, envisagés comme fonctions d'une des parties de la ligne, sont l'un plus grand, & l'autre plus petit que toute autre valeur de la même fonction. Dans ce cas, ils sont maximum & minimum absolus. Mais il peut aussi arriver que le maximum & le minimum ne soient que relatifs: savoir, qu'une valeur de la fonction P soit à la vérité plus grande ou plus petite que les autres valeurs de cette même fonction qui l'avoisinent de part & d'autre; & que cependant elle soit plus petite ou plus grande que quelques autres valeurs de la même fonction.

Cette distinction peut tout particulièrement être éclaircie par la contemplation des courbes. Soit une ligne courbe toute entière concave, ou toute entière convexe vers un axe, à laquelle on puisse mener une seule tangente parallèle à l'axe. L'ordonnée au point de contact est dans le prémier cas un maximum abfolu, & dans le fecond cas un minimum abfolu. Mais fi la courbe eft ondoyée, en forte qu'elle préfente à l'axe, alternativement fa concavité & fa convexité, aux fommets de chaque onde répond un maximum & un minimum relativement à l'onde à laquelle ce fommet appartient; mais quelques-unes de ces ordonnées répondantes à des maxima ou des minima relatifs à l'onde à laquelle ils appartiennent, peuvent être au contraire plus petites ou plus grandes que quelques autres ordonnées de la même courbe, fituées dans d'autres ondes. Cependant, comme ces différents états de maximum ou de minimum, abfolus ou relatifs, font déterminés par les racines des équations, qu'on obtient en cherchant feulement fi la fonction propofée eft fufceptible d'un maximum ou d'un minimum, fans s'occuper s'il eft abfolu ou relatif; & que d'ailleurs tout maximum ou minimum relatif eft maximum ou minimum abfolu, quand on ne s'occupe que de l'onde de courbe à laquelle il appartient: je vais m'occuper uniquement des maxima ou minima en général, confidérés comme abfolus, au moins quant aux valeurs de la fonction qui les avoifinent de part & d'autre.

§. XXV.

Soit donc une fonction de x répondante au maximum ou au minimum. Soient p & p' deux fonctions de la même variable, répondantes à deux valeurs de x, l'une plus grande & l'autre plus petite que celle à laquelle répond P, d'une quantité b, laquelle peut être rendue plus petite qu'aucune quantité affignée.

On aura (§.XXIII);

$$p = P + \frac{b\,dP}{1\,dx} + \frac{b^2}{1.2.}\frac{ddP}{dx^2} + \frac{b^3}{1.2.3.} \times \frac{d^3P}{dx^3} + \frac{b^4}{1.2.3.4.} \times \frac{d^4P}{dx^4} + \cdots$$

$$p' = P - \frac{b\,dP}{1\,dx} + \frac{b^2}{1.2.}\frac{ddP}{dx^2} - \frac{b^3}{1.2.3.} \times \frac{d^3P}{dx^3} + \frac{b^4}{1.2.3.4.} \times \frac{d^4P}{dx^4} - \&c. \cdots$$

Dans le cas du maximum, P doit être plus grande que l'une & l'autre de ces quantités, & dans le cas du minimum, elle doit être plus petite que chacune d'elles. Or dans chacune de ces fuites, tant que $\frac{dP}{dx}$ n'eft pas zéro, le fecond terme $\frac{b}{1} \times \frac{dP}{dx}$ peut dans chacune de ces fuites être rendu plus grand que la fomme de tous ceux qui le fuivent, fans avoir égard au figne; & partant, la première fuite peut toujours être rendue plus grande que P & la feconde plus petite que P, & partant, tant que $\frac{dP}{dx}$ n'eft pas zéro, on pourra affigner quelque valeur de b qui rendra la valeur de P moyenne entre les valeurs de p & p', mais différente d'elles moins que d'aucune quantité affignée, & non plus grande ou plus petite que l'une & l'autre d'entr'elles, comme l'exige la condition du maximum & du minimum. Donc, pour première condition du maximum & du minimum, il faut que $\frac{dP}{dx}$ foit zéro.

Lorfque $\frac{dP}{dx}$ eft zéro; fi $\frac{d^2P}{dx^2}$ eft pofitif, les fonctions p & p' deviennent refpectivement $P + \frac{b^2}{1.2.} \frac{d^2P}{dx^2} \pm \frac{b^3}{1.2.3.} \frac{d^3P}{dx^3} + \frac{b^4}{1.2.3.4.} \times \frac{d^4P}{dx^4} + \cdots$

Et comme par la diminution de b, le terme $\frac{b^2}{1.2.} \frac{d^2P}{dx^2}$ peut être rendu plus grand que la fomme de tous ceux qui le fuivent, on pourra prendre telle valeur de b qui rende p & p' l'une & l'autre plus grande que P, & partant, dans ce cas, la limite de P eft en petiteffe, ou P eft un minimum. Au contraire, fi $\frac{d^2P}{dx^2}$ eft négative, P eft maximum par la même raifon.

Mais fi $\frac{dP}{dx}$ étant zéro, $\frac{d^2P}{dx^2}$ eft auffi zéro, on ne peut rien conclure de ces deux premiers termes pour la limite de P; mais il faut voir fi le troifième terme $\frac{d^3P}{dx^3}$ eft ou n'eft pas zéro. Si $\frac{d^3P}{dx^3}$ n'eft pas zéro, on montrera de la même manière, que P n'eft pas fufceptible de limites, & au contraire, lorfque $\frac{d^3P}{dx^3}$ fera zéro, la quantité P fera fufceptible de limites, fi en même tems le quatrième terme $\frac{d^4P}{dx^4}$ n'évanouit pas; & cette limite fera un maximum ou un minimum, fuivant que $\frac{d^4P}{dx^4}$ fera négative ou pofitive.

En général, & par le même raisonnement, pour qu'une fonction P soit susceptible de limites, il faut que dans la suite $\frac{dP}{dx}$. $\frac{d^2P}{dx^2}$ $\frac{d^3P}{dx^3}$ $\frac{d^4P}{dx^4}$ &c.... si un nombre pair de termes ont évanoui, le terme impair suivant évanouisse aussi, mais de manière que le terme pair qui le suit n'évanouisse pas en même temps. Alors la fonction P est susceptible de maximum ou de minimum, suivant que ce dernier terme pair est négatif ou positif.

Exemple. Soit $P = xx(a-x) = axx - x^3$

$$\frac{dP}{dx} = 2ax - 3xx$$

$$\frac{d^2P}{dx^2} = 2a - 6x$$

$$\frac{d^3P}{dx^3} = -6.$$

Soit $\frac{dP}{dx} = 2ax - 3xx = 0$; donc $x = \frac{0}{3}a$;

Soit $x = 0$; $\frac{d^2P}{dx^2} = +2a$

$\quad x = \frac{2}{3}a$; $\frac{d^2P}{dx^2} = -2a$.

Partant, dans le cas de $x = 0$, $xx(a-x)$ devient un minimum, & dans le cas de $x = \frac{2}{3}a$, $xx(a-x)$ devient un maximum, ainsi qu'il est aisé de le montrer par les éléments.

Remarque. Lorsque $x = 0$, la fonction P ou $xx(a-x)$ devient aussi zéro; & elle est plus petite que deux fonctions voisines d'elle de part & d'autre, dont l'une répond à x positive, & dont l'autre, qui seroit, en changeant le signe de x, $xx(a+x)$, répond à x négative. *Géométriquement.* La courbe dans laquelle les abscisses croissant comme les x, les ordonnées croissent comme les $xx(a-x)$, a au point zéro une ordonnée zéro; de manière que l'axe est tangent à la courbe à ce point, & pour deux valeurs égales de x plus petites que a, l'une positive & l'autre négative, les deux ordonnées sont situées du même côté de l'axe, ou l'une & l'autre positives, & sont exprimées par $xx(a-x)$ & $xx(a+x)$. Le maximum de l'ordonnée répondant à l'abscisse $\frac{2}{3}a$, est un maximum relatif à la partie de la courbe o. & $+a$; tandis que les ordonnées répondantes aux abfciffes négatives peuvent croître au delà de toute limite. En particulier, à l'abfciffe $-\frac{1}{3}a$ répond une ordonnée égale à la plus grande de celles qui répondent aux abfciffes pofitives comprifes entre o & $+a$; & les ordonnées correfpondantes aux abfciffes négatives plus grandes, font plus grandes que cette plus grande ordonnée.

2^d. *Exemple.* Soit $P = x^3(a-x)$

$$\frac{dP}{dx} = xx(3a-4x)$$

$$\frac{d^2P}{dx^2} = x(6a-12x)$$

$$\frac{d^3P}{dx^3} = 6a-24x$$

$$\frac{d^4P}{dx^4} = -24.$$

Soit $\frac{d\lambda}{dx} = x\lambda(3a-4x) = 0$, donc $x = \frac{+}{\frac{3}{4}}^o a$.

Lorsque $x = 0$, $\frac{d^2P}{dx^2} = 0$, & $\frac{d^3P}{dx^3} = 6a$; partant, à $x = 0$ il ne répond ni maximum ni minimum. Au point o la courbe coupe l'axe; & l'ordonnée zéro eft le paffage des ordonnées pofitives aux ordonnées négatives. Mais, à l'abfciffe $x = \frac{3}{4}a$ répond un maximum de x.

§. XXVI.

En général, fi dans l'équation $\frac{dP}{dx} = 0$, x a un nombre pair de valeurs égales, il ne répond à ces valeurs de x ni maximum ni minimum de P; & le contraire a lieu, fi dans la même équation x a un nombre impair de valeurs égales,

1°. Que dans l'équation $\frac{dP}{dx} = 0$, x n'ait que deux valeurs a égales entr'elles; en forte que $\frac{dP}{dx} = (x-a)^2 \times Q$; & foit $Q' = \frac{dQ}{dx}$; $Q'' = \frac{ddQ}{dx^2}$ &c. ...

Puisque

Puisque $\frac{dP}{dx} = (x-a)^2 \times Q$; $\frac{ddP}{dx^2} = (x-a)^2 \times Q' + 2Q(x-a)$: partant, puisque $x = a$, $\frac{ddP}{dx} = 0$.

Item, $\frac{d^3P}{dx^3} = (x-a)^2 \times Q + 4Q'(x-a) + 2Q$; & partant, puisque $x = a$, $\frac{d^3P}{dx^3} = 2Q$.

Partant, les deux premiers termes $\frac{dP}{dx}$, $\frac{d^2P}{dx^2}$ ayant évanoui, le troisième $\frac{d^3P}{dx^3}$ n'évanouit pas: donc la fonction P répondante à $x = a$ n'a ni maximum ni minimum. Je montre de la même manière que si $\frac{dP}{dx} = (x-a)^{2n} Q$, il n'y a aucun maximum ni minimum de P répondant à $x = a$; parce qu'un nombre pair des exposants différentiels des ordres successifs de la fonction P & de x évanouissent, tandis que l'exposant impair suivant n'évanouit pas. Au contraire, si dans l'équation $\frac{dP}{dx} = 0, x$ a un nombre impair de valeurs égales, à cette valeur répond un maximum ou un minimum; vu qu'un nombre impair des exposants différentiels des ordres successifs de P & de x évanouissent; tandis que l'exposant pair suivant n'évanouit pas.

Exemple. Soit $\frac{dP}{dx} = 0 = (x-a)^3 \times Q$

$$\frac{ddP}{dx^2} = (x-a)^3 \times Q' + 3Q(x-a)^2$$

$$\frac{d^3P}{dx^3} = (x-a)^3 \times Q'' + 6Q'(x-a)^2 + 6Q(x-a)$$

$$\frac{d^4P}{dx^4} = (x-a)^3 \times Q''' + 9Q''(x-a)^2 + 18Q'(x-a)$$
$$+ 6Q.$$

Partant, tandis que les trois premiers exposants sont affectés du coëfficient $(x-a)$, qui est égal à zéro, le quatrième exposant est égal à la quantité $6Q$, qui est supposée ne pas évanouir.

H

Remarque. Puisque la détermination du maximum ou du minimum est réduite à mener une tangente parallèle à l'axe à la courbe dont les ordonnées font proportionelles à la fonction dont on cherche la limite, & que nous venons de déterminer les caractères auxquels on reconnoît si une fonction est fusceptible de maximum ou de minimum; nous avons en même tems déterminé les cas où une courbe peut ou ne peut pas avoir une ordonnée parallèle à l'axe.

La première condition est que dans l'expreffion de la foustangente $y \times \frac{dx}{dy}$, l'expofant inverfe de $\frac{dx}{dy}$, favoir $\frac{dy}{dx}$, foit zéro, & qu'en même temps l'expofant différentiel du fecond ordre n'évanouiffe pas. Je reviendrai dans la fuite à l'examen de l'expreffion $\frac{dy}{dx} = \frac{1}{0}$.

§. XXVII.

Dans ce qui précède j'ai fuppofé que P est une fonction de x telle, que, à une valeur déterminée de x il ne répond qu'une feule valeur de P. Il peut arriver auffi que P foit une telle fonction de x, qu'à une même valeur de cette dernière répondent deux ou plufieurs valeurs de la première; favoir, lorsque P est une fonction de x telle, que dans l'équation qui exprime leur relation, P ait plus d'une dimenfion.

Dans ce cas, fi on peut réfoudre cette équation de manière à exprimer en x chacune des valeurs de P, on pourra auffi chercher la limite de chacune de ces valeurs particulières. Mais il vaut ordinairement mieux chercher le rapport différentiel de P & de x d'après l'équation donnée, fans la réfoudre, en forte que fon expofant foit exprimé en P & en x; égaler fon expreffion à zéro; déduire de cette dernière équation la valeur de P en x; fubftituer cette valeur de P dans la première équation & en déduire les valeurs de x, & partant les valeurs de P auxquelles peuvent ou ne peuvent pas répondre des limites.

§. XXVIII.

La détermination des maxima & minima de la fonction P dépendant de la résolution de l'équation $\frac{dP}{dx} = 0$; cette détermination peut souvent être sujette à de grandes difficultés. Cependant ce n'est pas à la théorie que nous avons développée que nous devons nous en prendre, si nos vœux à cet égard ne sont pas satisfaits; mais uniquement à l'état d'imperfection dans lequel est encore la théorie des équations, malgré les travaux multipliés des plus grands analystes modernes sur cet important objet. Il arrive souvent que dans les questions géométriques & physico-mathématiques, la considération purement géométrique des quantités dont on cherche les maxima & minima, conduit à leur détermination d'une manière plus facile & plus lumineuse, que si on les exprime d'une manière algébrique; & que la même contemplation sert à distinguer l'espèce de leurs limites, sans qu'on ait besoin de recourir à la méthode générale développée dans ce Chapitre.

Lemme. Si une fonction P d'une quantité variable x est susceptible de maximum ou de minimum, elle a toujours deux valeurs égales entr'elles, l'une avant d'avoir atteint, & l'autre après avoir passé l'un ou l'autre de ces deux états. En sorte que ces deux valeurs égales de la fonction P répondent à deux valeurs de la variable x, dont l'une est plus grande & l'autre plus petite que celle qui répond à la limite de P.

Cette proposition pourroit être déduite du §. XXV. d'une manière algébrique, en remarquant que la différence du maximum ou minimum P d'une fonction d'une quantité variable, & d'une autre valeur p de la même fonction répondante à une valeur de cette quantité variable différente de la quantité b, est une fonction de la quantité b, de la forme $\frac{b^2}{1.2.} \times \frac{d^2 P}{dx^2}$ $\pm \frac{b^3}{1.2.3.} \frac{d^3 P}{dx^3} + $ &c... laquelle par la diminution de b peut être rendue plus petite qu'aucune quantité assignée, & en particulier, passer par tous les états de grandeur depuis le zéro jusqu'à la différence de ce maximum ou minimum, au minimum ou maximum relatif le plus voisin, indépendamment du figne de b, puisque le premier terme de cette fonction en contient une puiffance paire. Mais cette propofition peut être développée d'une manière plus lumineufe par la contemplation des courbes, comme il fuit.

Soit une courbe dont une ordonnée eft un maximum; p. ex. foit conçue la tangente menée au fommet de cette ordonnée, & partant parallèle à l'axe, mue parallèlement à elle - même. Tant que cette droite coupera la courbe, les ordonnées correfpondantes aux points de fection, fitués de part & d'autre de la plus grande ordonnée, feront égales entr'elles; & ces ordonnées répondront à des fonctions égales de la variable repréfentée par les abfciffes de la courbe, dont la valeur eft d'une part plus grande & de l'autre part plus petite que l'abfciffe qui répond au maximum. La même conception s'applique au cas du minimum, en faifant mouvoir la tangente parallèle à l'axe de manière qu'elle s'en éloigne.

L'application de ce principe à la recherche des maxima ou minima confifte dans le procédé fuivant. Soit une fonction d'une ou plufieurs variables dont on cherche la limite; foient égalées l'une à l'autre deux des valeurs de cette fonction; foit faite fur cette équation la réduction des termes communs à fes deux membres; puis d'après les principes des limites des rapports développés dans le premier Chapitre, foient cherchées les limites des rapports des quantités variables que cette équation comprend; ces limites donneront à connoître les propriétés des quantités variables d'où dépend la fonction propofée, dans la pofition & la grandeur qui répondent au maximum ou au minimum.

Exemple 1ᵉʳ. Soit un point donné dans l'intérieur d'un angle, on demande de mener par ce point la plus petite des droites qui foit comprife entre les jambes de cet angle. (Fig. 8.)

Soit ACA' un angle, P un point dans l'intérieur de cet angle; mener par ce point la droite la plus petite comprife entre les jambes de cet angle.

Soient xy, & $x'y''$ deux droites égales paffantes par le point P, & renfermées dans l'angle propofé. Du point P comme centre, avec les rayons Px', Py, foient décrits les arcs de cercle $X'x$, Yy'; & des points X' & Y foient abaiffées fur Px & Py' les perpendiculaires $X'x'$ & Yy'.

Puisque $PX + PY = PX' + PY'$

$PX - PX' = PY' - PY$. ou $Xx = Y'y$.

Mais, lim. $Xx : Xx' = 1 : 1$

$\qquad Xx' : X'x' = 1 : \text{tang. } x$

Et lim. $X'x' : X'x = 1 : 1.$ ($\S.$ XVII).

Donc lim. $Xx : X'x = 1 : \text{tang. } x$. ($\S.$VI).

De même, lim. $Y'y : Yy = 1 : \text{tang. } Y'.$

De là; lim. $Xx : X'x = 1 : \text{tang. } X.$

$\qquad X'x : Yy = Px' : PY.$

Lim. $Yy : Y'y = \text{tang. } Y' : 1.$

Donc lim. $Xx : Y'y = PX' \text{ tang. } Y' : PY \text{ tang. } X$; ou $Xx : Y'y = \text{lim. } PX' \text{ tang. } Y' : PY \text{ tang. } X$; ou $1 : 1 = \text{lim. } PX' \text{ tang. } Y' : PY \text{ tang. } X$. Mais la limite du dernier rapport eſt celui de $Px \text{ tang. } Y$ à $Py \text{ tang. } X$.

Donc, dans le cas de la limite, ces deux rectangles ſont égaux : ou une propriété de la ligne, la plus petite compriſe dans l'angle donné, eſt que les tangentes des angles qu'elle fait avec les jambes de l'angle donné, ſont entr'elles comme ſes parties adjacentes à ces jambes compriſes entr'elles & le point donné.

Exemple 2^d. Trouver ſur une droite donnée le point duquel menant des droites à deux points donnés, la ſomme de leurs rectangles par des droites données ſoit la plus petite.

Soient A & A' deux points donnés, & BB' une droite donnée : trouver ſur cette droite le point duquel menant des droites aux points A & A', la ſomme de leurs rectangles par des droites données a & a' ſoit la plus petite.

Soient x & x' deux points, ſitués de part & d'autre de celui auquel répond le minimum cherché, & auxquels répondent deux valeurs égales des ſommes $AX \times a + A'X \times a'$, & $AX' \times a + A'X' \times a'$.

Des points A & A' comme centres, avec les rayons AX & $A'x'$, ſoient décrits les arcs de cercle Xx, $X'x'$;

Fig. 9.

H 3

$$puisque \quad A'X \times a' + AX \times a = AX' \times a + A'X' \times a'$$
$$A'X \times a' - A'X' \times a' = AX' \times a - AX \times a;$$
$$ou \quad Xx' \times a' \qquad\qquad = X'x \times a.$$

Donc $Xx' : X'x = a : a'$. Mais on montre par un procédé fem-
blable à celui de l'exemple précédent, que la limite du premier rapport eft
le rapport des cofinus des angles $A'XB$ & AXB, en rapprochant les points
x & x'. Donc, dans la limite, c. à d. dans le cas du minimum de la fomme cherchée, les cofinus des angles que les droites cherchées font avec la
droite donnée font entr'eux en raifon inverfe des droites données; & partant
les rectangles de ces cofinus par les droites données correfpondantes font
égaux entr'eux.

On voit par ces deux exemples que cette méthode, fouvent plus abré-
gée & plus lumineufe que la méthode purement algébrique, eft fondée fur
les mêmes principes; favoir fur la recherche de la limite des rapports.

Item, dans ces deux exemples il eft évident que les limites des fonctions
cherchées font des minimum, & qu'il n'y a aucune limite à leurs grandeurs.

§. XXIX.

Lorsqu'une quantité variable eft une fonction multiforme d'une autre
quantité variable, elle peut être fufceptible d'une plus grande ou d'une plus
petite valeur, dont la détermination ne dépend pas de ce qui a été dit précédemment.

Exemple. Soit y une fonction de x telle, que $y = p \pm (f-x)^{\frac{1}{2}} q$;
les quantités p & q étant des fonctions de x non divifibles par $f-x$, il eft
évident que la plus grande valeur de x eft d'être égale à f. Soient p' & q'
les valeurs de p & de q répondantes à x égale à f, on aura dans ce cas $y = p'$.

$$Lorsque \quad x = f - \Delta x, \quad p = p' - \Delta x \times \frac{dp}{dx} + \frac{\Delta x^2}{1.2.} \frac{ddp}{dx^2} - \&c. \dots$$
$$q = q' - \Delta x \times \frac{dq}{dx} + \frac{\Delta x^2}{1.2.} \frac{ddp}{dx^2} .$$
$$(f-x)^{\frac{1}{2}} = \Delta x^{\frac{1}{2}} .$$

Donc les valeurs de y antérieures à $x = f$, font $p' - \Delta x \frac{dy}{dx}$ $+ \frac{\Delta x^2}{1.2} \frac{ddp}{dx^2} - \&c \ldots \pm \left(q' \Delta x^3 - \Delta x^3 \frac{dq}{dx} + \Delta x^3 \frac{ddp}{dx^2} \&c \ldots \right)$ lesquelles valeurs par la diminution de Δx peuvent approcher des quantités $p' - \Delta x \left(\frac{dp}{dx} \mp q' V \Delta x \right)$ plus près que n'en approche aucune autre quantité assignée; & peuvent être rendues ou l'une & l'autre plus petites que p', ou l'une & l'autre plus grandes que p', suivant que $\frac{dp}{dx}$ est positif ou négatif; & partant, la valeur de y répondante à $x = f$ est plus grande ou plus petite que les deux valeurs antérieures à elle; quoique la quantité $\frac{dy}{dx}$ puisse n'être pas zéro, mais que sa valeur soit $\frac{dp}{dx}$.

On peut considérer sous le même point de vue la fonction y de x de la forme $p \pm (f - x) \frac{2n+1}{2n} q$; mais le peu de fréquence des applications de ce nouveau genre de maximum ou minimum, & l'examen qu'en ont déjà fait les premiers Mathématiciens de ce siècle, m'engagent à ne pas m'étendre d'avantage sur cette matière.

§. XXX.

Il est encore une espèce de questions relatives aux maxima & minima dont la solution, quoique fondée sur les principes développés dans ce Chapitre, exige, pour être traitée d'une manière générale, des adresses de calcul & des procédés particuliers, qu'il n'entre pas dans le plan de ce Mémoire élémentaire de développer. Ces questions ont été pendant long-tems un objet de défi entre les Mathématiciens les plus célèbres; & c'étoit faire preuve de ses forces que d'être en état de donner de quelques unes des solutions, quoique particulières. Il étoit réservé au plus grand Mathématicien de ce siècle d'exposer une méthode nouvelle de trouver les courbes données de quelque propriété de maximum ou de minimum, & il étoit réservé à son digne Émule de simplifier & de généraliser cette méthode en la rendant purement analytique. (Voyez les Mélanges de la Société de Turin, 2ᵈ. Vol.)

Cependant il arrive souvent que des procédés particuliers se prêtent d'une manière incomparablement plus simple & plus lumineuse à la solution de ces sortes de questions, que ne le fait la méthode générale. Qu'il me suffise d'en donner deux exemples purement élémentaires, qui appartenant à la méthode générale des variations, se prêtent avec la dernière facilité à une solution purement raisonnée.

1.ᵉʳ *Exemple.* Entre toutes les surfaces planes données de grandeur, on demande celle dont le contour est le plus petit.

Soit conçue une droite quelconque, qui coupe cette surface en deux parties égales; j'affirme que les contours de ces deux parties seront égaux.

En effet, si une de ces parties n'avoit pas le même contour que l'autre, substituant à celles de ces parties dont le contour seroit le plus grand l'autre partie, on obtiendroit une figure de la grandeur donnée ayant un contour plus petit que la première. Cette première propriété de la figure de grandeur donnée & du contour le plus petit est une propriété distinctive des figures ayant un centre de figure.

Ayant mené l'une des droites qui coupent la figure proposée en deux parties égales, tant en surface qu'en contour: soit menée une droite perpendiculaire à celle-là, qui coupe en deux parties égales l'une des moitiés de la première figure située d'un côté de cette droite, & partant aussi l'autre moitié, cette seconde droite devra aussi (par le même raisonnement) couper cette moitié en deux parties isopérimètres, & partant la propriété de la figure cherchée est, que dans tous les sens suivant lesquels on peut mener une droite qui la coupe en deux parties égales, on puisse en trouver une autre perpendiculaire à elle, qui la coupe avec la première en quatre parties égales, tant en surface qu'en contour. Or c'est-là une propriété distinctive du cercle. Donc de toutes les figures de grandeur donnée le cercle a le contour le plus petit.

L'inverse se démontre, ou de la même manière, ou par la méthode générale des inverses.

2ᵈ. Exem-

2.ᵈ *Exemple.* On trouve exactement par le même raisonnement, que de tous les folides donnés de grandeur la fphère a la furface la plus petite, & réciproquement, en montrant que trois plans quelconques perpendiculaires les uns aux autres, qui divifent en huit parties égales le folide donné de grandeur dont la furface eft la plus petite, divifent auffi la furface en huit parties égales, & réciproquement.

NB. Si cette manière de réfoudre ces deux queftions de Géométrie élémentaire s'étoit préfentée à Mr. L'Huilier, il l'eût fans doute préférée à celle qu'il a fuivie dans les §§ 38. & 70. de fon ouvrage qui a pour titre: *De Relatione mutua Capacitatis et Terminorum Figurarum &c....* Cette dernière étant fondée fur la méthode des indivifibles, elle paroît déplacée dans un ouvrage purement élémentaire.

Chapitre Cinquième.

Sur les points d'Inflexion & de Rebrouffement, fur les Rayons de Courbure & fur les Développées.

Lorfqu'un arc de courbe eft concave vers un axe de part & d'autre d'un de fes points; fi par ce point on mène une tangente à la courbe & une ordonnée à l'axe; & fi par deux points pris l'un d'un côté & l'autre de l'autre côté du premier, on mène des ordonnées à cet axe, jufqu'à la rencontre de la tangente, ces deux dernières ordonnées feront l'une & l'autre plus petites que leurs parties comprifes entre l'axe & la tangente. Si on fait la même opération fur un arc convexe vers l'axe, les deux ordonnées menées de part & d'autre du point de contact feront l'une & l'autre plus grandes que leurs parties comprifes entre l'axe & la tangente. De là on peut reconnoître fi une courbe à un de fes points propofés eft convexe ou concave vers l'axe auquel on la rapporte.

Soit $X'XX''$ un arc de courbe, tout concave ou tout convexe vers l'axe $Y'YY''$ de part & d'autre du point X. Fig. 10.

I

Soient $X Y$, $X'Y'$, $X''Y''$, des ordonnées à l'axe, perpendiculaires à cet axe p. ex., & soient les abscisses YY', $Y'Y''$ égales entr'elles. Par X soit menée une tangente qui rencontre en T' & T'' les ordonnées $X'Y'$, $X''Y''$. Par X soit menée à l'axe une parallèle qui rencontre ces dernières ordonnées en x' & x''.

Soit x l'abscisse correspondante au point X, & y l'ordonnée correspondante au même point. La tangente trigonométrique de l'angle que la tangente au point x fait avec l'axe, est $\frac{dy}{dx}$ ($\S$.XVI.); mais cette tangente trigonométrique est $\frac{T'x'}{XX'} = \frac{T'x'}{\Delta x}$; donc $\frac{dy}{dx} = \frac{T'x'}{\Delta x}$, ou $T'x' = \Delta x \times \frac{dy}{dx} = T''x''$.

Donc $T'Y' (= Y'x' - T'x') = XY - T'x' = y - \Delta x \frac{dy}{dx}$.

$T''Y'' (= T''x'' + Y'x'') = T''x'' + XY = y + \Delta x \times \frac{dy}{dx}$.

Mais $X'y' = y - \frac{\Delta x}{1} \cdot \frac{dy}{dx} + \frac{\Delta x^2}{1.2.} \frac{ddy}{dx^2} - \frac{\Delta x^3}{1.2.3} \frac{d^3y}{dx^3}$

$\qquad + \frac{\Delta x^4}{1.2.3.4} \frac{d^4y}{dx^4}$ &c.... ($\S$. XXIII.)

$X''Y'' = y + \frac{\Delta x}{1} \frac{dy}{dx} + \frac{\Delta x^2}{1.2} \frac{ddy}{dx^2} + \frac{\Delta x^3}{1.2.3} \frac{d^3y}{dx^3}$

$\qquad + \frac{\Delta x^4}{1.2.3.4} \frac{d^4y}{dx^4} + $ &c....

Donc, dans le cas de la concavité, on a les deux inégalités

$y - \Delta x \times \frac{dy}{dx} > y - \frac{\Delta x}{1} \cdot \frac{dy}{dx} + \frac{\Delta x^2}{1.2} \frac{ddy}{dx^2} - \frac{\Delta x^3}{1.2.3} \frac{d^3y}{dx^3}$

$\qquad + \frac{\Delta x^4}{1.2.3.4} \frac{d^4y}{dx^4} - $ &c....

$y + \Delta x \frac{dy}{dx} > y + \frac{\Delta x}{1} \cdot \frac{dy}{dx} + \frac{\Delta x^2}{1.2} \frac{ddy}{dx^2} + \frac{\Delta x^3}{1.2.3} \frac{d^3y}{dx^3}$

$\qquad + \frac{\Delta x^4}{1.2.3.4} \frac{d^4y}{dx^4} + $ &c....

Et dans le cas de la convexité, on a les deux inégalités

$$y - \Delta x\, \frac{dy}{dx} \lessdot y - \frac{\Delta x}{1}\frac{dy}{dx} + \frac{\Delta x^2}{1.2}\frac{ddy}{dx^2} - \frac{\Delta x^3}{1.2.3}\frac{d^3y}{dx^3}$$

$$+ \frac{\Delta x^4}{1.2.3.4}\frac{d^4y}{dx^4} - \&c\ldots$$

$$y + \Delta x\, \frac{dy}{dx} \lessdot y + \frac{\Delta x}{1}\frac{dy}{dx} + \frac{\Delta x^2}{1.2}\frac{ddy}{dx^2} + \frac{\Delta x^3}{1.2.3}\frac{d^3y}{dx^3}$$

$$+ \frac{\Delta x^4}{1.2.3.4}\frac{d^4y}{dx^4} + \ldots$$

D'où on déduit, pour le cas de la concavité, les deux quantités

$$\frac{\Delta x^2}{1.2}\frac{ddy}{dx^2} - \frac{\Delta x^3}{1.2.3}\frac{d^3y}{dx^3} + \frac{\Delta x^4}{1.2.3.3}\frac{d^4y}{dx^4} - \&c\ldots$$

$$\frac{\Delta x^2}{1.2}\frac{ddy}{dx^2} + \frac{\Delta x^3}{1.2.3}\frac{d^3y}{dx^3} + \frac{\Delta x^4}{1.2.3.4}\frac{d^4y}{dx^4} + - \&c\ldots \text{ l'une \&}$$

l'autre plus petites que zéro.

Et au contraire, pour le cas de la convexité, l'une & l'autre de ces quantités font plus grandes que zéro.

Or si $\frac{ddy}{dx^2}$ n'est pas zéro; on peut rendre le premier terme $\frac{\Delta x^2}{1.2}\frac{ddy}{dx^2}$ plus grand que la somme de tous ceux qui le suivent, sans aucun égard au signe (§. VII.); partant $\frac{ddy}{dx^2}$ n'étant pas zéro, l'une & l'autre de ces deux quantités peut être rendue plus grande ou plus petite que zéro, suivant que $\frac{ddy}{dx^2}$ est positif ou négatif, & partant $\frac{ddy}{dx^2}$ n'étant pas zéro, la courbe est convexe ou concave vers l'axe, suivant que cet exposant différentiel du second ordre est positif ou négatif.

Si $\frac{ddy}{dx^2}$ est zéro; comme le terme $\frac{\Delta x^3}{1.2.3}\frac{d^3y}{dx^3}$ a des signes opposés dans les deux suites précédentes, si $\frac{d^3y}{dx^3}$ n'évanouit pas, on ne peut pas obtenir à la fois les deux inégalités précédentes pour toute valeur de Δx, & partant la courbe ne peut pas être à la fois concave des deux côtés du point x, ou convexe des deux mêmes côtés. Partant le terme $\frac{ddy}{dx^2}$ étant zéro, si le

68

terme $\frac{d\,y}{d\,x}$ n'eſt pas zéro, la courbe a au point X un point d'inflexion. Savoir ce point eſt le point de féparation de la concavité & de la convexité de la courbe, relativement à l'axe auquel on la rapporte.

Si les termes $\frac{d\,d\,y}{d\,x^2}$, $\frac{d^3 y}{d\,x^3}$ évanouiſſent l'un & l'autre, on montre de même que la courbe eſt concave ou convexe vers l'axe de part & d'autre du point x, ſuivant que le terme $\frac{d^4 y}{d\,x^4}$ eſt poſitif ou négatif; & que ſi $\frac{d^4 y}{d\,x^4}$ s'évanouir, la courbe a au point X un point d'inflexion, ſi le terme ſuivant $\frac{d^5 y}{d\,x^5}$ n'évanouit pas.

En général, pour qu'une courbe ait un point d'inflexion, il faut qu'à ce point, dans la ſuite $\frac{d^3 y}{d\,x^3}$, $\frac{d^3 y}{d\,x^3}$, $\frac{d^4 y}{d\,x^4}$, $\frac{d^5 y}{d\,x^5}$ &c.... un nombre impair de termes évanouiſſe, de manière que le terme pair ſuivant n'évanouiſſe pas. Ainſi le raiſonnement par lequel on détermine la poſſibilité ou l'impoſſibilité d'un point d'infl. xion eſt le même que celui par lequel on détermine lá poſſibilité ou l'impoſſibilité du maximum ou du minimum, en opérant pour la première détermination ſur la ſuite y, $\frac{d\,y}{d\,x}$, $\frac{d^2 y}{d\,x^2}$, $\frac{d^3 y}{d\,x^3}$ &c.... diminuée de ſon premier terme, de la même manière qu'on a opéré pour la féconde détermination ſur cette ſuite entière. Ou, ce qui revient au même, on cherche le maximum ou minimum de $\frac{d\,y}{d\,x}$; c. à d. de la tangente trigonométrique, que la tangente au point d'inflexion fait avec l'axe, & partant la limite de cet angle même.

Exemple. Soit $y = x\,x\,(a - x)$

$$\frac{d\,y}{d\,x} = x\,(2\,a - 3\,x)$$

$$\frac{d\,d\,y}{d\,x^2} = 2\,a - 6\,x$$

$$\frac{d^3 y}{d\,x^3} = -6.$$

Soit $\frac{d\,dy}{dx^2} = 0$; $x = \frac{1}{3}\,a$. Mais le terme $\frac{d^3y}{dx^3}$ n'évanouit jamais; donc la courbe a un point d'inflexion répondant à l'abfciffe $\frac{1}{3}\,a$.

La détermination des points de rebrouffement eft fondée fur les mêmes principes que la détermination des points d'inflexion, & elle revient auffi à chercher la limite de l'angle que la tangente fait avec l'axe. Mais on diftingue les points de rebrouffement des points d'inflexion, en ce que la courbe s'étend de part & d'autre du point d'inflexion, tandis qu'elle ceffe au point de rebrouffement de manière à ne pas exifter d'un côté de ce point, ou, ce qui revient au même, au point de rebrouffement répond une abfciffe qui eft un maximum de la feconde efpèce.

§. XXXII.

Soit une courbe rapportée à un axe par des coordonnées perpendiculaires. P. ex. d'un point quelconque de cette courbe foit menée une ordonnée à l'axe, une tangente, & une perpendiculaire à la tangente; la partie de cette perpendiculaire comprife entre le point de contact & l'axe, eft appelée la *Normale;* & la partie de l'axe comprife entre la normale & l'ordonnée eft appelée la *fousnormale.*

La *fousnormale* eft évidemment une troifième proportionelle à la foustangente & à l'ordonnée; partant, l'ordonnée étant y & la foustangente $y\,\frac{dx}{dy}$,

la fousnormale eft $y\,\dfrac{\frac{yy}{dx}}{dy} = y\,\dfrac{dy}{dx}$.

Le quarré de la normale eft égal à la fomme des quarrés de l'ordonnée & de la fousnormale; & partant le quarré de la normale eft $yy\left(1 + \dfrac{dy^2}{dx^2}\right)$.

La normale & la fousnormale étant l'une & l'autre des fonctions de l'abfciffe (déterminables par l'équation donnée de la courbe), on peut faire fur leurs expreffions toutes les opérations qu'on peut faire fur des fonctions d'une quantité variable; & en particulier on peut chercher, tant le rapport qui règne entre les changements fimultanés de ces quantités & de l'abfciffe, que la limite de ce rapport. P. ex. on détermine comme il fuit la limite du rapport des changements fimultanés de la fousnormale & de l'abfciffe.

Soit AP l'axe d'une courbe AMM' dont l'origine des abfciffes eft en A. Soient M & M' deux points de cette courbe; MP, $M'P'$ les ordonnées à ces points: MT, $M'T'$ les tangentes; MN, $M'N'$ les normales; PT, $P'T'$, les foustangentes; PN, $P'N'$ les fousnormales.

$$\text{Puisque } PN = y\,\frac{dy}{dx}\cdot\frac{dPN}{dx} = \frac{dy}{dx}\times\frac{dy}{dx}\times y\,\frac{ddy}{dx^2} = \frac{dy^2}{dx^2} + y\,\frac{ddy}{dx^2}\cdot$$

$$\text{Mais, } \Delta PN = P'N' - PN = (NN' + P'N) - (PP' + P'N)$$
$$= NN' - PP'$$

$$\text{Donc, } \frac{\Delta PN}{PP'} \text{ ou } \frac{\Delta PN}{\Delta x} = \frac{NN'}{PP'} - 1 \qquad \text{Donc } \frac{NN'}{PP'} = \frac{\Delta PN}{\Delta x} + 1$$

$$\text{Et lim. } \frac{NN'}{PP'} = \frac{d.PN}{dx} + 1.$$

Les points M & M' demeurant les mêmes fur la courbe AMM', on peut toujours déterminer comme il fuit le point Z de rencontre des normales MN & $M'N'$ menées de ces points.

$$\text{Dans le triangle } NZN', \quad NZ : NN' = \sin N' : \sin Z.$$
$$NZ : NN' = \sin N' : \sin(N' - N)$$
$$= \sin N' : \sin N' \cos N - \cos N' \sin N$$
$$= 1 \quad : \cos N - \cos T . N' \sin N$$
$$= 1 \quad : \frac{PN}{MN} - \frac{P'N'}{M'P'} \times \frac{MP}{MN}$$

$$\text{Donc } NZ : MN = NN' : PN - P'N' \times \frac{MP}{M'P'}.$$

Dans cette proportion la grandeur de la ligne NZ eft toujours connue, dans la normale MN & dans les fousnormales & les ordonnées répondantes aux points M & M'.

Cette proportion peut fe préfenter autrement comme il fuit

$$NZ : MN = PP' + \Delta PN : PN - (PN + \Delta PN) \times \frac{MP}{MP + \Delta MP}$$
$$= PP' + \Delta PN : PN \times \frac{\Delta MP}{MP + \Delta MP} - \frac{MP}{MP + \Delta MP} \times \Delta PN$$
$$= 1 + \frac{\Delta PN}{PP'} : \frac{PN}{MP + \Delta MP} \times \frac{\Delta MP}{PP'} - \frac{MP}{MP + \Delta MP} \times \frac{\Delta PN}{PP'}.$$

Tant que la courbe proposée n'est pas un cercle, la grandeur de la ligne MZ est variable, & pour une position donnée du point M, elle dépend de la position du point M' & partant du changement PP' de l'abscisse.

Puisque le rapport de NZ à MN est toujours égal au rapport de $1 + \dfrac{\Delta PN}{PP'}$ à $\dfrac{PN}{MP+\Delta MP} \times \dfrac{\Delta MP}{PP} - \dfrac{MP}{MP+\Delta MP} \times \dfrac{\Delta PN}{PP'}$; la limite du premier rapport est égale à la limite du second ; & partant la limite de la grandeur de la ligne NZ est déterminée par la proportion

$$NZ : MN = 1 + \frac{dPN}{dx} : \frac{PN}{MP} \times \frac{dy}{dx} - \frac{dPN}{dx}$$

$$= 1 + \frac{dy^2}{dx^2} + y\frac{ddy}{dx^2} : \frac{dy^2}{dx^2} - \left(\frac{dy^2}{dx^2} + y\frac{ddy}{dx^2}\right)$$

$$= 1 + \frac{dy^2}{dx^2} + y\frac{ddy}{dx^2} : - y\frac{ddy}{dx^2}$$

Donc dans la limite . . . $MZ : MN = 1 + \dfrac{dy^2}{dx^2} : - y\dfrac{ddy}{dx^2}$

& partant dans la limite $MZ = \dfrac{\left(1 + \dfrac{dy^2}{dx^2}\right)^{\frac{3}{2}}}{- \dfrac{ddy}{dx^2}}$.

Remarque 1re. Quoique cette quantité se présente sous la forme négative, elle est en effet positive tant que la courbe est concave vers l'axe ; puisque dans ce cas la quantité $\dfrac{ddy}{dx^2}$ est négative.

Remarque 2de. Plus l'arc MM' de la courbe est petit, plus aussi les angles que les tangentes aux points M & M' font avec la chorde qui les joint font l'un & l'autre petits, de manière qu'il n'y a aucune limite à la diminution de chacun d'eux : donc les angles ZMM', $ZM'M$, qui font les compléments des deux premiers, approchent d'autant plus d'être égaux entr'eux, que l'arc MM' est plus petit ; de manière que le rapport d'égalité est la limite du rapport de ces deux angles, ou aussi, la limite du rapport de leurs sinus, & partant aussi la limite du rapport des droites MZ & $M'Z$. Partant, le cercle décrit du point Z comme centre avec le rayon ZM approche d'autant plus de passer par le point M', que l'arc MM' est plus petit; & partant plus l'arc MM' eſt petit, plus cet arc & l'arc du cercle décrit du point Z avec le rayon ZM & terminé par le rayon ZM' approchent de convenir l'un avec l'autre, ſoit quant à leur grandeur, ſoit quant à leur poſition relativement à la tangente au point M, ou à la manière dont ils s'écartent d'elle. De là ce cercle eſt appelé *cercle de même courbure* que la courbe au point M. Ce qui ſignifie que l'angle mixtiligne formé par l'arc de cercle & par ſa tangente au point M approche d'être le même que l'angle mixtiligne formé par la courbe & par ſa tangente au même point, plus que n'en approche l'angle mixtiligne d'aucun autre cercle.

La formule du rayon de courbure pour une courbe rapportée à un axe eſt donc $\left(1 + \frac{dy^2}{dx^2} \right)^{\frac{3}{2}} : - \frac{ddy}{dx^2}$.

Remarque 3me. Lorsque la tangente eſt perpendiculaire à l'axe, la normale eſt ſituée le long de l'axe de même que la ſousnormale; & partant il paroît d'abord qu'on ne peut déterminer leurs grandeurs à ce point. Pour conſerver la loi de continuité, on a appelé normale & ſousnormale à ce point le rayon de courbure au même point; ſavoir la limite de la diſtançe au ſommet des points où rencontrent l'axe les normales menées des points de la courbe très-voiſins du ſommet.

Exemple. Soit la parabole d'Apollonius $yy = ax$

$$\frac{dy}{dx} = \frac{a}{2y} ; \left(1 + \frac{dy^2}{dx^2} \right)^{\frac{3}{2}} = \left(1 + \frac{aa}{4yy} \right)^{\frac{3}{2}} = \left(\frac{a}{2y} \right)^{3} + \tfrac{3}{2} \frac{a}{2y}$$

$$+ \frac{\frac{3}{2}}{1} \cdot \frac{\frac{1}{2}}{2} \frac{2y}{a} + \cdots$$

$$- \frac{ddy}{dx^2} = \tfrac{1}{2} a \frac{\frac{dy}{dx}}{yy} = \tfrac{1}{2} a \times \frac{a}{2y^3} = \frac{aa}{4y^3} .$$

$$\frac{\left(1 + \frac{dy^2}{dx^2} \right)^{\frac{3}{2}}}{- \frac{ddy}{dx^2}} = \left(\frac{a^3}{8y^3} + \frac{3a}{4y} + \tfrac{3}{4} \times \frac{y}{a} + \cdots \right) : \frac{aa}{4y^3}$$

$$= \frac{a}{2} + \frac{3yy}{a} + \frac{3y^4}{a^3} + \cdots$$

quan-

quantité dont la limite est $\frac{a}{2}$ lorsque $y = 0$. Et cette expression s'accorde avec l'expression générale de la sousnormale, qui devient pour cette courbe en particulier la quantité constante $\frac{1}{2}\,a$.

Remarque 4me. **Le** rayon de courbure étant exprimé par une fonction de l'abscisse ou de l'ordonnée de la courbe, il varie avec l'une & l'autre, & en particulier ce rayon peut devenir, ou une quantité finie, ou zéro, ou plus grand qu'aucune quantité assignée.

Lorsque ce rayon devient o, cela signifie que la courbe au point correspondant s'éloigne de la tangente plus promtement que ne s'en éloigne un arc de cercle, quelque petit que soit son rayon, en sorte que cette courbe & un cercle quelconque diffèrent tellement l'un de l'autre à l'égard de leur courbure à ce point, que l'une de ces courbures ne peut pas être comparée ou rapportée à l'autre. En sorte que ces deux angles mixtilignes sont des quantités aussi hétérogènes que le sont un angle circulaire mixtiligne p. ex. & un angle rectiligne.

Au contraire, lorsque le rayon croît au delà de toute limite assignée, ce qui a lieu lorsque la quantité $\frac{ddy}{dx^2}$ est zéro, & en particulier pour les courbes qui ont un point d'inflexion, on apprend que la courbure de la courbe à ce point est plus petite que la courbure d'aucun cercle, quelque grand que soit son rayon, en sorte qu'un cercle décrit avec un rayon quelconque pris sur la normale, ne peut passer entre la courbe & sa tangente.

Remarque 5me. **Le** procédé que j'ai suivi pour parvenir à l'expression du rayon de courbure a une grande analogie avec le procédé ordinaire dans le calcul différentiel pour déterminer ce rayon, & qui est fondé sur les principes des limites des rapports. Mais comme cette matière m'a paru une de celles que les jeunes géomètres ont le plus de peine à comprendre, j'ai cru devoir remonter dans son développement aux principes les plus élémentaires.

La manière suivante de déterminer le cercle de même courbure qu'une courbe proposée à un point donné, mérite d'être développée par sa simplicité & sa liaison intime avec le début de ce Chapitre.

K

Que le cercle touchant la courbe en M, & partant ayant son centre sur la normale au point M, rencontre en Q' l'ordonnée à l'axe AP menée par le point M', & que l'ordonnée menée par M' rencontre en t la tangente menée par M. Par l'équation de la courbe on connoît la ligne $M't$, dont l'expression est

$$- \left(\frac{\Delta x^2}{1.2} \frac{ddy}{dx^2} + \frac{\Delta x^3}{1.2.3} \frac{d^3y}{dx^3} + \frac{\Delta x^4}{1.2.3.4} \frac{d^4y}{dx^4} \dots \S.\,XXXI. \right)$$

Item on connoît l'expression de la ligne Mt par la proportion $y \frac{dx}{dy} : y \sqrt{\left(1 + \frac{dx^2}{dy^2}\right)} = \Delta x : Mt$; d'où on déduit $Mt = \Delta x \sqrt{\left(1 + \frac{dy^2}{dx^2}\right)}$. Or, par la propriété du cercle, on doit avoir $Mt^2 = M't \times tQ'$;

$$\text{donc } tQ' = \frac{\Delta x^2 \left(1 + \frac{dy^2}{dx^2}\right)}{- \left(\frac{\Delta x^2}{1.2} \frac{ddy}{dx^2} + \frac{\Delta x^3}{1.2.3} \frac{d^3y}{dx^3} + \frac{\Delta x^4}{1.2.3.4} \frac{d^4y}{dx^4} + \dots \right)}$$

$$= \frac{1 + \frac{dy^2}{dx^2}}{- \left(\frac{1}{1.2} \frac{ddy}{dx^2} + \frac{\Delta x}{1.2.3} \frac{d^3y}{dx^3} + \frac{\Delta x^2}{1.2.3.4} \frac{d^4y}{dx^4} + \dots \right)}$$

Partant la quantité tQ' approche d'autant plus d'être égale à

$$\frac{1 \left(1 + \frac{dy^2}{dx^2}\right)}{- \frac{ddy}{dx^2}}$$

, que Δx est plus petit; & la quantité tQ' obtient exactement cette valeur, lorsque le point M' tombe sur le point M, & que le point Q' tombe en Q sur la droite MP; & ce point Q est le point de la droite MP par lequel passe le cercle de même courbure que la courbe en M. Par ce procédé on trouve la même expression de ce rayon. En effet, par le milieu q de MQ soit élevée à MQ une perpendiculaire qui rencontre en z la normale au point M.

Les triangles qMz, PTM sont semblables; & partant $PT : MT$

$$= qM : MZ; \text{ ou } y \frac{dx}{dy} : y \sqrt{\left(1 + \frac{dx^2}{dy^2}\right)} = \frac{1 + \frac{dy^2}{dx^2}}{\frac{ddy}{dx^2}} : MZ;$$

donc $MZ = \dfrac{\left(1 + \frac{dy^2}{dx^2}\right)^{\frac{3}{2}}}{-\frac{ddy}{dx^2}}$, ainſi que nous l'avons trouvé précé-

demment.

§. XXXIII.

La théorie des développées étant immédiatement liée avec celle des rayons de courbure, je crois devoir en ébaucher ici les premiers éléments.

Soit un fil appliqué ſur une courbe quelconque. Soit développé ce fil de manière qu'il demeure toujours tendu ; & par conſéquent tangent à la courbe. L'extrémité de ce fil décrira pendant ce développement une certaine courbe. La première courbe eſt appelée la Développée & la ſeconde en eſt appelée la Développante.

Il eſt évident que le fil eſt perpendiculaire à la tangente de la développante au point où il eſt terminé.

Je dis de plus qu'il eſt égal au rayon de courbure au même point.

Soit AMM' la développée ; MN le fil égal à l'arc MA, touchant la développée en M, & rencontrant en N la développante AN. Item, ſoit M' un autre point de la développée, & ſoit $M'N'$ la poſition du fil qui rencontre la développante en N', la droite MN en m', & le cercle décrit du point M comme centre avec le rayon MN en n.

1°. Je dis qu'un point N' de la courbe ANN' voiſin du point N eſt au delà du cercle dont MN eſt le rayon.

En effet $M'N' = M'MA = M'M + MN = M'M + Mn$. Mais dans le triangle mixtiligne $M'Mn$; $M'M + Mn > M'n$. Donc $M'N' > M'n$.

2°. Tout cercle décrit avec un rayon $m'N$ plus petit que MN eſt tout en dedans du cercle décrit avec ce dernier rayon ; donc, à plus forte raiſon, il eſt en dedans de la courbe.

K 2

3°. Soit mN un rayon plus grand que MN

$$mN' = MN' - M'm = M'MA - M'm$$
$$= M'M + MN - M'm$$
$$< M'm + Mm + MN - M'm$$
$$< Mm + MN < MN.$$

Donc le cercle décrit du point m comme centre avec le rayon mN paſſe au delà du point N'; & partant il ne peut paſſer aucun cercle entre la développante & le cercle décrit avec le rayon MN; donc ce rayon eſt celui du cercle de même courbure que la courbe au point N.

Connoiſſant l'équation d'une courbe, on connoît en particulier l'expreſ-ſion de ſon rayon de courbure à chacun de ſes points, & de là on peut déter-miner l'équation de ſa développée.

Soit AM une courbe rapportée à l'axe AP; ſoit AA' ſon rayon de courbure au ſommet A. Soit MN la normale & MZ le rayon de cour-bure en un point M; les points A' & Z ſeront à la développée. Soient MQ & ZP ordonnées à l'axe AP; & que ZR parallèle à AP rencontre MQ en R.

Les triangles MQN, MRZ, ſont ſemblables; donc les droites MR & RZ peuvent être exprimées dans le rayon de courbure MZ, & dans les droites MQ, NQ; donc auſſi la droite RQ ou ZP & la droite $A'P$ ou $QP + A'Q$ peuvent être exprimées d'après l'équation de la courbe AM, & partant on a l'équation de la courbe $A'Z$.

Réciproquement. En ſuppoſant la poſſibilité de la rectification de la courbe $A'Z$ envifagée comme développée, on peut établir l'équation de ſa développante. Seulement il faut remarquer qu'à une même courbe priſe comme développée répond un nombre auſſi grand qu'on veut de développan-tes, qui dépendent de la grandeur de la ligne arbitraire AA' ou de leur cour-bure au ſommet.

Par l'équation donnée de la courbe $A'Z$ la ſoustangente AP & la tan-gente NZ peuvent être déterminées; partant l'arc $A'Z$ & auſſi le rayon de courbure MZ de la développante étant ſuppoſés déterminés, la normale MN

eſt auſſi déterminée. De là, par les triangles ſemblables PNZ, QNM, on peut déterminer les droites MQ & QN; & partant auſſi la droite AQ, qui eſt la différence de la droite AP & de la ſomme des droites PN & QN.

CHAPITRE SIXIÈME.

Sur les Logarithmes.

§. XXXIV.

Soit une courbe, dans laquelle les abſciſſes croiſſant en progreſſion arithmétique, les ordonnées ſuivent une progreſſion géométrique. Cette courbe eſt appelée *logarithmique*.

Il ſuit immédiatement de cette définition que la partie de l'axe compriſe entre deux ordonnées eſt la meſure du rapport de ces deux ordonnées. Partant, le rapport de deux ordonnées étant conſtant, la partie de l'axe compriſe entr'elles eſt auſſi d'une grandeur conſtante. Et réciproquement, la partie de l'axe compriſe entre deux ordonnées étant conſtante, le rapport de ces deux ordonnées eſt conſtant.

Cela poſé: ſoient deux ordonnées MP, mp, dont le rapport eſt donné. Soit menée la ſécante Mm qui rencontre l'axe en S; je dis que la ſousſécante PS eſt auſſi d'une grandeur conſtante. Fig. 14.

Soit menée Mr, parallèle à l'axe & rencontrant mp en μ.

Le rapport de mp à MP étant donné, le rapport de $mp - MP$ ou de $m\mu$ à MP eſt auſſi donné; mais $m\mu : MP = Pp : PS$, donc le rapport de Pp à PS eſt donné; mais Pp eſt d'une grandeur conſtante, donc PS eſt auſſi d'une grandeur conſtante.

Les ſoustangentes à différents points de la logarithmique ſont les limites des ſousſécantes menées par les mêmes points & répondantes aux ſécantes qui paſſent par les extrémités d'ordonnées ayant aux premières un même rapport. De là il ſuit que les ſoustangentes à différents points de la logarithmique ſont auſſi d'une grandeur conſtante.

K 3

En effet, foient M & M' deux points d'une logarithmique, par lesquels foient les tangentes MT & $M'T'$, & les ordonnées MP, $M'P'$. Si les foustangentes PT, $P'T'$ ne font pas égales entr'elles, l'une d'elles, p. ex. $P'T'$, fera plus petite que l'autre PT. Soit prife $PS = P'T'$; foit menée la fécante SM qui rencontre de nouveau la logarithmique en m, & foit menée l'ordonnée Mp; foit prife $P'p' = Pp$; foit menée l'ordonnée $p'm'$, & la fécante $m'M'S'$ qui rencontre l'axe en S'. Les droites Pp & $P'p'$ étant égales, les fousfécantes PS & $P'S'$ font auffi égales; mais PS eft fuppofée égale à $P'T'$, donc $P'S' = P'T'$. Ce qui eft abfurde. Donc les deux foustangentes ne font pas inégales, ou elles font égales. Appelant y l'ordonnée MP, & x l'abfciffe correfpondante depuis un point donné fur l'axe, s & t la fousfécante & la foustangente, l'équation de la logarithmique eft

$$\frac{\Delta y}{\Delta x} = \frac{y}{s} \; ; \; \& \; \frac{dy}{dx} = \frac{y}{t}.$$

On peut fe propofer deux problèmes principaux fur une logarithmique dont la foustangente eft donnée de grandeur. L'un, de déterminer la partie de l'axe comprife entre deux ordonnées dont le rapport eft donné, & l'autre, de déterminer le rapport de deux ordonnées par la partie de l'axe comprife entr'elles; ou, ce qui revient au même, de trouver dans une logarithmique donnée le logarithme d'un rapport donné, & l'autre, de trouver le rapport qui répond à un logarithme donné.

<h2 style="text-align:center">§. XXXV.</h2>

1er *Problème.* Soit propofé le rapport de AC à MP. On demande la partie PC de l'axe comprife entre ces deux ordonnées.

Soit divifée PC en un nombre n de parties égales; foit Pp une de ces parties & foit mp l'ordonnée menée du point p.

Le rapport de AC à MP eft ainfi décompofé en un nombre n de rapports égaux entr'eux & à celui de mp à MP;

ou, $\frac{AC}{MP} = \left(\frac{mp}{MP}\right)^n = \left(1 + \frac{m'\mu}{MP}\right)^n = \left(1 + \frac{Pp}{PS}\right)^n = \left(1 + \frac{\Delta x}{s}\right)^n$.

Donc $\left(\frac{AC}{MP}\right)^{\frac{1}{n}} = 1 + \frac{\Delta x}{s}$ & $\frac{\Delta x}{s} = \left(\frac{AC}{MP}\right)^{\frac{1}{n}} - 1$

$= \left(1 + \frac{AC - MP}{MP}\right)^{\frac{1}{n}} - 1$. Soit $\frac{AC - MP}{MP} = y$.

On a $\frac{\Delta x}{s} = (1 + y)^{\frac{1}{n}} - 1 = \frac{1}{n} y + \frac{\frac{1}{n}}{1} \cdot \frac{\frac{1}{n} - 1}{2} y^2$

$+ \frac{\frac{1}{n}}{1} \cdot \frac{\frac{1}{n} - 1}{2} \cdot \frac{\frac{1}{n} - 2}{3} \cdot y^3 + \frac{\frac{1}{n}}{1} \cdot \frac{\frac{1}{n} - 1}{2} \cdot \frac{\frac{1}{n} - 2}{3} \cdot \frac{\frac{1}{n} - 3}{4} y^4 + \ldots$

Donc $\frac{n \Delta x}{s}$ ou $\frac{CP}{s} = y - \frac{1 - \frac{1}{n}}{2} y^2$

$$+ \frac{1 - \frac{1}{n}}{2} \cdot \frac{2 - \frac{1}{n}}{3} y^3 - \frac{1 - \frac{1}{n}}{2} \cdot \frac{2 - \frac{1}{n}}{3} \cdot \frac{3 - \frac{1}{n}}{4} y^4$$

$$+ \frac{1 - \frac{1}{n}}{2} \cdot \frac{2 - \frac{1}{n}}{3} \cdot \frac{3 - \frac{1}{n}}{4} \cdot \frac{4 - \frac{1}{n}}{5} y^5 - \&c. \ldots$$

$$= y - \frac{1 - \frac{\Delta x}{CP}}{2} y^2 + \frac{1 - \frac{\Delta x}{CP}}{2} \cdot \frac{2 - \frac{\Delta x}{CP}}{3} y^3 - \frac{1 - \frac{\Delta x}{CP}}{2} \cdot \frac{2 - \frac{\Delta x}{CP}}{3}$$

$$\cdot \frac{3 - \frac{\Delta x}{CP}}{4} y^4 + \frac{1 - \frac{\Delta x}{CP}}{2} \cdot \frac{2 - \frac{\Delta x}{CP}}{3} \cdot \frac{3 - \frac{\Delta x}{CP}}{4} \cdot \frac{4 - \frac{\Delta x}{CP}}{5} y^5 - \&c. \ldots$$

$$= y - \frac{1}{2} y^2 + \frac{1}{3} y^3 - \frac{1}{4} y^4 + \frac{1}{5} y^5 - \&c. \ldots$$

$$+ \frac{\frac{\Delta x}{CP}}{2} y^2 - \frac{\frac{3 \Delta x}{CP}}{2.3.} y^3 + \frac{11 \frac{\Delta x}{CP}}{2.3.4.} y^4 - \frac{36 \frac{\Delta x}{CP}}{2.3.4.5.} y^5 + \&c. \ldots$$

$$+ \frac{\frac{\Delta x^2}{CP^2}}{2.3.} y^3 - \frac{\frac{6 \Delta x^2}{CP^2}}{2.3.4.} y^4 + \frac{35 \frac{\Delta x^2}{CP^2}}{2.3.4.5.} y^5 - \&c. \ldots$$

$$+ \frac{\frac{\Delta x^3}{CP^3}}{2.3.4.} y^4 - \frac{10 \frac{\Delta x^3}{CP^3}}{2.3.4.5.} y^5 + \&c. \ldots$$

$$+ \frac{\frac{\Delta x^4}{CP^4}}{2.3.4.5.} y^5 - \&c. \ldots$$

Le rapport de AC à MP ou le nombre $1 + y$ étant donné, la valeur de CP comprise entre AC & MP est constante, & elle ne dépend pas de la décomposition arbitraire de ce rapport donné dans un nombre n de rapports égaux, ou, ce qui revient au même, elle ne dépend ni de Δx, ni de s, qui dépend lui-même de Δx. Donc l'équation précédente, qui a lieu pour toutes les valeurs de Δx & de s, a lieu aussi en particulier pour les limites de ses membres; mais ces limites sont $\frac{CP}{t}$ & $y - \frac{1}{2} y^2 + \frac{1}{3} y^3 - \frac{1}{4} y^4 + \frac{1}{5} y^5 - \&c. \ldots$

Donc $\frac{C}{t} = y - \frac{1}{2} y^2 + \frac{1}{3} y^3 - \frac{1}{4} y^4 + \frac{1}{5} y^5 - \&c. \ldots$

Ou $CP = t \left(y - \frac{1}{2} y^2 + \frac{1}{3} y^3 - \frac{1}{4} y^4 + \frac{1}{5} y^5 \right) \&c. \ldots$

Ou log. $1 + y = t \left(y - \frac{1}{2} y^2 + \frac{1}{3} y^3 - \frac{1}{4} y^4 + \frac{1}{5} y^5 \right) \&c. \ldots$

2^{d}. **Problème.** Soit donnée la partie CP de l'axe comprise entre deux ordonnées AC & MP; déterminer le rapport de ces deux ordonnées.

Soit faite la même construction que dans le premier problème.

Puisque $\dfrac{AC}{AM} = \left(\dfrac{mp}{MP} \right)^n = \left(1 + \dfrac{Mp}{MP} \right)^n = \left(1 + \dfrac{Pp}{PS} \right)^n = \left(1 + \dfrac{\Delta x}{s} \right)^n$

$$\frac{AC}{MP} = 1 + \frac{n}{1} \cdot \frac{\Delta x}{s} + \frac{n}{1} \frac{n-1}{2} \frac{\Delta x^2}{s^2} + \frac{n}{1} \frac{n-1}{2} \frac{n-3}{3} \frac{\Delta x^3}{s^3}$$

$$+ \frac{n}{1} \frac{n-1}{2} \frac{n-2}{3} \frac{n-3}{y} \frac{\Delta x^4}{s^4} + \frac{n}{1} \frac{n-1}{2} \frac{n-2}{3} \frac{n-3}{4} \frac{n-4}{5} \frac{\Delta x^5}{s^5} +$$

$$= 1 + \frac{n}{1} \cdot \frac{\Delta x}{s} + \frac{n^2}{1.2.} \frac{\Delta x^2}{s^2} + \frac{n^3}{1.2.3.} \frac{\Delta x^3}{s^3} + \frac{n^4}{1.2.3.4.} \frac{\Delta x^4}{s^4}$$

$$+ \frac{n^5}{1.2.3.4.5.} \frac{\Delta x^5}{s^5} + \&c. \ldots$$

$$- \frac{n}{1.2.} \frac{\Delta x^2}{s^2} - \frac{3x^2}{1.2.3.} \frac{\Delta x^3}{s^3} - \frac{6n^3}{1.2.3.4.} \frac{\Delta x^4}{s^4} - \frac{10n^4}{1.2.3.4.5.} \frac{\Delta x^5}{s^5} + \&c.$$

$$+ \frac{2n}{1.2.3.} \frac{\Delta x^3}{s^3} + \frac{11n^2}{1.2.3.4.} \frac{\Delta x^4}{s^4} + \frac{35n^3}{1.2.3.4.5.} \frac{\Delta x^5}{s^5} + \&c. \ldots$$

$$- \frac{6n}{1.2.3.4.} \frac{\Delta x^4}{s^4} - \frac{36n^2}{1.2.3.4.5.} \frac{\Delta x^5}{s^5} - \&c. \ldots$$

$$+ \frac{24n}{1.2.3.4.5.} \frac{\Delta x^5}{s^5} + \&c. \ldots$$

$$= 1$$

$$= 1 + \frac{CP}{s} + \frac{CP^2}{1.2.s^2} + \frac{CP^3}{1.2.3.s^3} + \frac{CP^4}{1.2.3.4.s^4} + \frac{CP^5}{1.2.3.4.5.s^5} + ..$$

$$- \frac{CP \times \Delta x}{1.2.s^2} - \frac{3CP^2 \times \Delta x}{1.2.3.s^3} - \frac{6CP^3 \Delta x}{1.2.3.4.s^4} - \frac{10CP^4 \Delta x}{1.2.3.4.5.s^5} - \&c....$$

$$+ \frac{2CP.\Delta x^2}{1.2.3.s^3} + \frac{11CP^2 \times \Delta x^2}{1.2.3.4.s^4} + \frac{35CP^3 \Delta x^2}{1.2.3.4.5.s^5} + \&c....$$

$$- \frac{6CP \times \Delta x^3}{1.2.3.4.s^4} - \frac{36CP^2 \Delta x^3}{1.2.3.4.5.s^5} - \&c....$$

Le rapport de AC à MP étant donné, le fecond membre de cette équation eft auffi conftant, & il ne dépend pas de la décompofition arbitraire de CP en un nombre n de parties égales, ou du rapport de AC à MP en un nombre n de rapports égaux. Donc, en particulier, ce dernier membre refte le même, lorfqu'aux parties qui le compofent on fubftitue leurs limites; ce qui a lieu en faifant $\Delta x = 0$ & $s = t$.

On obtient $\dfrac{AC}{MP} = 1 + \dfrac{CP}{t} + \dfrac{CP^2}{1.2.t^2} + \dfrac{CP^3}{1.2.3.t^3} + \dfrac{CP^4}{1.2.3.4.t^4}$

$$+ \frac{CP^5}{1.2.3.4.5.t^5} + \&c....$$

§. XXXVI.

Les deux fuites auxquelles nous ont conduits les folutions des deux problèmes précédents renferment toute la théorie des logarithmes. Cette matière ayant été traitée par un grand nombre de Mathématiciens d'une manière complète & fatisfaifante, abftraction faite des tous premiers principes, qu'il étoit important de dégager de toute idée de l'infini; je ne crois pas devoir m'arrêter à en déduire les formules plus commodes pour le calcul que celles qui fe préfentent du premier abord, & je ferai fort court fur les conféquences qui en découlent.

1°. Les logarithmes d'un même rapport ou d'un même nombre dans différentes logarithmiques, ou dans différents fyftèmes logarithmiques, font entr'eux comme les foustangentes de ces logarithmiques, ou comme les modules de ces fyftèmes. Par la formule du premier problème.

L

2°. Le rapport dont le logarithme est égal au module, est constant dans tous les systèmes, (par la formule du second problème) & en particulier ce rapport est la base du système naturel dans lequel la soustangente ou le module est l'unité.

3°. On connoît le module d'un système par la première formule, en connoissant le logarithme d'un rapport proposé dans ce système; mais on déduit plus promtement ce module de la formule

$$\mathrm{Log.}\, y = 2t\left(\frac{y-1}{y+1} + \tfrac{1}{3}\frac{y-1}{y+1}\right)^2 + \tfrac{1}{5}\left(\frac{y-1}{y+1}\right)^5 + \tfrac{1}{7}\left(\frac{y-1}{y+1}\right)^7$$

$+\ldots$, qui est déduit de cette dernière.

4°. De la seconde formule on déduit le nombre ou le rapport dont le logarithme dans un système proposé est égal à l'unité, ou la base de ce logarithme.

L'importance de la matière qui fait l'objet de ce Chapitre, m'a engagé à remonter dans son développement aux premiers principes des limites des rapports & des quantités variables: mais puisque les logarithmes se trouvent être réduits à des fonctions algébriques des quantités dont ils sont les logarithmes, on pourra leur appliquer les formules contenues dans les §§ XXI — XXIII.

Soit e la base d'un système logarithmique, ou le nombre dont le logarithme est l'unité; & soit y un nombre dont le logarithme est x dans le système dont le module est t.

Puisque log $y =: $ log $e = x : 1$.

$\qquad$ log $y = x$ log e

$\qquad$ Et $y = e^x$.

Or nous avons trouvé que $\dfrac{dy}{dx} = \dfrac{y}{t} = \dfrac{e^x}{t}$

$\qquad$ donc $\dfrac{ddy}{dx^2} = \dfrac{1}{tt}\,e^x$

$\qquad\qquad \dfrac{d^3 y}{dx^3} = \dfrac{1}{t^3}\,e^x$

$\qquad\qquad \dfrac{d^4 y}{dx^4} = \dfrac{1}{t^4}\,e^x$

$$\frac{d^5 y}{d x^5} = \frac{1}{t^5} e^x$$

$$\frac{d^6 y}{d x^6} = \frac{1}{t^6} e^x$$

Or $y + \Delta y \;(= e^{x + \Delta x}) = y + \frac{\Delta x}{1} \cdot \frac{dy}{dx} + \frac{\Delta x^2}{1.2.} \frac{ddy}{dx^2}$

$+ \frac{\Delta x^3}{1.2.3.} \frac{d^3 y}{dx^3} + \frac{\Delta x^4}{1.2.3.4.} \frac{d^4 y}{dx^4} + \dots$

Donc $e^{x + \Delta x} = e^x \left(1 + \frac{\Delta x}{t} + \frac{\Delta x^2}{1.2.t^2} + \frac{\Delta x^3}{1.2.3.t^3} + \frac{\Delta x^4}{1.2.3.4.t^4} + \dots \right)$

Donc $e^{\Delta x} = 1 + \frac{\Delta x}{t} + \frac{\Delta x^2}{1.2.t^2} + \frac{\Delta x^3}{1.2.3.t^3} + \frac{\Delta x^4}{1.2.3.4.t^4} + \dots$

Ou $e^t = 1 + \frac{t}{t} + \frac{t^2}{1.2.t^2} + \frac{t^3}{1.2.3.t^3} + \frac{t^4}{1.2.3.4.t^4} \dots$ Ce qui s'accorde avec la formule du second problème.

Item, puisque $\frac{dy}{dx} = \frac{y}{t} \cdot \frac{dx}{dy} = \frac{t}{y}$, donc aussi $\frac{dx}{d(1+y)}$

ou $\frac{dx}{dy} = \frac{t}{1+y} = t(1 - y + y^2 - y^3 + y^4 - y^5 + \dots)$

D'où l'on déduit (§. XIV.) $x = t(y - \frac{1}{2} y^2 + \frac{1}{3} y^3 - \frac{1}{4} y^4 + \frac{1}{5} y^5 - \&c\dots)$ conformément à la formule du premier problème.

§. XXXVII.

De ce qui précède on déduit la manière de trouver les rapports différentiels de toutes les quantités exponentielles.

Exemple. Soit y^x, dont on demande le rapport différentiel à x.

Soit $y^x = z$; $x \log y = \log z$; donc $\frac{dx}{dx} \log y + x \frac{d. \log y}{dx} = \frac{d \log z}{dx}$

ou $\log y + x \times \frac{dy}{y dx} = \frac{dz}{z dx}$. Donc, $z(\log.y + \frac{x}{y} \frac{dy}{dx} = \frac{dz}{dx}$;

donc $\frac{d. y^x}{dx} = y^x \left(\log y + \frac{x}{y} \frac{dy}{dx} \right)$

$= y^x \log y + y^{x-1} x \frac{dy}{dx}$.

On déduiroit de même le rapport différentiel de cette quantité à y

favoir $\dfrac{dx}{dy} \log y + x \dfrac{d \log y}{dy} = \dfrac{d \log z}{dy}$; ou $\dfrac{dx}{dy} \log y + x \times \dfrac{1}{y} = \dfrac{1}{z} \dfrac{dz}{dy}$

Donc $\dfrac{dz}{dy} = y^x \left(\dfrac{dx}{dy} \log y + \dfrac{x}{y} \right) = \dfrac{dx}{dy} (\log y \times y^x + xy^{x-1})$;

ou $\dfrac{d.y^x}{dy} = \dfrac{dx}{dy} \log y \times y^x + xy^{x-1}$.

§. XXXVIII.

De même que le calcul des logarithmes a été déduit de la contemplation de la logarithmique, en regardant comme mesures des rapports de deux ordonnées les parties de l'axe comprises entr'elles; on auroit pu le déduire de plusieurs autres manières, en prenant pour mesures des rapports des quantités de toute autre espèce. Nous verrons dans le Chapitre suivant un exemple des surfaces prises pour mesures de rapports. Dans la courbe appelée Spirale Logarithmique (dont tant de Mathématiciens ont contemplé les belles propriétés), l'angle compris entre deux rayons est la mesure du rapport de ces deux rayons, & l'angle constant que la tangente fait avec un rayon est le module du fystème qui est déduit d'une spirale proposée. On démontre la constance de cet angle de la même manière qu'on démontre la constance de la foustangente dans la logarithmique; favoir l'angle compris entre deux rayons étant donné, le rapport de ces deux rayons est donné, & partant le triangle formé par ces deux rayons & par la droite qui joint leurs extrémités est donné d'espèce, & en particulier l'angle formé par un de ces rayons & par cette droite est constant. D'où l'on déduit par absurde la constance de l'angle formé par la tangente & le rayon mené au point de contact.

§. XXXIX.

J'ai dit dans le § XVI. que le problème inverse des tangentes est le plus souvent réduit aux logarithmes. En effet, puisque l'expression de la foustangente d'une courbe quelconque est $y \dfrac{dx}{dy}$, tandis que l'équation différentielle de la logarithmique est $y \dfrac{dx}{dy} = t$: dans tous les cas au moins où y n'entre pas dans tous les termes simples dans lesquels on peut réduire l'expression donnée de la soustangente d'une courbe : la détermination de la courbe d'après sa soustangente est réduite aux logarithmes.

Exemple. Que la soustangente soit à l'abscisse dans le rapport donné de m à n, on aura $y \dfrac{dx}{dy} = \dfrac{m}{n} x$. Donc aussi $y \dfrac{dz}{dy} = \dfrac{m}{n} x \dfrac{dz}{dx}$; donc, dans une même logarithmique ayant pris des abscisses z croissant uniformément, on obtient $\log y = \dfrac{m}{n} \log x + C = \dfrac{m}{n} \log x + \dfrac{m}{n} \log a = \dfrac{m}{n} \log ax$. Donc $n \log y = m \log ax$; & $y^n = a^m x^m = a'x'''$, conformément à ce qui a été déterminé sur les soustangentes des paraboles dans le §.

Chapitre Septième.

Sur la Quadrature des Courbes.

§. XL.

Soit une courbe rapportée à un axe par des coordonnées perpendiculaires, p. ex. (lorsque l'angle des coordonnées n'est pas droit, tout ce qui sera dit sur les rectangles peut être dit sur les parallélogrammes équiangles) soit un rectangle ayant un côté constant, & dont l'autre côté variable croisse comme les abscisses de cette courbe ; je dis que la limite du rapport qui règne entre les changements simultanés de la surface du rectangle & de celle de la courbe, par un même changement de l'abscisse, est le même que celui qui règne entre le côté constant du rectangle & l'ordonnée correspondante à cette abscisse.

Soit SMM' (Fig. 15.) une courbe rapportée à l'axe SPP' ; soit un rectangle ayant pour côté constant une ligne SA, & pour côté variable les abscisses variables SP, SP' de la courbe. Soient MP, MP' les ordonnées répondantes aux abscisses SP, SP'. Soient achevés les rectangles PP'

86

$R'R$, $PP''mM$, $PP'M'm'$. Le rapport des changements simultanés du rectangle & de la courbe est plus grand que le rapport des rectangles PR', PM', mais plus petit que celui des rectangles PR', Pm; ou, ce qui revient au même, plus grand que le rapport des droites AS & $P'M'$, mais plus petit que celui des droites AS & PM. Or le rapport d'égalité est la limite du rapport qui règne entre les exposants des rapports de AS à PM & de AS à $P'M'$; donc à plus forte raison, le rapport des changements simultanés du rectangle & de la courbe peut approcher du rapport de AS à PM ou de celui de AS à $P'M'$ plus près que n'en approche aucun rapport assigné plus petit ou plus grand qu'eux; & partant la limite du rapport de ces changements simultanés est bien celui qui règne entre le côté constant du rectangle & l'une ou l'autre de deux ordonnées PM ou $P'M'$.

Que la surface variable de la courbe soit désignée par S, & celle du rectangle par R; on aura lim. $\frac{\Delta S}{\Delta R} = \frac{y}{a}$; mais $\Delta R = a\,\Delta x$, donc lim. $\frac{\Delta S}{a\,\Delta x} = \frac{y}{a}$; ou $\frac{dS}{a\,dx} = \frac{y}{a}$ ou $\frac{dS}{dx} = y$. Partant, si on substitue à y la fonction de x qui détermine la nature de la courbe; on aura une équation différentielle entre S & x, de laquelle on pourra déterminer leur relation intégrale.

Exemple. Soit $y = x^m$; donc $\frac{dS}{dx} = y = x^m$. Donc (§.XIV.);

$$S = \frac{1}{m+1} x^{m+1} \pm C = \frac{1}{m+1} x^m \, x \pm C = \frac{1}{m+1} xy \pm C.$$

1er *cas.* Que la courbe commence au sommet, comme cela a lieu pour toutes les paraboles dans lesquelles m est un nombre positif. La courbe s'évanouit lorsque x & y sont l'une & l'autre zéro; & partant la constante C évanouit aussi. Donc $S = \frac{1}{m+1} xy$; ou, $S : xy = \frac{1}{m+1} : 1 = 1 : m+1$. Savoir la surface d'un segment de parabole dont l'équation est $y = x^m$, est à la surface du rectangle circonscript, comme l'unité est à l'exposant m augmenté d'une unité.

2.^d cas. Que l'expofant m foit négatif, ainfi que cela a lieu pour toutes les hyperboles rapportées à leurs afymptotes dont l'équation eft $y = \frac{1}{x^m}$; ou $y x^m = 1$.

Dans ce cas, l'ordonnée y eft d'autant plus grande que l'abfciffe x eft plus petite, & réciproquement; en forte que, de même qu'il n'y a aucune limite à la grandeur ou à la petiteffe de l'abfciffe, il n'y a non plus aucune limite à la petiteffe ou à la grandeur de l'ordonnée. Afin de pouvoir traiter ce cas, fans entrer pour ce moment dans l'examen des deux pofitions extrémes de l'abfciffe & de l'ordonnée, il convient de changer l'origine des abfciffes, & de chercher la furface hyperbolique comprife entre deux ordonnées, dont l'une b conftante répond à l'abfciffe a; & l'autre y variable répond à l'abfciffe $a + x$. L'équation de l'hyperbole eft donc alors $y\,(a + x)^m = b a^m$

$$\frac{dS}{dx} = y = \frac{b a^m}{(a + x)^m} = b a^m (a + x)^{-m}; \ \& \ S = \frac{1}{1 - m} b a^m (a + x)^{1 - m}$$

$$\pm C = \frac{1}{1 - m} b a^m \times \left(\frac{a + x}{(a + x)^m} \pm C \right)$$

$$= \frac{1}{1 - m} b a^m \left(\frac{(a + x) y}{(a + x)^m y} \pm C \right)$$

$$= \frac{1}{1 - m} b a^m \left(\frac{(a + x) y}{a^m b} \pm C \right)$$

$$= \frac{1}{1 - m} \big((a + x) y \pm C \big).$$

Lorfque $x = 0$; $y = b$; & la quantité $(a + x) y$ devient $a b$; mais alors S doit s'évanouir; donc $ab + c = 0$; & $c = - ab$.

Donc $S = \frac{1}{1 - m} (a + x) y - ab$. Savoir la furface hyperbolique comprife entre deux ordonnées eft à la différence des rectangles des ordonnées & des abfciffes comptées depuis le centre dans un rapport conftant, qui eft celui de l'unité à la différence de l'unité & de l'expofant m.

1°. Soit m plus petit que l'unité; le coëfficient $\frac{1}{1 - m}$ eft pofitif; je dis que dans ce cas $(a + x) y - ab$ eft pofitif, ou, $(a + x) y$ plus grand que

ab. En effet $(a+x)\,y = (a+x)\,\dfrac{a^m b}{(a+x)^m} = a^m b\,(a+x)^{1-m}$, partant $(a+x)\,y : ab = a^m b\,(a+x)^{1-m} : ab = a^{m-1}\,(a+x)^{1-m} : 1 = \dfrac{(a+x)^{1-m}}{a^{1-m}} : 1 = (a+x)^{1-m} : a^{1-m}$; mais $(a+x)^{1-m}$ est plus grand que a^{1-m}; donc $(a+x)\,y > ab$. Partant, dans ce cas, plus x est grand, plus le rapport de $(a+x)^{1-m}$ à a^{1-m} est grand, de manière qu'il n'y a aucune limite à la grandeur de ce rapport; d'où il suit que le rapport de $(a+x)\,y$ à ab peut devenir plus grand qu'aucun rapport assigné; & partant aussi le rapport de $(a+x)\,y - ab$ à ab peut devenir plus grand qu'aucun rapport assigné, & partant la surface hyperbolique, prolongée au delà de toute limite depuis une ordonnée proposée, peut croître en grandeur au delà de toute limite.

2°. Soit m plus grand que l'unité. On montre, tout comme dans le premier cas, que $(a+x)\,y$ est plus petit que ab; d'où il suit que l'expression de la surface $\dfrac{1}{1-m}(a+x)\,y - ab$ revient à l'expression $\dfrac{1}{m-1}\,ab - (a+x)\,y$. Dans ce cas le rapport de ab à $(a+x)\,y$ peut devenir plus grand qu'aucun rapport assigné, & partant le rapport de ab à $ab - (a+x)\,y$ peut approcher du rapport d'égalité plus près que n'en approche aucun rapport assigné de plus grande inégalité; & partant la quantité ab est la limite en grandeur de la quantité $ab - (a+x)\,y$; & la quantité $\dfrac{1}{m-1}\,ab$ est la limite en grandeur de la surface hyperbolique prolongée au delà de toute limite assignée; la quantité $\dfrac{1}{m-1}(a+x)\,y$ pouvant être rendue dans ce cas plus petite qu'aucune quantité assignée.

La différence qui a lieu entre ces deux cas provient de la différence qui a lieu entre les diminutions de y correspondantes aux augmentations de x. Dans le premier cas l'ordonnée y est plus grande que l'ordonnée qui seroit en raison inverse de l'abscisse $a+x$; & dans le second cas elle est au contraire plus petite qu'elle. Dans le premier cas l'hyperbole s'approche de son asymptote toujours plus lentement; & dans le second cas elle s'en approche toujours plus rapidement.

Lorsque

Lorsque x devient négative, en forte qu'on eſt appelé à confidérer la partie de l'hyperbole fituée de l'autre côté de l'ordonnée b, les deux cas précédents prennent l'un la place de l'autre. Savoir, fi dans une hyperbole dont l'équation eſt $y x^n = b a^m$ (m étant différent de l'unité) on mène une ordonnée quelconque b parallèle à une afymptote; l'efpace hyperbolique d'un côté de cette ordonnée peut croître au delà de toute limite, ou peut devenir plus grand qu'aucune furface allignée; tandis que l'efpace hyperbolique de l'autre côté de cette ordonnée a une limite en grandeur.

3°. Lorsque m eſt égal à l'unité. Dans l'expreffion de la furface $\frac{1}{m-1}(Ca + x)y - ab)$, le dénominateur $m - 1$ du coëfficient $\frac{1}{m-1}$ devient zéro, & le facteur $(a + x)y - ab$ devient auffi zéro; partant l'expreffion de la furface devient $\frac{ab(1-1)}{1-1} = ab \times \frac{0}{0}$, de laquelle on ne peut rien conclure. Je reviendrai fur ce cas, après avoir développé d'une autre manière, moins algébrique, & non moins exacte que la précédente, la quadrature des efpaces paraboliques & hyperboliques à laquelle on cherche à réduire les quadratures du plus grand nombre des furfaces courbes dont les équations font plus compliquées.

§. XLI.

Soit SMM' une parabole dont S eſt le fommet, SP l'axe, & MP une ordonnée à l'axe. Par M foit menée une tangente qui rencontre l'axe en T, & par le fommet S foit menée la tangente SQ, qui fera perpendiculaire à l'axe. Soit MQ perpendiculaire à cette tangente. Par un autre point M' de cette parabole foient menées l'ordonnée $M'P'$ qui rencontre en m & n la droite MQ & la tangente MT, & la droite $M'Q'$ perpendiculaire à la tangente SQ; par n foit menée nq perpendiculaire à SQ, qui rencontre MP en n'.

Que l'équation de la parabole foit $MP = SP^n$ ou $y = x^n$.

M

Les triangles nmM, MPT sont semblables. Donc
$$nm : Mm = MP : PT;$$
$$\text{ou } n'M : Mm = MP : PT$$
$$\text{Donc } n'M \times PT = Mm \times MP.$$

Or dans toutes les paraboles, le rapport de PT à PS est donné, savoir celui de 1 à m (§ XVI.); donc le rectangle $n'M \times PT$ est au rectangle $n'M \times SP$, ou $n'M \times MQ$, dans un rapport donné, savoir celui de 1 à m. Donc aussi le rectangle $Mm \times MP$ est au rectangle $n'M \times MQ$ dans le rapport donné de 1 à m.

Or le rapport d'égalité est la limite du rapport des droites mn & mM' ou Mn' & Mm' (§ XXXI.); donc aussi le rapport d'égalité est la limite du rapport des rectangles $MQ \times Mn'$ & $MQ \times Mm'$. Mais le rapport d'égalité est aussi la limite du rapport du rectangle $MQ \times Mm'$ & de l'espace parabolique $MQQ'M'$. Donc (§ VI.) le rapport d'égalité est la limite du rapport du rectangle $MQ \times Mn'$ & de l'espace parabolique $MQQ'M'$, ou l'espace parabolique $MQQ'M'$ est la limite du rectangle $MQ \times Mn'$. Or le rapport d'égalité est aussi la limite du rapport du rectangle $MP \times Mm$ & de l'espace parabolique $MPP'M'$, ou l'espace parabolique $MPP'M'$ est la limite du rectangle $MP \times Mm$. Donc le rapport constant qui règne entre les rectangles $MQ \times Mn'$ & $MP \times Mm$ est le même que celui qui règne entre leurs limites, ou entre les espaces, $MQQ'M'$ & $MPP'M'$ (§ III.); & partant tout l'espace parabolique MSQ est à tout l'espace parabolique MSP dans le même rapport constant, qui est celui de m à 1, & le rectangle $SPMQ$ est à l'espace SMP comme $m+1$ est à 1, ou SMP
$$= \frac{1}{m+1} SP \times MP.$$

Corollaire. Soit divisé l'axe d'un segment parabolique en un nombre quelconque n de parties égales: par tous les points de division soient menées des ordonnées à l'axe; & soient inscrits & circonscrits à ce segment les rectangles ayant pour hauteurs les parties de l'axe & pour bases les ordonnées. Les rectangles inscrits croîtront comme les ordonnées depuis le zéro jusqu'à l'avant-dernière d'entr'elles, c. à d. comme les puissances à exposants positifs des abscisses, ou des nombres naturels, & la somme des rectangles inscrits sera à celui qui suivroit le plus grand d'entr'eux pris autant de fois qu'il y en a, dans un rapport plus petit que celui du segment parabolique au rectangle circonscrit, c. à d. dans un rapport moindre que celui de $\dfrac{1}{m+1}$ à l'unité, ou de 1 à $m+1$. Mais, de même que la somme des rectangles inscrits peut différer du segment parabolique moins que d'aucune quantité assignée, ou que le rapport de la somme des rectangles inscrits à celui qui suivroit le plus grand d'entr'eux pris autant de fois qu'il y en a, peut approcher du rapport du segment parabolique au rectangle circonscrit plus près que n'en approche aucun rapport assigné plus petit que ce dernier : de même, la limite des rapports de la somme des puissances à exposants positifs des nombres naturels, à la même puissance de celui qui suivroit le plus grand d'entr'eux pris autant de fois qu'il y en a, est celui de l'unité à cet exposant augmenté d'une unité. Savoir la limite du rapport de $0^n + 1^n + 2^n + 3^n \ldots n^n$ à $n(n+1)^n$ est celui de 1 à $m+1$.

De même, en raisonnant sur les rectangles circonscrits au lieu des rectangles inscrits, on déduit que le rapport de la somme des puissances à exposants positifs des nombres naturels, à commencer depuis l'unité, à la même puissance du plus grand d'entr'eux pris autant de fois qu'il y en a, est plus grand que celui de 1 à $m+1$: mais que ce dernier rapport est la limite du premier. Savoir la limite du rapport de $1^n + 2^n + 3^n + 4^n \ldots + n^n$ à $n \times n^m$ est celui de 1 à $m+1$.

Ces conclusions s'accordent avec ce qu'on déduit de l'expression complète de ces sommes, déterminée immédiatement & indépendamment des calculs appelés supérieurs.

§. XLII.

Soit une hyperbole AMM' rapportée aux asymptotes SB, SD par des coordonnées perpendiculaires MP, MQ. Soit AB une ordonnée fixe de cette hyperbole, & SB l'abscisse correspondante sur l'asymptote SB. Soit achevé le rectangle $ABSD$.

Fig. 16.

M 2

Par un point quelconque M de l'hyperbole soit menée une tangente qui rencontre les asymptotes en T & T'. Par un autre point M' de l'hyperbole soient les ordonnées $M'P$, $M'Q$; dont la première rencontre la tangente MT en n & l'ordonnée MQ en m; & dont la seconde rencontre AB en R & MP en m'. Soit encore menée la ligne nq perpendiculaire à SD, laquelle rencontre en n' & r les ordonnées MP & AB. Les triangles MPT, $Mn'n$, sont semblables; donc $MP : PT = Mn' : n'n = Mn' : PP'$. Donc $MP \times PP' = PT \times Mn'$. Que l'équation de l'hyperbole soit $MP \times SP^n = AB \times SB^n$, ou $yx^n = ab^n$; on déduit $-\frac{dx}{dy} = \frac{1}{n} \times \frac{x}{y}$ (le signe de la soustraction indique qu'à une augmentation de x répond une diminution de y); donc, $y\frac{dx}{dy} = PT = \frac{1}{n}y = \frac{1}{n}SP$, ou $PT : SP = 1 : n$. Donc $PT \times Mn' : SP \times Mn' = 1 : n$. Donc $MP \times PP' : SP \times Mn' = 1 : n$; ou $MPP'm : MQqn' = 1 : n$.

Or le rapport d'égalité est la limite du rapport des droites mn, mM', ou Mn', Mm' (§ XXXI), & partant aussi celui des parallélogrammes $MQqn'$, $MQQ'm'$; & le rapport d'égalité est aussi la limite du rapport du parallélogramme $MQQ'm'$ & de l'espace hyperbolique $MQQ'M'$. Donc le rapport d'égalité est la limite du rapport du parallélogramme $MQqn'$ & de l'espace hyperbolique $MQQ'M'$, ou l'espace hyperbolique $MQQ'M'$ est la limite du parallélogramme $MQqn'$. Item l'espace hyperbolique $MPP'M'$ est la limite du parallélogramme $MPP'm$. Partant le rapport constant qui règne entre les parallélogrammes $MQqn'$ & $MPP'm$, savoir le rapport de m à 1, est le même que celui qui règne entre les limites de ces parallélogrammes, savoir les espaces hyperboliques $MQQ'M'$ & $MPP'M'$. Donc aussi ce rapport constant est celui qui règne entre tout l'espace hyperbolique $ADQM$, & tout l'espace hyberbolique $ABPM$, ou, $ABPM : ADQM = 1 : m$.

Or
$$ADQM = ADQR + ARM$$
$$= ADQR + ABPM - BPMR$$
$$= ABSD - SQRB + ABPM - BPMR$$

$$= ABSD - MPSQ + ABPM$$
$$= AB \times SB - MP \times SP + ABPM.$$

Donc $ABPM : ABPM + AB \times SB - MP \times SP = 1 : m$.

1er _cas._ Soit $m = 1$; ou $AB \times SB = MP \times SP$.

On obtient $ABPM : ABPM = 1 : 1$, proportion de laquelle on ne peut rien déduire. Ce cas est celui de l'hyperbole d'Apollonius dont je dois parler séparément.

2^d _cas._ Soit $m < 1$: On obtient (_dividendo_) $ABPM : MP \times SP - AB \times SB = 1 : 1 - m$. Dans ce cas le rectangle $MP \times SP$ est d'autant plus grand que SP est plus grand, & de même qu'il n'y a aucune limite à la grandeur de SP, il n'y a non plus aucune limite à la grandeur de l'espace hyperbolique.

3e _cas._ Soit $m > 1$. On obtient $ABPM : AB \times SB - MP \times SP = 1 : m - 1$. Dans ce cas le rectangle $MP \times SP$ est d'autant plus petit que SP est plus grand; & l'espace hyperbolique toujours plus petit que la quantité $\frac{1}{m-1} AB \times SB$ a cette dernière quantité pour limite, vu que la différence $\frac{1}{m-1} MP \times SP$ peut être rendue plus petite qu'aucune quantité assignée.

§. XLIII.

L'hyperbole d'Apollonius, dont l'équation est $xy = ab$, étant la seule qui se refuse aux procédés précédents pour la quadrature des hyperboles, je passe à l'examen de cette hyperbole en particulier, & à montrer sa liaison avec les logarithmes.

Puisque dans cette hyperbole $y(a + x) = ab$; donc $\frac{ds}{dx} = \frac{ab}{a+x}$. Cette équation différentielle est la même que celle de la logarithmique (§ XXXIV.), & elle fournit l'équation intégrale $S = ab \log \frac{a+x}{a}$. Ce qui signifie que les abscisses croissant en progression géométrique, les espaces hyperboliques croissent en progression arithmétique, ou que les espaces hy-

94

perboliques repréſentent les logarithmes des rapports des abſciſſes. Cette
matière peut être miſe dans un plus grand jour d'une manière géométrique.

Lemme 1.er.   Si une courbe a un diamètre, c. à d. une droite qui coupe
en deux parties égales toutes les droites parallèles entr'elles & terminées de
part & d'autre à la courbe : ce diamètre coupe cette courbe en deux parties
égales.

En effet, ſoient inſcrits & circonſcrits aux deux parties de la courbe
ſituées de part & d'autre du diamètre des parallélogrammes ayant pour baſes
les ordonnées, & pour autres côtés des parallèles au diamètre : les ſommes
des parallélogrammes inſcrits ſitués de part & d'autre du diamètre ſeront
égales entr'elles; & il en eſt de même des ſommes des parallélogrammes circonſcrits, & partant les ſegments de la courbe ſitués de part & d'autre du
diamètre, qui ſont les limites de ces ſommes, ſont auſſi égaux entr'eux.

Pl. II.   *Lemme 2.e*. Sur une aſymptote d'une hyperbole (Fig. 17.) ſoient priſes
les abſciſſes CA, CA', CB, CB' en proportion géométrique; par les
points A, A', B, B', ſoient menées à l'autre aſymptote des parallèles qui rencontrent l'hyperbole dans les points $D, D', E E'$, & par le centre C ſoient
menées les droites CD, CD', CE, CE'. Soient menées les droites ED',
$E'D$, qui rencontrent les aſymptotes en G & H, G' & H'. Je dis que les
ſecteurs DCD', ECE' ſont égaux entr'eux; & que les trapèzes $DD'HH'$,
$EBB'E'$ ſont reſpectivement égaux aux ſecteurs DCD', ECE'.

Les lignes EB, $D'A'$, CH étant parallèles, $GB : A'C = EG : D'H$;
mais (par une propriété connue de l'hyberbole) $GE = D'H$, donc $BG =$
$= A'C$; de même $B'G = AC$. Donc $CA : CA' = GB' : BG$. Mais
(ſupp.) $CA : CA' = CB : CB'$; c. à d. $= B'E' : BE$. Donc $B'G' :$
$BG = B'E' : BE$; donc les triangles BEG, $B'E'G'$ ſont équiangles, &
partant les lignes GE, $G'E'$ ſont parallèles. Donc la droite CF qui coupe
la droite GH en deux parties égales, coupe auſſi en deux parties égales en un
point F' la droite $G'H'$. Mais $GE = D'H$ & $G'E' = DH'$; donc auſſi
$EF = FD'$ & $E'F' = F'D$, & la ligne CF eſt un diamètre de l'hyperbole. Donc les eſpaces $CE'F'$, CES, SEF' ſont reſpectivement égaux

aux efpaces CDF', $CD'S$, SDF'; donc, $CEF' - (CES + SEF')$ $= CDF' - (CD'S + SDF')$; ou les fecteurs ECE', DCD' font égaux entr'eux.

Que les lignes CD', AD, fe rencontrent en I.

Puifque $CA \times AD = CA' \times AD'$, les triangles CAD, $CA'D'$ font égaux entr'eux; donc ôtant le triangle commun CIA, & ajoutant l'efpace mixtiligne DID' le fecteur DCD' eft égal au trapèze $ADD'A'$; de la même manière, le fecteur ECE' & le trapèze $BEE'B'$ font égaux entr'eux, & partant les trapèzes $ADD'A'$, $BEE'B'$ font égaux.

Corollaire I. Sur une même afymptote (Fig. 18.) foit prife depuis le centre une fuite de droites CA, CA', CA', CA'', CA'', &c.... en progreffion géométrique; & foient menées les parallèles à l'autre afymptote, AB, $A'B'$, $A'B'$ $A'B''$, $A''B''$, &c.... Tous les trapèzes AB', $A'B'$, $A'B''$, $A''B''$, &c. font égaux entr'eux, & partant les efpaces AB', AB'', AB''', AB''', &c. croiffent comme les expofants des rapports des lignes CA', CA'', CA'', CA'' &c....à la même ligne CA. Et en général dans une même hyperbole le trapèze compris entre deux ordonnées eft la mefure du rapport de deux abfciffes (comptées depuis le centre) correfpondantes à ces deux ordonnées, ou ce trapèze repréfente le logarithme de ce rapport.

Dans différentes hyperboles les trapèzes hyperboliques compris entre deux ordonnées répondantes à des abfciffes dont le rapport eft conftant, font entr'eux comme les puiffances de ces hyperboles; (ainfi qu'il eft très-aifé de le montrer); & partant, la puiffance de l'hyperbole eft le module qui détermine le fyftème logarithmique; & elle joue le même rôle que la fouftangente conftante de la logarithmique, & l'angle conftant des tangentes & du rayon de la fpirale logarithmique.

Corollaire II. Un trapèze tel que $ABB'A'$ étant donné de grandeur & de pofition, on peut continuer fur l'afymptote CA au delà de toute limite la progreffion géométrique dont CA & CA' font les deux premiers termes; & partant auffi on peut prendre dans l'efpace affymptotique un nombre plus grand qu'aucun nombre donné d'efpaces égaux au trapèze $ABB'A'$, & partant l'espace asymptotique peut être rendu plus grand qu'aucune surface assignée.

§. XLIV.

Lorsque l'équation différentielle $\frac{ds}{dx} = y$ est telle que y se présente immédiatement sous la forme de puissances de x; en sorte que $y = A x^a + B x^b + C x^c + D x^d + \ldots$ la surface S est exprimée par

$$A \times \frac{1}{a+1} x^{a+1} + B \times \frac{1}{b+1} x^{b+1} + C \times \frac{1}{c+1} x^{c+1}$$

$$+ D \frac{1}{d+1} x^{d+1} + \ldots$$

Et la surface de cette courbe peut être regardée comme égale à la somme des surfaces des segments paraboliques ayant la même abscisse & dont les équations sont $y = A x^a$, $y'' = B x^b$, $y''' = C x^c$, &c. ... En général, lorsque l'équation différentielle $\frac{ds}{dx} = y$ est telle, que son équation intégrale peut être assignée en termes finis; aussi la surface S peut être assignée en termes finis. P. ex. lorsque l'équation différentielle de S à x est de la forme $\frac{ds}{dx} = \frac{x^{2m-1}}{V(1-xx)}$ dans laquelle m est un nombre entier positif, il est connu que la relation intégrale de S à x peut toujours être assignée en termes finis; ou, ce qui revient au même, la surface S peut toujours être exprimée dans l'abscisse x pour un nombre fini de termes.

Si l'équation $\frac{ds}{dx} = y$ est telle, qu'on ne puisse pas en déduire en termes dont le nombre est fini la valeur de S en x, on le fait par approximation, en réduisant en suite la fonction de x exprimée par y.

Exemple. Soit l'équation au cercle $yy = 1 - xx$; de laquelle on déduit l'équation différentielle $\frac{ds}{dx} = V(1-xx) = (1-xx)^{\frac{1}{2}}$. Réduisant $(1-xx)^{\frac{1}{2}}$ en suite, on obtient

$$\frac{ds}{dx} = 1 - \frac{1}{2}x^2 + \frac{\frac{1}{2}}{1}\cdot-\frac{\frac{1}{2}}{2}x^4 - \frac{\frac{1}{2}}{1}\cdot-\frac{\frac{1}{2}}{2}\cdot-\frac{\frac{3}{2}}{3}x^6$$

$$+ \frac{\frac{1}{2}}{1}\cdot-\frac{\frac{1}{2}}{2}\cdot-\frac{\frac{3}{2}}{3}\cdot-\frac{\frac{5}{2}}{4}x^8 - \&c\ldots$$

$$= s$$

$$= 1 - \frac{1}{2} x^2 - \frac{\frac{1}{2} \cdot \frac{1}{2}}{1 \cdot 2} x^4 - \frac{\frac{1}{2} \cdot \frac{1}{2} \cdot \frac{3}{2}}{1 \cdot 2 \cdot 3} x^6 - \frac{\frac{1}{2} \cdot \frac{1}{2} \cdot \frac{3}{2} \cdot \frac{5}{2}}{1 \cdot 2 \cdot 3 \cdot 4} x^8 - \&c....$$

D'où l'on déduit

$$S = x - \frac{1}{2} \cdot \frac{1}{3} x^3 - \frac{\frac{1}{2} \cdot \frac{1}{2}}{1 \cdot 2} \cdot \frac{1}{5} x^5 - \frac{\frac{1}{2} \cdot \frac{1}{2} \cdot \frac{3}{2}}{1 \cdot 2 \cdot 3} \cdot \frac{1}{7} x^7 - \frac{\frac{1}{2} \cdot \frac{1}{2} \cdot \frac{3}{2} \cdot \frac{5}{2}}{1 \cdot 2 \cdot 3 \cdot 4} \cdot \frac{1}{9} x^9 - \&c.$$

§. XLV.

On peut déterminer S en x d'une autre manière d'après l'équation $\frac{ds}{dx} = y$.

En effet, puisque $\frac{ds}{dx} = y$; $\frac{ds}{dx} = \frac{ydx + xdy - xdy}{dx} = \frac{dxy}{dx} - \frac{xdy}{dx}$.

Puisque $\frac{d.xx\frac{dy}{dx}}{dx} = 2x\frac{dy}{dx} + xx\frac{ddy}{dx^2}$; $x\frac{dy}{dx}$

$$= \frac{1}{1 \cdot 2} \cdot \frac{d.xx\frac{dy}{dx}}{dx} - \frac{1}{1 \cdot 2} xx\frac{ddy}{dx^2}$$

Item, $\frac{d.x^3\frac{ddy}{dx^2}}{dx} = 3xx\frac{ddy}{dx^2} + x^3\frac{d^3y}{dx^3}$; donc $\frac{1}{1 \cdot 2} xx\frac{ddy}{dx^2}$

$$= \frac{1}{1 \cdot 2 \cdot 3} \cdot \frac{d.x^3\frac{ddy}{dx^2}}{dx} - \frac{1}{1 \cdot 2 \cdot 3} x^3\frac{d^3y}{dx^3}$$

Item, $\frac{d.x^4\frac{d^3y}{dx^3}}{dx} = 4x^3\frac{d^3y}{dx^3} + x^4\frac{d^4y}{dx^4}$; donc $\frac{1}{1 \cdot 2 \cdot 3} x^3\frac{d^3y}{dx^3}$

$$= \frac{1}{1 \cdot 2 \cdot 3 \cdot 4} \cdot \frac{d.x^4\frac{d^3y}{dx^3}}{dx} - \frac{1}{1 \cdot 2 \cdot 3 \cdot 4} x^4\frac{d^4y}{dx^4}$$

d'où on deduit; $S = xy - \frac{1}{1 \cdot 2} x^2\frac{dy}{dx} + \frac{1}{1 \cdot 2 \cdot 3} x^3\frac{d^2y}{dx^2}$

$$- \frac{1}{1 \cdot 2 \cdot 3 \cdot 4} x^4\frac{d^3y}{dx^3} + \frac{1}{1 \cdot 2 \cdot 3 \cdot 4 \cdot 5} x^5\frac{d^4y}{dx^4} - \&c....$$

ce qui est la suite de Bernoulli, très-remarquable à la vérité, mais dont l'application est rarement commode.

Cette fuite peut auffi être déduite du (§ XXIII.) comme il fuit:

S étant une fonction de x, on obtient par ce §.

$$S - \Delta S = S - \frac{\Delta x}{1} \cdot \frac{ds}{dx} + \frac{\Delta x^2}{1.2.} \cdot \frac{dds}{dx^2} - \frac{\Delta x^3}{1.2.3.} \frac{d^3 s}{dx^3}$$
$$+ \frac{\Delta x^4}{1.2.3.4.} \frac{d^4 s}{dx^4} - \frac{\Delta x^5}{1.2.3.4.5.} \frac{d^5 s}{dx^5} + \cdots$$

Mais $\dfrac{ds}{dx} = y$

donc $\dfrac{dds}{dx^2} = \dfrac{dy}{dx}$

$$\frac{d^3 s}{dx^3} = \frac{ddy}{dx^2}$$
$$\frac{d^4 s}{dx^4} = \frac{d^3 y}{dx^3}$$
$$\frac{d^5 s}{dx^5} = \frac{d^4 y}{dx^4} \quad \&c. \cdots$$

Donc, $S - \Delta s = S - \dfrac{\Delta x}{1} y + \dfrac{\Delta x^2}{1.2.} \dfrac{dy}{dx} - \dfrac{\Delta x^3}{1.2.3.} \dfrac{ddy}{dx^2}$
$$+ \frac{\Delta x^4}{1.2.3.4.} \frac{d^3 y}{dx^3} - \frac{\Delta x^5}{1.2.3.4.5.} \frac{d^4 y}{dx^4} + \&c. \cdots$$

Donc $\Delta s = \dfrac{\Delta x}{1} y - \dfrac{\Delta x^2}{1.2.} \dfrac{dy}{dx} + \dfrac{\Delta x^3}{1.2.3.} \dfrac{ddy}{dx^2} - \dfrac{\Delta x^4}{1.2.3.4.} \dfrac{d^3 y}{dx^3}$
$$\frac{\Delta x^5}{1.2.3.4.5.} \frac{d^4 y}{dx^4} - \&c. \cdots$$

Subftituant à Δx la quantité x elle-même, & partant à Δs la furface entière S; on obtient $S = xy - \dfrac{x^2}{1.2.} \dfrac{dy}{dx} + \dfrac{x^3}{1.2.3.} \dfrac{ddy}{dx^2} - \dfrac{x^4}{1.2.3.4.} \dfrac{d^3 y}{dx^3}$
$$+ \frac{x^5}{1.2.3.4.5.} \frac{d^4 y}{dx^4} - \&c. \cdots$$

§. XLVI.

Qu'une courbe, au lieu d'être rapportée à un axe par des coordonnées rectilignes, foit rapportée à un point, p. ex. par une équation entre fes rayons vecteurs & les angles qu'ils font avec une droite donnée de pofition, la détermination de fa furface fe fait de la manière fuivante.

Soit SMM' Fig 19. une courbe rapportée au point F, par une équation entre les rayons vecteurs FM, FM' & les angles SFM, SFM' que ces rayons font avec une droite donnée de position SF. On se propose de déterminer la surface SFM.

Du point F comme centre, avec le rayon FS pris pour unité, soit décrit un cercle; & du même point F, avec les rayons FM, FM', soient décrits des arcs de cercle Mm, $M'm'$ compris entre les rayons FM, FM'. Le secteur de la courbe MFM' est plus grand que le secteur circulaire inscrit MFm, mais plus petit que le secteur circulaire circonscrit $M'Fm'$; mais le rapport d'égalité est la limite de son rapport à chacun d'eux. En effet, les deux secteurs circulaires MFm, $M'Fm'$ sont entr'eux en raison doublée des rayons FM, $M'F$: mais le rapport d'égalité est la limite du rapport de FM à FM'; donc aussi (§ VI.) il est la limite de leur rapport doublé, ou des surfaces des deux secteurs, l'un inscrit & l'autre circonscrit à la courbe. Donc, à plus forte raison, il est la limite du rapport de chacun de ces secteurs circulaires au secteur de la courbe MFM'.

Soit donc XX' un arc pris sur la circonférence du cercle dont le rayon est SF. Soit S la surface du secteur curviligne SFM, & ΔS son changement. Soit P la surface du secteur circulaire SFX, & ΔP son changement. On aura

$$\text{Lim.} \; \frac{\Delta S}{\Delta P} = \frac{FM^2}{FS^2}$$

$$\text{ou lim.} \; \frac{\Delta S}{\frac{1}{2} SF \times XX'} = \frac{FM^2}{FS^2}$$

$$\text{ou lim.} \; \frac{\Delta S}{XX'} = \frac{FM^2}{2 FS}$$

$$\text{ou} \; \frac{ds}{dx} = \frac{yy}{2a} \, .$$

En substituant à y la fonction de x donnée par l'équation de la courbe, on obtient une équation différentielle entre S & x, de laquelle on pourra déduire la relation intégrale de S à x.

N 2

Chapitre Huitième.

Sur la Rectification des Courbes.

§. XLVII.

Nous avons déjà vu que le rapport d'égalité est la limite du rapport de la chorde d'une courbe quelconque à son arc (§. XVII). Cette proposition est le fondement de la recherche de la rectification des lignes courbes.

Soit une courbe rapportée à un axe par des coordonnées perpendiculaires. Soient p. ex. x & $x + \Delta x$ deux abscisses, auxquelles répondent des ordonnées y & $y + \Delta y$. La chorde de l'arc de la courbe compris entre les abscisses y & $y + \Delta y$ est $V(\Delta x^2 + \Delta y^2)$; ou $\Delta x \, V\left(1 + \frac{\Delta y^2}{\Delta x^2}\right)$. Et partant, le rapport du changement de l'abscisse à cette chorde, est celui de 1 à $V\left(1 + \frac{\Delta y^2}{\Delta x^2}\right)$; & la limite de ce rapport est celui de 1 à $V\left(1 + \frac{dy^2}{dx^2}\right)$. Mais la limite de ce rapport est celui des changements simultanés de l'abscisse & de l'arc; donc la limite du rapport des changements simultanés de l'abscisse & de l'arc est celui de 1 à $V\left(1 + \frac{dy^2}{dx^2}\right)$. Partant, appelant S un arc de cette courbe, l'équation différentielle entre S & x est $\frac{dS}{dx} = V\left(1 + \frac{dy^2}{dx^2}\right)$.

Connoissant la relation entre y & x donnée par la nature de la courbe; on connoîtra la relation différentielle entre S & x, & partant on pourra en déduire la relation intégrale.

Exemple. Soit l'équation au cercle $yy = aa - xx$

$$\text{donc } \frac{dy}{dx} = -\frac{x}{y}$$

$$\frac{dy^2}{dx^2} = \frac{xx}{y}$$

$$1 + \frac{dy^2}{dx^2} = 1 + \frac{xx}{yy} = \frac{yy + xx}{yy} = \frac{aa}{yy}.$$

$$\text{Et } V\left(1 + \frac{dy^2}{dx^2}\right) = \frac{a}{y} = \frac{a}{V(aa - xx)} = \frac{1}{V\left(1 - \frac{xx}{aa}\right)}.$$

$$\text{Donc, } \frac{dS}{dx} = \frac{1}{V\left(1-\frac{xx}{aa}\right)} = 1 + \frac{1}{2}xx + \frac{1}{1}\cdot\frac{3}{2}x^4$$

$$+ \frac{1}{1}\cdot\frac{3}{2}\cdot\frac{5}{3}x^6 + \frac{1}{1}\cdot\frac{3}{2}\cdot\frac{5}{3}\cdot\frac{7}{4}x^8 + \dots$$

$$\text{D'où on déduit } S = x + \frac{1}{1}\cdot\frac{1}{3}x^3 + \frac{1}{1}\cdot\frac{3}{2}\cdot\frac{1}{5}x^5$$

$$+ \frac{1}{1}\cdot\frac{3}{2}\cdot\frac{5}{3}\cdot\frac{1}{7}x^7 + \frac{1}{1}\cdot\frac{3}{2}\cdot\frac{5}{3}\cdot\frac{7}{4}\cdot\frac{1}{9}x^9 + \dots$$

§. XLVIII.

La rectification des courbes peut toujours être réduite à la quadrature d'une courbe de la manière suivante.

Soit prise une quatrième proportionelle à l'ordonnée à un point d'une courbe, à la normale au même point, & à une droite constante a. Sur le même axe soit décrite une seconde courbe dont les ordonnées correspondantes aux mêmes abscisses que celles de la première courbe soient respectivement égales à ces quatrièmes proportionelles. Un arc quelconque de la première courbe sera proportionel à la surface de la seconde répondante à la même abscisse que cet arc; savoir, le rectangle de cet arc par la droite constante a sera égal à cette surface.

En effet, soient x & y une abscisse & une ordonnée de la première courbe. La normale correspondante est $y V\left(1 + \frac{dy^2}{dx^2}\right)$ (§ XXXII.); & une quatrième proportionelle à l'ordonnée y à la normale & à la droite constante a est $a V\left(1 + \frac{dy^2}{dx^2}\right)$. Partant, l'ordonnée de la seconde courbe est $a V\left(1 + \frac{dy^2}{dx^2}\right)$; & la limite du rapport des changements simultanés de cette abscisse & du rectangle de cet arc par la droite constante a est aussi celui de 1 à $a V\left(1 + \frac{dy^2}{dx^2}\right)$. Donc le rapport différentiel de la surface de la seconde courbe & du rectangle de l'arc correspondant de la première par la droite constante a est un rapport d'égalité, & partant, leur rapport intégral est aussi un rapport d'égalité, ou le rectangle d'un arc de la première courbe par la droite constante a est bien égal à la surface de la seconde courbe répondante à la même abscisse; & partant la rectification d'une courbe est bien réduite à la quadrature d'une autre.

Exemple. Soit la parabole d'Apollonius, dont l'équation $2ay = xx$

$$\frac{dy}{dx} = \frac{2x}{2a} = \frac{x}{a}$$

$$\frac{dy^2}{dx^2} = \frac{xx}{aa}$$

$$1 + \frac{dy^2}{dx^2} = 1 + \frac{xx}{aa} = \frac{xx + aa}{aa}$$

$$y' = a\sqrt{\left(1 + \frac{dy^2}{dx^2}\right)} = \sqrt{(xx + aa)}.$$

Partant la seconde courbe est une hyperbole rapportée à son axe second & la rectification de la parabole d'Apollonius est réduite à la quadrature de l'hyperbole, ou aux logarithmes.

2°. Soit la parabole dont l'équation est $ayy = x^3$

$$\frac{dy}{dx} = \frac{3xx}{2ay}$$

$$\frac{dy^2}{dx^2} = \frac{9x^4}{4aayy} = \frac{9x^4}{4ax^3} = \frac{9}{4} \times \frac{x}{a}.$$

$$1 + \frac{dy^2}{dx^2} = \frac{4a + 9x}{4a} = \frac{a(4a + 9x)}{4aa}.$$

Cette équation est à la parabole d'Apollonius, laquelle est quarrable. Donc la rectification de la parabole proposée est réduite à la quadrature d'une autre courbe quarrable; & partant cette courbe est rectifiable.

§. XLIX.

On peut obtenir la rectification d'une courbe quelconque par une série, d'une manière analogue à celle dont on a obtenu sa quadrature dans le §. XLV.

Savoir, on obtient $S = x\dfrac{dS}{dx} - \dfrac{x^2}{1.2}\dfrac{ddS}{dx^2}$

$$+ \frac{x^3}{1.2.3}\frac{d^3S}{dx^3} - \frac{x^4}{1.2.3.4}\frac{d^4S}{dx^4} + \ldots$$

Substituant à $\dfrac{dS}{dx}$ la valeur $V\left(1 + \dfrac{dy^2}{dx^2}\right)$

on obtient, $\dfrac{ddS}{dx^2} = \dfrac{\dfrac{dy}{dx} \times \dfrac{ddy}{dx^2}}{V\left(1 + \dfrac{dy^2}{dx^2}\right)}$.

$$\frac{d^3 S}{dx^3} = \frac{\left(\dfrac{ddy}{dx^2}\right)^2}{\left(1 + \dfrac{dy^2}{dx^2}\right)^{\frac{3}{2}}} + \frac{\dfrac{dy}{dx} \times \dfrac{d^3 y}{dx^3}}{\left(1 + \dfrac{dy^2}{dx^2}\right)^{\frac{5}{2}}} \quad \&c. \ \&c. \dots$$

Et la suite précédente devient si compliquée & ordinairement si peu convergente, que son application ne peut être commode.

§. L.

La rectification des courbes rapportées à un point est fondée sur les mêmes principes. Tout étant posé comme dans le §. XLVI, soit abaissée sur la tangente MT la perpendiculaire FT. Que l'arc SX soit x; & son changement $XX' = \Delta x$. Du foyer F comme centre, avec le rayon FM, soit décrit un arc de cercle Mm; & soit abaissée la perpendiculaire $M\mu$. $\operatorname{Lim} \dfrac{M\mu'}{Mm} = 1$ & $\lim \dfrac{MM'}{M\mu'} = \dfrac{FM}{FT}$, donc $\lim \dfrac{MM'}{Mm} = \dfrac{FM}{FT}$. Mais par l'équation donnée de la courbe on peut exprimer FM & FT en SX ou x, donc on peut obtenir une équation différentielle entre l'arc de la courbe SM, & l'arc du cercle SX; donc on peut aussi obtenir leur relation intégrale.

§. LI.

Au lieu de chercher la rectification d'une courbe immédiatement d'après son équation donnée, on peut aussi chercher à exprimer son contour dans d'autres quantités qui n'entrent pas immédiatement dans son équation. Je n'en prendrai pour exemple que le cercle, dont on veut exprimer un arc dans sa tangente trigonométrique.

Soit AX (Fig. 20.) un arc de cercle dont AT est la tangente trigonométrique. Soit menée CT. Soit XX' le changement de cet arc. Soit menée CX' qui rencontre en T' la tangente AT. Le changement simultané de la tangente sera TT'. Du point C comme centre, avec le rayon CT, soit décrit l'arc Tt & soit Tt' perpendiculaire à CT'

$$XX' : Tt = CA : CT$$

$$\text{Lim } Tt : Tt' = 1 : 1$$

$$\text{Lim } Tt' : TT' = CA : CT$$

$$\text{Donc lim } XX' : TT' = CA^2 : CT^2.$$

$$\text{Ou } \frac{ds}{dt} = \frac{rr}{rr+tt} = \frac{1}{1+\frac{tt}{rr}} = 1 - \frac{tt}{rr} + \frac{t^4}{r^4} - \frac{t^6}{r^6}$$
$$+ \frac{t^8}{r^8} - \frac{t^{10}}{r^{10}} + \ldots$$

De cette relation différentielle donnée on déduit la relation intégrale

$$S = t - \frac{1}{3}\frac{t^3}{rr} + \frac{1}{5}\frac{t^5}{r^4} - \frac{1}{7}\frac{t^7}{r^6} + \frac{1}{9}\frac{t^9}{r^8} - \frac{1}{11}\frac{t^{11}}{r^{10}} + \ldots$$

Réciproquement, on pourroit par la méthode des retours des suites (indépendante des calculs appelés supérieurs) exprimer les sinus, cosinus & tangente d'un arc dans cet arc. Mais on peut aussi le faire comme il suit, d'après la formule du §. XXIII.

Soient s, x, z, & t, un arc, son sinus, son cosinus, & sa tangente.

$$\text{On obtient } \frac{dx}{ds} = \cos s \qquad \frac{dz}{ds} = -\sin s$$

$$\text{de là } \frac{ddx}{ds^2} = \frac{d\cos s}{ds} = -\sin s \qquad \frac{ddz}{ds^2} = -\frac{d\sin s}{ds} = -\cos s$$

$$\frac{d^3x}{ds^3} = -\frac{d\sin s}{ds} = -\cos s \qquad \frac{d^3z}{ds^3} = -\frac{d\cos s}{ds} = +\sin s$$

$$\frac{d^4x}{ds^4} = -\frac{d\cos s}{ds} = +\sin s \qquad \frac{d^4z}{ds^4} = \frac{d\sin s}{ds} = +\cos s$$

$$\frac{d^5x}{ds^5} = +\frac{d.\sin s}{ds} = +\cos s \qquad \frac{d^5z}{ds^5} = +\frac{d.\cos s}{ds} = -\sin s$$

&c. . . . &c. . . .

Cela

Cela posé, le sinus de l'arc s étant une fonction de cet arc, on a (§ XXIII).

$$\sin(s + \Delta s) = \sin s + \frac{\Delta s}{1} \times \frac{dx}{ds} + \frac{\Delta s^2}{1.2}\frac{ddx}{ds^2} + \frac{\Delta s^3}{1.2.3}\frac{d^3x}{ds^3}$$
$$+ \frac{\Delta s^4}{1.2.3.4}\frac{d^4x}{ds^4} + \ldots$$
$$= \sin s \cos \Delta s + \cos s \sin \Delta s.$$

Donc $\sin s \cos \Delta s + \cos s \sin \Delta s = \sin s + \frac{\Delta s}{1}\cos s - \frac{\Delta s^2}{1.2}\sin s - \frac{\Delta s^3}{1.2.3}\cos s + \frac{\Delta s^4}{1.2.3.4}\sin s + \frac{\Delta s^5}{1.2.3.4.5}\cos s - \&c.\ldots$

Cette équation étant générale, elle a lieu en particulier lorsque $s = 0$; alors son sinus est zéro, & son cosinus est l'unité. Donc on obtient

$$\sin \Delta s = \frac{\Delta s}{1} - \frac{\Delta s^3}{1.2.3.} + \frac{\Delta s^5}{1.2.3.4.5.} - \frac{\Delta s^7}{1.2.3.4.5.6.7.} + \ldots$$

Et en général $\sin a = a - \frac{a^3}{1.2.3.} + \frac{a^5}{1.2.3.4.5.} - \frac{a^7}{1.2.3.4.5.6.7.} + \ldots$

On trouve exactement de la même manière que

$$\cos a = 1 - \frac{a^2}{1.2.} + \frac{a^4}{1.2.3.4.} - \frac{a^6}{1.2.3.4.5.6.} + \frac{a^8}{1.2.3.4.5.6.7.8.} - \&c.$$

De là, $\tan a = a \times \dfrac{1 - \dfrac{a^2}{1.2.3} + \dfrac{a^4}{1.2.3.4.5.} - \dfrac{a^6}{1.2.3.4.5.6.7.} + \ldots}{1 - \dfrac{a^2}{1.2.} + \dfrac{a^4}{1.2.3.4.} - \dfrac{a^6}{1.2.3.4.5.6.} + \ldots}$

CHAPITRE NEUVIÈME.

Sur la Cubature des Solides de Révolution.

§. LII.

Soit une courbe rapportée à un axe par des ordonnées perpendiculaires. (Tout ce qui sera dit sur le cas du perpendicularisme, s'applique aisément à la supposition de tout autre angle constant différent de l'angle droit). Soit un rectangle ayant un côté constant perpendiculaire à cet axe, & dont l'autre côté variable croit comme les abscisses de cette courbe. Que la courbe & le rectangle tournent autour de l'axe commun; je dis que la limite du rapport qui règne entre les changements fimultanés du cylindre engendré par le rectangle & du folide engendré par la courbe, répondants à un même changement de l'abfciffe, eft le même que celui qui règne entre le quarré du rayon conftant de la bafe du cylindre & le quarré de l'ordonnée correfpondante à cette abfciffe.

Soit SMM' (Fig. 15.) une courbe rapportée à l'axe SPP'. Soit un rectangle ayant pour côté conftant une ligne donnée SA, & pour côté variable les abfciffes variables SP, SP'. Soient achevés les rectangles $PP'RR$, $PP'mM$, $PP'M'm'$. Le rapport des changements fimultanés du cylindre ayant AS pour rayon de fa bafe & du folide engendré par la courbe, eft plus grand que le rapport des cylindres engendrés par les rectangles PR' & PM', mais plus petit que le rapport des cylindres engendrés par les rectangles PR' & Pm. Ou, ce rapport eft plus grand que le rapport des quarrés des droites SA & $P'M'$, mais plus petit que le rapport des quarrés des droites AS & PM. Mais le rapport d'égalité eft la limite du rapport des droites PM & $P'M'$, & partant auffi celui du rapport de leurs quarrés. Donc auffi le rapport d'égalité eft la limite du rapport des expofants des rapports de AS^2 à PM^2 & de AS^2 à $P'M'^2$. Donc, à plus forte raifon, le rapport des changements fimultanés du cylindre ayant AS pour rayon de fa bafe & du folide engendré par la courbe peut approcher de l'un ou l'autre des rapports de AS^2 à PM^2 ou de AS^2 à $P'M'^2$ plus près que n'en approche aucun rapport affigné plus petit ou plus grand qu'eux. Partant, la limite du rapport qui règne entre ces changements fimultanés eft bien celui qui règne entre le quarré de la droite conftante AS & le quarré de l'une ou l'autre de deux ordonnées PM ou $P'M'$. Que le folide variable engendré par la courbe foit défigné par S, & le cylindre ayant AS pour rayon de fa bafe par C. Que les abfciffes & les ordonnées foient défignées par x & y. On aura

$$\lim \frac{\Delta S}{\Delta C} = \frac{yy}{aa}; \text{ mais } \Delta C = aa\,\Delta x; \text{ donc } \lim \frac{\Delta S}{aa\,\Delta x} = \frac{yy}{aa};$$

$$\text{ou } \frac{dS}{aa\,dx} = \frac{yy}{aa}; \quad \& \quad \frac{dS}{dx} = yy.$$

Subſtituant dans cette équation différentielle à la place de y la fonction de x qu'elle repréſente & qui eſt donnée par l'équation de la courbe, on aura une équation différentielle entre S & x, de laquelle on pourra remonter à leur équation intégrale.

Exemple. Soit $y = x^m$.

$$\frac{dS}{dx} = yy = x^{2m}. \quad \text{Donc ($\S$ XIV)} : S = \frac{1}{2m+1} x^{2m+1}$$

$$= \frac{1}{2m+1} x^{2m} \times x = \frac{1}{2m+1} yyx.$$

1er *cas.* Soit m un nombre poſitif quelconque. La courbe génératrice eſt une parabole; & le ſolide paraboloïde eſt au cylindre de même baſe & de même hauteur, comme 1 eſt à $2m+1$.

2^d *cas.* Que m ſoit un nombre négatif. La courbe génératrice eſt une hyperbole rapportée à ſon aſymptote, dont l'équation eſt $y x^m = ba^m$.

Dans ce cas, comme l'ordonnée répondante à l'abſciſſe o ne rencontre pas la courbe, ſoit priſe l'origine des abſciſſes à une diſtance a du centre à laquelle réponde l'ordonnée b; &

$$\text{ſoit } y(a+x)^m = ba^m$$

$$\frac{dS}{dx} = yy = \frac{bba^{2m}}{(a+x)^{2m}} = bba^{2m}\left((a+x)^{-2m}\right)$$

d'où l'on déduit, $S = C - \dfrac{1}{2m-1} bba^{2m} (a+x)^{-2m+1}.$

Or le ſolide cherché doit évanouir lorsque $x = o$; donc $C = \dfrac{1}{2m-1}$ $bba^{2m} a^{-2m+1} = \dfrac{1}{2m-1} abb,$ donc $S = \dfrac{1}{2m-1}\left(abb - bba^{2m}\right.$ $\left.(a+x)^{-2m+1}\right) = \dfrac{1}{2m-1}\left(abb - \dfrac{bba^{2m}}{(a+x)^{2m}}\right)(a+x) = \dfrac{1}{2m-1}$ $\left(abb - (a+x)yy\right).$

Savoir, le ſolide hyperboloïde engendré par un ſegment hyperbolique tournant autour d'une aſymptote a un rapport donné à la différence des cylindres engendrés pendant la même révolution par les deux rectangles qui ont pour hauteurs les abſciſſes comptées depuis le centre & pour baſes les cercles dont les rayons ſont les ordonnées qui terminent ce ſegment.

O 2

On montre, tout comme dans le §. XLII, que lorsque $2m > 1$ ou $m > \frac{1}{2}$, le fuseau hyperboloïde est susceptible d'une limite en grandeur, laquelle est $\frac{1}{2m-1} bba$, du côté des x positives, quoiqu'une de ses dimensions, savoir la hauteur, ne soit susceptible d'aucune limite, & que du côté des x négatives ledit solide ne soit susceptible d'aucune limite. Ce fuseau n'est susceptible d'aucune limite lorsque $2m$ est plus petit que l'unité. Et enfin le cas où $2m = 1$ est réduit à la quadrature de l'hyperbole d'Apollonius ou aux logarithmes.

§. LIII.

On peut aussi déterminer la cubature des paraboloïdes & des hyperboloïdes d'une manière tout à fait analogue à celle qui a été employée dans les §§ XLI. XLII. pour la quadrature des paraboles & des hyberboles.

1°. Soit SMP un segment parabolique tournant autour de l'axe SP. Par M soit menée une tangente qui rencontre l'axe en T; & par le sommet S soit menée une tangente SQ. Soit menée une autre ordonnée $M'P'$ qui rencontre en n la tangente MT. Par M' & n soient menées à l'axe les parallèles $M'Q$, nq, qui rencontrent l'ordonnée PM en m' & n'. Par M soit encore menée la parallèle à l'axe MQ, qui rencontre $M'P'$ en m.

Toute la Figure tournant autour de l'axe SP, le cylindre engendré par le rectangle Pm & l'écorce cylindrique engendrée par le rectangle Mq sont entr'eux comme $MP^2 \times PP'$ & $MQ \times Mn'$ $(MP + n'P$; ou comme $MP^2 \times PP'$ & $MQ \times mn$ $(2MP + mn)$; ou comme $MP^2 \times \frac{PP'}{mn}$ & $MQ(2MP + mn)$.

Or $\frac{PP'}{mn} = \frac{PT}{MP}$; donc ce cylindre & cette écorce sont entr'eux comme $MP \times PT$ & $MQ(2MP + mn)$, ou comme $MP \times \frac{PT}{MQ}$ & $2MP + mn$.

Soit $y = x^m$, l'équation de la parabole; donc $\frac{dy}{dx} = mx^{m-1}$

$$\text{donc, } y\,\frac{dx}{dy} = \frac{y}{mx^{m-1}} = \frac{x^m}{mx^{m-1}} = \frac{1}{m}\,x.$$

Ou $PT = \frac{1}{m} MQ$; & $\frac{PT}{MQ} = \frac{1}{m}$; donc le cylindre & l'écorce cylindrique font entr'eux comme $\frac{1}{m} MP$ & $2 MP + mn$, ou comme MP & $m (2 MP + mn)$.

Partant la limite du premier rapport est égale à la limite du second, savoir au rapport de 1 à $2 m$. Or le solide engendré par le trapèze parabolique $MPP'M'$ est la limite du cylindre engendré par le rectangle Pm. Je dis que le solide engendré par l'espace parabolique $MQQ'M'$ est aussi la limite de l'écorce cylindrique engendrée par le rectangle $MQqn'$.

En effet, les écorces engendrées par les rectangles Mq & MQ font entr'elles comme $Mn' (2 MP + Mn')$ & $Mm' (2 MP + Mm')$; d'où il est aisé de montrer que la limite du rapport de ces écorces est le rapport d'égalité: & les écorces engendrées par les rectangles MQ & mQ font entr'elles comme les droites MQ & mQ, & partant la limite de leur rapport est le rapport d'égalité; donc à plus forte raison le rapport d'égalité est la limite du rapport du solide engendré par le trapèze $MQQ'M'$ & l'écorce cylindrique engendrée par MQ, & partant aussi le rapport d'égalité est la limite du rapport des solides engendrés par le rectangle Mq & le trapèze paraboliques.

Partant, la limite du rapport des solides engendrés par les rectangles MP & Mq est le rapport des solides engendrés par les trapèzes paraboliques $MPP'M'$ & $MQQ'M'$; & partant les solides engendrés par ces deux trapèzes font entr'eux dans le rapport constant de 1 à $2 m$. Donc aussi tout le solide engendré par le segment SMP, est au solide engendré par l'espace intérieur SMQ, dans le même rapport constant de 1 à $2 m$, & le premier solide est au cylindre engendré par le rectangle $SMPQ$ dans le rapport de 1 à $2 m + 1$.

De même, soit (Fig. 16.) une hyperbole dont l'équation est $MP \times SP = AB \times SB^m$, tournant autour de l'asymptote SP.

Par M soit menée la tangente MT, qui rencontre en T l'asymptote SP, & soit menée MQ ordonnée à l'autre asymptote. Par un autre point

M' foient menées aux afymptotes les ordonnées $M'P'$, $M'Q'$, dont la première rencontre la tangente en n & MQ en m & dont la feconde rencontre MP en m'. Par n foit menée nq ordonnée à l'afymptote SQ & qui rencontre MP en n'. Enfin, que MQ, $M'Q'$, nq, rencontrent AB, en R, R', r.

Le cylindre engendré par le rectangle $MPP'm$ eft à l'écorce cylindrique engendrée par $MQqn'$, comme $MP^2 \times PP'$ eft à $SP \times Mn' \times (MP + Pn')$; ou comme $MP^2 \times PP'$ eft à $SP \times Mn' (2MP - Mn')$

$$\text{ou comme } MP^2 \times \frac{PP'}{Mn'} \text{ eft à } SP(2MP - Mn')$$

$$\text{comme } MP^2 \times \frac{PT}{MP} \text{ eft à } PS(2MP - Mn')$$

$$\text{comme } MP \times PT \text{ eft à } SP(2MP - Mn')$$

$$\text{comme } MP \times \frac{PT}{SP} \text{ eft à } 2MP - Mn'.$$

Mais, puisque $MP \times SP^m = AB \times SB^n$; $PT = \frac{1}{m}SP$ ($\S$ XVI), donc $\frac{PT}{SP} = \frac{1}{m}$. Donc le cylindre & l'écorce cylindrique ci-deffus font entr'eux comme MP & $m(2MP - Mn')$, & partant le rapport limite de ce cylindre & de cette écorce eft égal au rapport limite de MP à $m(2MP - Mn')$. Mais on montre, tout comme pour la parabole, que la limite du premier rapport eft le rapport des folides engendrés par les trapèzes hyperboliques $MPP'M'$ & $MQQ'M'$, & la limite du fecond rapport eft le rapport de MP à $m \times 2MP$ ou de 1 à $2m$. Donc le folide engendré par le trapèze $MPP'M'$ eft au folide engendré par le trapère $MQQ'M'$, dans le rapport conftant de 1 à $2m$; & partant le folide engendré par tout le trapèze $ABPM$ eft au folide engendré par le trapèze $ADQM$, dans le même rapport conftant de 1 à $2m$. Or fol. $ADQM$ = fol. $ADQR$ + fol. AMR = cyl. $ADSB$ — cyl. $SBRQ$ + fol. $ABPM$ — cyl. $BPMR$ = cyl. $ADSB$ — cyl. $SPMQ$ + fol. $ABPM$. Donc fol. $ABPM$: cyl. $ADSB$ — cyl. $SPMQ$ + fol. $ABPM$ = $1 : 2m$.

1ᵉʳ *cas.* Soit $2m < 1$

    fol $ABPM$: cyl $SPMQ$ — cyl $ADSB$ = $1 : 1 — 2m$

2ᵈ *cas.* Soit $2m > 1$

    fol $ABPM$: cyl $ADSB$ — cyl $SPMQ$ = $1 : 2m — 1$

3ᵐᵉ *cas.* Soit $2m = 1$

    fol $ABPM$ = cyl $ADSB$ — cyl $SPMQ$ + fol $ABPM$

ou, cyl $ADSB$ = cyl $SPMQ$; & partant on ne peut rien conclure de ce moyen pour le folide $ABPM$.

§. LIV.

Il fuit de tout ce qui précède, que la cubature d'un folide de révolution
peut toujours être réduite à la rectification de la circonférence, & à la quadrature d'une autre courbe, décrite fur le même axe, & dont les ordonnées
font entr'elles comme les quarrés des ordonnées de la courbe génératrice
correfpondantes aux mêmes abfciffes. Les cylindres infcrits & circonfcrits
au folide font entr'eux comme les rectangles infcrits & circonfcrits à la feconde
courbe; & partant les limites de ces cylindres font proportionelles aux limites de ces rectangles; ou, les folides engendrés par des trapèzes de la courbe
génératrice font proportionels aux trapèzes correfpondants à la feconde courbe; & tout le folide engendré par la courbe génératrice eft proportionel à la
furface de la feconde courbe.

Ainfi la cubature du folide engendré par une parabole dont l'équation
eft $y = x^m$ eft réduite à la quadrature de la parabole dont l'équation eft
$y' = x^{2m}$.

§. LV.

On peut encore trouver une fuite pour exprimer la grandeur d'un folide
de révolution d'après le § XXIII & d'une manière conforme aux procédés
développés dans les §§ XLV & XLIX.

Soit S l'expreffion du folide, lequel eft une certaine fonction de x; &
que leurs changements fimultanés foient Δs & Δx.

On obtient, comme dans les §§ XLV & XLIX,

$$\Delta S = \frac{\Delta x}{1} \cdot \frac{ds}{dx} - \frac{\Delta x^2}{1.2.} \frac{dds}{dx^2} + \frac{\Delta x^3}{1.2.3.} \frac{d^3 s}{dx^3} - \frac{\Delta x^4}{1.2.3.4.} \frac{d^4 s}{dx^4} + \ldots$$

$$\text{Et } S = x \frac{ds}{dx} - \frac{x^2}{1.2.} \frac{dds}{dx^2} + \frac{x^3}{1.2.3.} \frac{d^3 s}{dx^3} - \frac{x^4}{1.2.3.4.} \frac{d^4 s}{dx^4} + \ldots$$

Or $\dfrac{ds}{dx} = yy$; yy défignant la furface du cercle dont y eft le rayon.

Donc $\dfrac{dds}{dx^2} = 2 y \dfrac{dy}{dx}$.

$$\frac{d^3 s}{dx^3} = 2 \frac{dy^2}{dx^2} + 2 y \frac{ddy}{dx^2}$$

$$\frac{d^4 s}{dx^4} = 2 \left(\frac{3 \, dy}{dx} \frac{ddy}{dx^2} + y \frac{d^3 y}{dx^3} \right)$$

$$\frac{d^5 s}{dx^5} = 2 \left(3 \left(\frac{ddy}{dx^2} \right)^2 + 4 \frac{dy}{dx} \times \frac{d^3 y}{dx^3} + y \times \frac{d^4 y}{dx^4} \right)$$

&c. . . .

Donc, fubftituant ces expreffions différentielles dans l'expreffion de S, on obtiendra la valeur de S dans x & y & dans leurs expreffions différentielles des ordres fucceffifs.

Mais, quoique cette expreffion foit remarquable, fes termes font fouvent trop compliqués & trop peu convergents pour que fon application foit commode.

§. LVI.

Pl. II. Lorsque la courbe génératrice d'un folide de révolution eft rapportée à un point pris fur l'axe de révolution, la détermination de fa folidité eft fondée fur les mêmes principes.

Soit décompofée la courbe génératrice SMM' (Fig. 19.) en fecteurs MFM', dont les angles au fommet MFM' croiffent uniformément. Du foyer F comme centre, avec les rayons FM, FM', foient décrits les arcs de cercle Mm, $M'm'$; le folide engendré par le fecteur MFM' eft moyen entre les folides engendrés par les fecteurs circulaires MFm, $m'FM'$. Mais ces deux folides font entr'eux en raifon triplée de leurs dimenfions correfpondantes MF & MF' : & le rapport d'égalité eft la limite tant du

rapport

rapport des droites MF & $M'F$ que de leur rapport triplé; donc le rapport d'égalité est aussi la limite du rapport du solide engendré par le secteur MFM' à chacun des solides engendrés par les secteurs MFM, & $M'Fm$. Des points X & X' soient abaissées sur SF les perpendiculaires XY, $X'Y'$; le solide engendré par le secteur XSX' est égal à un solide pyramidal qui auroit pour hauteur SF & pour base la surface engendrée par l'arc XX'; ou à un cone ayant pour hauteur le double de YY' & pour base le cercle dont SF est le rayon; partant l'expression du solide engendré par le secteur XSX' est $\frac{2}{3}YY' \times SF^2$ (SF^2 désignant le cercle dont SF est le rayon). Soient désignés par S & S' les solides engendrés par le secteur de la courbe SFM, & par le secteur circulaire SFX; & soient Δs & $\Delta s'$ leurs changements simultanés; on obtient $\lim \frac{\Delta s}{\Delta s'} = \frac{FM^3}{SF^3}$.

Ou $\lim \dfrac{\Delta s}{\frac{2}{3}YY' \times SF^2} = \dfrac{FM^3}{SF^3}$; ou $\lim \dfrac{\Delta s}{YY'} = \dfrac{2}{3}\dfrac{FM^3}{FS}$.

Ou $\lim \dfrac{\frac{\Delta s}{XX'}}{\frac{YY'}{XX'}} = \dfrac{2}{3}\dfrac{FM^3}{FS}$.

Ou $\lim \dfrac{\frac{\Delta s}{XX'}}{\frac{YY'}{XX'}} = \dfrac{2}{3}\dfrac{FM^3}{FS}$. Mais $\lim \dfrac{\Delta s}{XX'} = \dfrac{ds}{dx}$; & $\lim \dfrac{YY'}{XX'} = \dfrac{XY}{SF} = \sin x$.

Donc $\dfrac{ds}{dx} = \dfrac{2}{3}\dfrac{FM^3}{Fs}\sin x$; & de cette équation différentielle on pourra déduire l'équation intégrale entre s & x.

CHAPITRE DIXIÈME.

Sur la Quadrature des Surfaces courbes des Solides de Révolution.

§. LVII.

Soit une courbe quelconque tournante autour d'un axe auquel elle est rapportée par des ordonnées perpendiculaires; je dis que le rapport d'égalité

P

eſt la limite du rapport des ſurfaces engendrées pendant cette révolution par un arc de cette courbe & par ſa chorde.

Soit MM' (Fig. 21.) un arc de courbe engendrant une ſurface courbe par ſa révolution autour de l'axe SP. Par les extrémités M & M' de cet arc ſoient menées deux tangentes MT & $M'T$ qui ſe rencontrent en T. Soient menées les deux ordonnées MP & $M'P$ & la chorde MM'.

1er *cas.* Que la courbe ſoit concave vers l'axe SP.

La ſurface courbe engendrée par la chorde MM' eſt égale à un rectangle qui auroit pour hauteur la chorde MM', & pour baſe la circonférence dont le rayon eſt moyen arithmétique entre MP & $M'P$. Donc cette ſurface eſt plus grande que le rectangle qui a pour hauteur MM' & pour baſe la circonférence dont MP eſt le rayon, & au contraire elle eſt plus petite que le rectangle de même hauteur ayant pour baſe la circonférence dont $M'P$ eſt le rayon. Soit TQ perpendiculaire à l'axe SP. La ſurface engendrée par la révolution de MT eſt plus petite que le rectangle qui a pour hauteur MT & pour baſe la circonférence dont QT eſt le rayon; & à plus forte raiſon elle eſt plus petite que le rectangle qui a pour hauteur MT & pour baſe la circonférence dont $M'P'$ eſt le rayon. Mais la ſurface engendrée par la révolution de $M'T$ eſt plus petite que le rectangle ayant pour hauteur $M'T$ & pour baſe la circonférence dont $M'P'$ eſt le rayon. Donc, à plus forte raiſon, la ſurface courbe engendrée par la révolution des deux tangentes MT & $M'T$ eſt plus petite que le rectangle ayant pour hauteur la ſomme des deux tangentes MT & $M'T$, & pour baſe la circonférence dont $M'P'$ eſt le rayon; & au contraire, elle eſt plus grande que le rectangle de même hauteur ayant pour baſe la circonférence dont MP eſt le rayon.

Partant le rapport qui règne entre les ſurfaces engendrées par la chorde MM' & par les tangentes MT & $M'T$ eſt plus grand que le rapport qui règne entre les rectangles $MP \times MM'$ & $(MT + M'T) M'P'$, mais plus petit que le rapport qui règne entre les rectangles $MP' \times MM'$ & $(MT + M'T) MP$.

Or, le rapport d'égalité étant la limite de chacun des rapports de MP à $M'P'$, & de MM' à $MT + M'T$ (§. XVII), le rapport d'égalité eſt auſſi la limite des rapports, tant du rectangle $MP \times MM'$ au rectangle $(MT + M'T)\,MP$, que du rectangle $MP'' \times MM'$ au rectangle $(MT + M'T)\,MP$ (§ VI). Donc auſſi le rapport d'égalité eſt la limite du rapport des ſurfaces engendrées par la chorde MM' & par les tangentes MT & $M'T$. Mais la ſurface engendrée par l'arc MM' eſt moyenne entre les ſurfaces engendrées par cette chorde & par ces deux tangentes. Donc, à plus forte raiſon, le rapport d'égalité eſt la limite du rapport de la ſurface engendrée par l'arc MM' à chacune des ſurfaces engendrées par la chorde MM' & par les tangentes MF & $M'T$; & en particulier il eſt la limite du rapport de la ſurface engendrée par l'arc MM' & la ſurface engendrée par ſa chorde, & partant la première ſurface eſt bien la limite de la ſeconde.

2^d cas. Que la courbe ſoit convexe vers l'axe.

En tant que la chorde MM' eſt plus petite que la ſomme des deux tangentes MT, & $M'T$; la ſurface engendrée par cette chorde eſt plus petite que la ſomme des ſurfaces engendrées par ces tangentes: mais d'un autre côté, en tant que cette chorde eſt plus éloignée de l'axe de révolution, elle peut engendrer une ſurface plus grande que la ſomme des ſurfaces engendrées par les tangentes; & partant il paroît qu'on ne peut pas conclure comme dans le premier cas. Cependant on peut le faire à plus forte raiſon. En effet, ſi les deux élémens desquels dépendent les grandeurs de ces ſurfaces, tendoient l'un & l'autre à rendre l'une d'elles plus grande ou plus petite que l'autre, nous avons vu par le premier cas que le rapport d'égalité ſeroit la limite de leur rapport; donc, à plus forte raiſon, le rapport de ces deux ſurfaces pourra-t-il différer du rapport d'égalité moins que n'en diffère aucun rapport propoſé, lorsque l'un de ces élémens tendant à éloigner ce rapport du rapport d'égalité, l'autre élément tendra à s'en rapprocher ou à s'en éloigner dans un ſens oppoſé. D'où l'on peut conclure que le rapport d'égalité eſt auſſi la limite du rapport de l'une de ces deux ſurfaces à la ſurface engendrée par l'arc de la courbe; ou qu'il eſt égal à leur rapport.

Pour mettre cette concluſion dans le plus grand jour, je remarque que la ſurface engendrée par l'arc MM' eſt plus petite que la ſurface courbe d'un cylindre droit engendrée par un rectangle dont le côté parallèle à l'axe MM' seroit égal à l'arc MM', & dont l'autre côté seroit égal à la plus grande des ordonnées MP; & au contraire elle est plus grande que la surface courbe d'un cylindre droit, engendré par le rectangle dont le côté parallèle à l'axe est égal à l'arc MM', & dont l'autre côté est égal à la plus petite des deux ordonnées $M'P'$. Partant la surface courbe engendrée par l'arc MM' tient un milieu entre les surfaces courbes des cylindres droits engendrés par les rectangles ayant une hauteur égale à l'arc MM' & dont les bases sont les ordonnées MP & $M'P'$. Mais la surface courbe engendrée par la chorde MM' est aussi égale à la surface courbe d'un cylindre droit engendré par un rectangle dont la hauteur est égale à la chorde MM' & dont la base est moyenne (arithmétique) entre les ordonnées MP & $M'P'$. Et le rapport d'égalité est la limite des rapports des deux ordonnées MP & $M'P'$, & à plus forte raison de deux droites qui sont l'une & l'autre moyennes entre ces ordonnées; & le rapport d'égalité est aussi la limite du rapport de l'arc MM' & de sa chorde. Donc le rapport d'égalité est la limite du rapport de la surface engendrée par l'arc & par sa chorde (§. VI); ou, la surface engendrée par l'arc est la limite de la surface engendrée par la chorde.

$$\text{Soit l'abscisse } SP = x \quad SP' = x + \Delta x$$
$$\text{l'ordonnée } MP = y \quad M'P' = y \pm \Delta y.$$
$$\text{chorde } MM' = V(\Delta x^2 + \Delta y^2) = \Delta x \, V\left(1 + \frac{\Delta y^2}{\Delta x^2}\right).$$

La surface courbe engendrée par la chorde MM' est proportionelle

$$(y \pm \tfrac{1}{2}\Delta y)\, \Delta x \, V\left(1 + \frac{\Delta y^2}{\Delta x^2}\right).$$

Soit un rectangle ayant pour côté constant une droite a, & pour autre côté variable l'abscisse SP, & que ce rectangle tourne autour de l'axe SP en même tems que la courbe. La surface courbe engendrée par la chorde MM' sera à la surface courbe du cylindre engendré en même tems par le rectangle ayant pour hauteur PP', comme $(y \pm \Delta y)\, \Delta x \, V\left(1 + \frac{\Delta y^2}{\Delta x^2}\right)$

est à $a\Delta x$; ou comme $(y \pm \Delta y)\, V\left(1 + \dfrac{\Delta y^2}{\Delta x^2}\right)$ est à a; ou comme

$$\frac{\left(y \pm \Delta y\right)\, V\left(1 + \dfrac{\Delta y^2}{\Delta x^2}\right)}{a}\ \text{est à l'unité.}$$

Soit S la surface engendrée par la courbe, & C la surface engendrée par le cylindre.

On a lim. $\dfrac{\Delta S}{\Delta C} = \lim \dfrac{\left(y \pm \Delta y\right)\, V\left(1 + \dfrac{\Delta y^2}{\Delta x^2}\right)}{a} = \dfrac{dS}{a\,dx}$

ou $y\, V\left(1 + \dfrac{dy^2}{dx^2}\right) = \dfrac{dS}{dx}$.

Partant, substituant à y la fonction de x donnée par l'équation de la courbe génératrice, on obtient l'équation différentielle entre S & x, de laquelle on peut déterminer leur relation intégrale.

Exemple. Soit $yy = rr - xx$, ou, que le solide engendré soit une sphère.

$$\frac{dy}{dx} = -\frac{x}{y};\quad \frac{dy^2}{dx^2} = \frac{xx}{yy};\quad 1 + \frac{dy^2}{dx^2} = 1 + \frac{xx}{yy} - \frac{xx + yy}{yy} = \frac{rr}{yy};$$

$$\&\ V\left(1 + \frac{dy^2}{dx^2}\right) = \frac{r}{y}.$$

Donc $y\, V\left(1 + \dfrac{dy^2}{dx^2}\right) = y \times \dfrac{r}{y} = r$. Partant $\dfrac{dS}{dx} = r$; & partant $S = rx$. Ce qui s'accorde avec ce qui est connu dans les élémens.

§. LVIII.

On montre, tout comme dans les §§ XLV & XLIX, qu'une surface courbe de révolution peut être déterminée par une suite déduite du § XXIII.

On obtient

$$S = x\,\frac{dS}{dx} - \frac{x^2}{1.2.}\,\frac{ddS}{dx^2} + \frac{x^3}{1.2.3.}\,\frac{d^3S}{dx^3} - \frac{x^4}{1.2.3.4.}\,\frac{d^4S}{dx^4} + \cdots$$

Or, puisque $\dfrac{dS}{dx} = y\, V\left(1 + \dfrac{dy^2}{dx^2}\right)$

$$\frac{dd\,S}{dx^2} = \frac{dy}{dx}V\left(1 + \frac{dy^2}{dx^2}\right) + \frac{y\left(\frac{dy}{dx}\times\frac{ddy}{dx^2}\right)}{V\left(1 + \frac{dy^2}{dx^2}\right)}$$

$$\frac{d^3 S}{dx^3} = \frac{ddy}{dx^2}V\left(1 + \frac{dy^2}{dx^2}\right) + \frac{2x\frac{dy^2}{dx^2}\times\frac{ddy}{dx^2}}{V\left(1 + \frac{dy^2}{dx^2}\right)}$$

$$+ \frac{y\times\frac{dy}{dx}\times\frac{d^3y}{dx^3}}{V\left(1 + \frac{dy^2}{dx^2}\right)} - \frac{y\times\frac{dy^2}{dx^2}\times\left(\frac{ddy}{dx^2}\right)^2}{\left(1 + \frac{dy^2}{dx^2}\right)^{\frac{3}{2}}}.$$

D'où l'on voit que cette suite devient si compliquée, qu'elle ne peut être d'aucune application commode.

§. LIX.

La détermination des surfaces courbes de révolution peut toujours être réduite à la rectification de la circonférence du cercle, & à la quadrature d'une surface plane dont l'équation est déterminée par celle de la courbe génératrice.

En effet, sur l'axe SP soit décrite une courbe $SS'NN'$, dont les ordonnées PN, $P'N'$ soient respectivement égales aux normales, dans les points M & M' de la courbe génératrice; je dis que la surface courbe engendrée par l'arc SM tournant autour de SP, est à la surface SPN de la seconde courbe, dans le rapport constant de la circonférence d'un cercle à son rayon.

En effet, la normale au point M est $y\,V\left(1 + \frac{dy^2}{dx^2}\right)$. Partant, désignant par S' la surface de SNP, on aura $\frac{dS'}{dx} = NP = y\,V\left(1 + \frac{dy^2}{dx^2}\right)$ (§ XL).

Mais $\frac{dS}{dx} = \pi y\,V\left(1 + \frac{dy^2}{dx^2}\right)$.

Donc $\frac{dS}{dS'} = \pi$. Ou le rapport différentiel de la surface engendrée par la révolution de la première courbe, à la surface de la seconde, est celui de la circonférence d'un cercle à son rayon, & partant ces deux surfaces sont entr'elles dans le même rapport constant.

§. LX.

De même qu'on détermine la nature d'une courbe toute située sur un même plan, en la rapportant à deux droites faisant entr'elles un angle donné p. ex. un angle droit; par des coordonnées à ces deux droites: on déterminera de même la nature d'une surface courbe, & celles des courbes qu'on peut tracer sur elles & qui ne peuvent pas être placées sur un même plan; en les rapportant à deux plans p. ex. perpendiculaires l'un à l'autre, & en comparant non seulement les perpendiculaires abaissées sur ces plans des points de cette surface ou de cette courbe (dite à double courbure); mais encore en rapportant les pieds de ces perpendiculaires sur ces plans, à des droites fixes prises sur les mêmes plans, p. ex. deux droites perpendiculaires l'une & l'autre à leur commune section, ou, ce qui revient au même, à un troisième plan perpendiculaire aux deux premiers. On obtient ainsi sur les deux premiers plans les projections de la courbe à double courbure, & de la connoissance de ces projections on remonte à déterminer la nature même de cette dernière.

P. ex. Les projections des tangentes & sécantes d'une courbe à double courbure sont aussi tangentes & sécantes à ces projections, & en particulier la connoissance des tangentes de ces dernières sert à déterminer les tangentes des premières. Qu'il me suffise de m'occuper de ce seul exemple de la théorie des courbes à double courbure, assez connue depuis le bel ouvrage de Clairaut.

Soit AQ (Fig. 22.) la commune section de deux plans perpendiculaires l'un à l'autre, & A l'origine commune des axes de deux courbes qui sont les projections d'une courbe à double courbure sur les deux plans. Soit M un point de la courbe à double courbure, duquel soit abaissée sur un des plans la perpendiculaire MP; du pied P de cette perpendiculaire soit abaissée sur l'axe commun la perpendiculaire PQ. Les droites PQ & AQ seront les coordonnées de la projection de la courbe proposée sur ce plan; & les droites MP & AQ seront les coordonnées de la projection de la même courbe sur l'autre plan. Soit M' un autre point de la courbe duquel soit abaissée la perpendiculaire $M'P'$; & du point P' soit la perpendiculaire $P'Q'$. Soient menées les droites PP', MM'. Les droites MP, $M'P'$, perpendiculaires à un même plan, sont parallèles entr'elles, partant le quadrilatère $MPP'M'$ est tout dans un même plan; donc en particulier les droites PP', MM', sont dans un même plan. Que ces droites se rencontrent en S. Soient $M'm$, $P'p$ perpendiculaires à MP, PQ, & que PP' rencontre AQ en S. Soit $AQ = x$, $PQ = y$; $MP = \zeta$; soit $QQ' = \Delta x$, $Pp = \Delta y$ & $Mm = \Delta \zeta$, $sQ = y \times \dfrac{\Delta x}{\Delta y}$; $PP' = M'm = V(\Delta x^2 + \Delta y^2)$

$$= \Delta x\, V\left(1 + \frac{\Delta y^2}{\Delta x^2}\right).$$

Les triangles MmM', MPS sont semblables. Partant $Mm : M'm = MP : PS$, ou $\Delta\zeta : \Delta x\, V\left(1 + \dfrac{\Delta y^2}{\Delta x^2}\right) = \zeta : PS$;

donc $PS = \zeta \times \dfrac{\Delta x}{\Delta \zeta} V\left(1 + \dfrac{\Delta y^2}{\Delta x^2}\right) = \zeta \times V\left(\dfrac{\Delta x^2}{\Delta \zeta^2} + \dfrac{\Delta y^2}{\Delta \zeta^2}\right)$.

Donc la projection de la sécante MS sur le plan APQ est toujours $\zeta\, V\left(\dfrac{\Delta x^2}{\Delta \zeta^2} + \dfrac{\Delta y^2}{\Delta \zeta^2}\right)$. Or la projection PT de la tangente MT est la limite de la projection de la sécante; donc la projection PT de la tangente MT est exprimée par la limite de la quantité $\zeta\, V\left(\dfrac{\Delta x^2}{\Delta \zeta^2} + \dfrac{\Delta y^2}{\Delta \zeta^2}\right)$, ou par

$$\zeta\, V\left(\frac{dx^2}{d\zeta^2} + \frac{dy^2}{d\zeta^2}\right).$$

Item, l'expression du quarré de la chorde MM' est $Mm^2 + M'm^2 = \Delta x^2 + \Delta y^2 + \Delta \zeta^2$... Donc le rapport de cette chorde à QQ' ou Δx est celui de $V\left(1 + \dfrac{\Delta y^2}{\Delta x^2} + \dfrac{\Delta \zeta^2}{\Delta x^2}\right)$ à l'unité, & le rapport différentiel de l'arc de la courbe à double courbure à l'abscisse AP est celui de

$$V\left(1 + \frac{dy^2}{dx^2} + \frac{d\zeta^2}{dx^2}\right)$$

à l'unité.

Au

Au reſte, quoique cette manière de déterminer les affections des courbes à double courbure, en les rapportant à trois plans, ſoit la plus générale, elle n'eſt pas toujours la plus commode dans les cas particuliers. Je n'en citerai pour exemple que les loxodromiques tracées ſur la ſurface d'une ſphère, dont il eſt plus court & plus lumineux de s'occuper immédiatement que de les rapporter à d'autres ſurfaces.

CHAPITRE ONZIÈME.

Sur l'Infini & ſur les différentes expoſitions des Principes des Calculs ſupérieurs.

Dans tout ce qui précède je me ſuis efforcé de montrer que les calculs appelés ſupérieurs ſont indépendants de toute idée de l'infini, ſoit en grandeur, ſoit en petiteſſe; & je me ſuis propoſé de répondre à l'intention (qui m'a paru être la principale) de mes juges, en développant d'une manière plus étendue & plus rigoureuſe que je crois qu'on ne l'a fait juſqu'à préſent, les nombreuſes conſéquences des principes lumineux élémentaires & vraiment mathématiques contenus dans le premier Chapitre; & tout particulièrement de ceux qui ſont contenus dans les § § V. VII. a. Si des quantités variables, ſuſceptibles de limites, ont entr'elles un rapport conſtant, leurs limites ſont entr'elles dans ce même rapport: & ſi des quantités variables, ſuſceptibles de limites, ont entr'elles un rapport variable, mais de manière que leur rapport variable ſoit lui-même ſuſceptible de limites, les limites de ces quantités ſont entr'elles dans ce rapport limite.

Ces principes me paroiſſant inconteſtables, & démontrés avec la rigueur mathématique, je ne puis prévoir les difficultés qu'on pourroit élever contr'eux & contre leurs applications. Je pourrois donc regarder comme remplie la tâche que je m'étois impoſée, en traitant la queſtion propoſée par l'illuſtre Corps littéraire auquel j'ai l'honneur de préſenter mon travail, s'il n'avoit demandé en même tems qu'on examinât la nature d'un être qui échappe peut-être à tout examen; ou du moins à tout examen fait par une

Q

intelligence bornée; & duquel on peut dire, ainsi que de *l'Être suprême* de l'essence duquel il fait partie, *le mystère est immense & l'esprit s'y confond.* Aussi n'est-ce qu'avec la plus grande défiance de mes forces que je me résous à ébaucher un sujet qui est si fort au dessus de ma foible portée: & à l'examen duquel je me sens d'autant moins propre, que l'indépendance des vérités mathématiques de cet objet incompréhensible en diminue davantage l'importance à mes yeux; & qu'il est plus étroitement lié avec une science pleine de mystères qui m'en tiennent à un respectueux éloignement.

§. LXI.

On entend par quantité tout ce qui est susceptible d'augmentation & de diminution. Cette définition, que je crois juste & généralement admise, de la grandeur, ou de l'objet des Mathématiques, paroît exclure les états de la grandeur, dans l'un desquels elle seroit déjà parvenue au comble de ses augmentations, & dans l'autre desquels elle auroit déjà subi toutes ses diminutions. Partant l'infiniment grand & l'infiniment petit absolus paroissent relégués, par cette définition lumineuse, parmi les êtres imaginaires & contradictoires, que l'homme ne comprendra jamais, & qui dès-lors ne peuvent servir de base à une science qui, par l'importance de ses applications, mérite bien d'être établie sur des fondements solides & à l'abri de toute secousse.

Si nous examinons la marche qui nous a conduits à imaginer des états de la grandeur dans lesquels elle cesse de l'être, en perdant la faculté d'acquérir de nouveaux accroissements, & de subir de nouvelles diminutions, nous y trouverons un saut immense, & aussi incompréhensible que l'objet même vers lequel nous croyons que notre esprit s'est élancé. Tous les objets qui tombent sous nos sens sont limités; nous ne voyons, nous ne pouvons saisir, tant par les yeux du corps que par ceux de l'esprit, que des individus de grandeur; & nous avons attribué à la collection immense de tous ces individus une existence générique, (si je puis parler ainsi,) qu'elle ne doit peut-être qu'à notre précipitation. Quelque nombre de fois que nous répétions une grandeur limitée, quelque grand que soit ce nombre, nous ne

pouvons jamais produire qu'une grandeur limitée comme elle, que nous pou∙
vons répéter de nouveau aussi souvent que nous le voulons, sans que le résul∙
tat sorte de la classe dont la première grandeur faisoit partie.   Notre esprit
se lasse de la possibilité toujours la même de cette répétition continuelle; &
s'imagine dans le lointain, à une distance dont il redoute de sonder la gran∙
deur, des limites à cette répétition, où elle deviendroit impossible: distance
telle, que tous les pas qu'il fait pour la franchir, quelque nombreux & quel∙
que grands qu'ils soient, le laissent à un même éloignement de ses bornes
imaginaires.   Il en est de même de l'infiniment petit absolu.   Ayant
divisé une quantité finie en un nombre quelconque de parties égales
entr'elles, par exemple, chacune de ces parties jouit encore de la pro∙
priété d'être divisible dont jouissoit le tout auquel elle appartenoit: & quel
que soit le nombre des subdivisions que nous exécutions sur le résultat des
opérations déjà faites, il nous en reste toujours à faire un nombre plus grand
qu'aucun nombre assigné, avant de parvenir à l'état factice de la grandeur où
la subdivision seroit impossible.

   Aussi, de quelque manière que nous cherchions à nous éclaircir à nous-
mêmes l'un & l'autre de ces deux états, nous retombons toujours dans des
difficultés propres à nous convaincre de notre incapacité à les saisir.   Par
exemple: dire que l'espace infini est une sphère dont le centre est partout &
la surface nulle part, n'est-ce pas tenir un langage contradictoire aux pre∙
mières notions de point & de surface? n'est-ce pas là une espèce de ces
jeux de mots qu'on peut bien se permettre dans la société pour égayer la
conversation, mais qui doivent être bannis d'une science toute raisonnée?
Et cependant ce verbiage nous paroît un éclaircissement qui répond mieux
que tout autre à l'idée que nous croyons pouvoir nous faire de l'état infini
de l'espace.   De même, lorsque nous disons qu'un plan quelconque, infini
comme l'espace, le divise en deux parties telles, qu'on ne puisse rien dire
de l'une qu'on ne puisse également dire de l'autre; (voyez Développement
nouveau de la partie élémentaire des Mathématiques, par Mr. Bertrand.
T. II. p. 3me.) ne supposons-nous pas en particulier l'égalité de ces deux
parties? Soit mené un autre plan parallèle au premier: ce dernier plan par-

ragera auffi tout l'efpace en deux parties égales entr'elles. Cependant l'une de ces fecondes parties fera plus grande que l'une des premières de la même quantité dont l'autre des fecondes parties eft plus petite que l'autre des premières; favoir de l'efpace auffi infini compris entre ces deux plans. Que $2S$ défigne tout l'efpace, & P l'efpace compris entre deux plans parallèles; on a $S + P = S - P$; & partant $2P = 0$; tandis que $2P$ eft lui-même infini. Item, foit P' l'efpace compris entre deux autres plans parallèles; on a auffi $S + P' = S - P'$; & partant, $S + P : S + P' :: S - P : S - P'$.

D'où l'on déduit $2S : 2S :: S + P : S + P'$; & partant $S + P = S + P'$; & $P = P'$; tandis qu'on reconnoît que le rapport de P à P' eft celui des diftances des plans entre lesquels ces parties de l'efpace font fituées. En vain chercheroit-on à éluder cette inconféquence en difant que la nullité de l'efpace compris entre deux plans parallèles n'eft que relative à l'efpace entier. La première affertion (favoir la convenance complète des deux parties de l'efpace fituées des deux côtés d'un même plan) étant générale & fans aucune reftriction, toute conféquence qui en eft déduite fuivant les préceptes les plus fimples d'une faine logique, doit être prife dans le fens rigoureux de cette affertion; & fi cette conféquence eft abfurde, elle doit nous convaincre de l'abfurdité du principe; ou tout au moins elle doit nous fortifier dans le fentiment de notre incapacité à faifir l'état de la grandeur que nous croyons pouvoir contempler; & nous faire tirer la conclufion, que cet état imaginaire fe refufe aux raifonnements les plus fimples & les plus lumineux qui s'appliquent à tous les autres états de la grandeur.

L'efpace fuppofé infini fort encore de la claffe des grandeurs étendues, en perdant une propriété effentielle à ces dernières, favoir la figurabilité. En effet, la figure étant la difpofition des limites, il eft abfurde de fuppofer une figure à ce qui n'a pas de bornes. Auffi les expreffions *fphère infinie*, *cube infini*, font des expreffions contradictoires, qui contiennent deux fuppofitions oppofées, dont l'une détruit l'autre. Cependant, dans la repréfentation que nous nous efforçons de nous faire de l'étendue infinie, ce n'eft qu'avec la plus grande peine que nous la dépouillons de cette propriété essentielle à l'étendue finie. Ainsi, en parlant de l'égalité des espaces compris entre deux plans parallèles équidistans, ne supposons-nous pas ces plans également infiniment prolongés? & toutes les droites menées sur eux depuis les points où les rencontre la droite perpendiculaire à chacun d'eux, comme également-infiniment prolongées? & cette conception ne renferme-t-elle pas en elle celle d'une figure, & en particulier ne revient-elle pas à envisager l'espace pris dans sa totalité, comme étant un cylindre droit ayant cette ligne pour axe? D'un autre côté, la conception de l'égalité de toutes les lignes menées d'un point à volonté, pris dans l'espace, & infiniment prolongées, ne revient-elle pas à nous représenter l'espace infini comme une sphère dont ce point est le centre? Ces deux conceptions, qui nous paroissent l'une & l'autre également légitimes, ne sont-elles pas opposées & contradictoires l'une à l'autre? ou tout au moins ne nous conduisent-elles pas à regarder la droite infinie perpendiculaire à l'un des plans mentionnés dans la première conception, comme étant toute sur ce plan, pris pour équateur de la sphère à laquelle nous conduit la seconde conception?

L'espace pris dans sa totalité, supposé infini, sort de la classe des grandeurs, en tant qu'il se refuse à la multiplication; car il est absurde de dire qu'après avoir pris toute l'étendue possible, on puisse encore en prendre le double, le triple. Mais cet état (réel ou imaginaire) de l'espace se prête ou paroît se prêter à la division, en l'envisageant sous un certain point de vue; tandis qu'il s'y refuse, en l'envisageant sous un autre. D'un point quelconque, pris dans l'espace, avec un rayon quelconque, soit décrite une sphère; & soit divisée la surface de cette sphère en un nombre quelconque de parties égales. Soient conçus des angles solides (conoïdaux ou pyramidaux), ayant pour sommet commun le centre de cette sphère, & qui insistent sur les parties de sa surface dans lesquelles cette dernière a été divisée. Les surfaces conoïdales ou pyramidales qui renferment ces angles solides, seront infinies comme l'espace; & ce dernier sera divisé en autant de parties égales entr'elles que l'est la surface de la sphère. L'espace supposé infini paroît donc rentrer à cet égard dans la classe des grandeurs; ou de tout autre espace fini, qui peut être divisé ou conçu divisé en un nombre quelconque de parties pyramidales ou conoïdales, ayant leur sommet à un même point pris dans l'intérieur de ce solide.   Mais il y a un très grand nombre d'autres manières de diviser un solide en un nombre proposé de parties égales (par exemple, par des plans parallèles entr'eux) auxquelles l'espace supposé infini se refuse. Pour exécuter cette dernière division de l'espace, il faudroit supposer des bornes à celle de ses dimensions qui est perpendiculaire aux plans coupants; ou, ce qui revient au même, il faudroit que la partie de l'espace comprise entre deux plans parallèles pût l'épuiser, en la répétant un certain nombre de fois.

Avouons encore que les expressions nous manquent pour rendre d'une manière correcte les représentations que nous croyons pouvoir nous faire de l'espace infini; & que celles dont nous nous servons sont opposées à leur signification ordinaire.   Par exemple: nous parlons de l'espace compris entre deux plans comme si deux plans pouvoient comprendre ou enfermer un espace, comme si le mot comprendre ou contenir ne supposoit pas la rentrée sur elles-mêmes des parties comprenantes; tandis que des plans qui se sont une fois coupés ne peuvent plus se rencontrer; & que la supposition du parallélisme de deux plans suppose la séparation complète de toutes leurs parties. Ce défaut d'expression n'est-il pas la preuve de l'obscurité qui règne dans les idées que nous voudrions rendre par elles?

Tout ce que je viens de dire sur l'espace, doit s'entendre des plans; en substituant des surfaces aux solides, des lignes à des surfaces, & des angles plans aux angles solides.

S'il est si difficile de saisir l'infiniment grand, comme un état actuel de l'étendue, il ne l'est pas moins de saisir l'infiniment petit absolu.   Ce seroit l'état de la grandeur dépouillée de tout ce qui la rend grandeur; & je ne vois que le néant le plus absolu, c'est-à-dire la privation de toute existence, qui puisse répondre à une pareille conception.   Mais alors de quel usage peut être sa contemplation? comment pourra-t-on en produire comme partie constituante des grandeurs finies? & violer l'axiome contre lequel il n'y a que l'abus de la raison qui puisse élever des doutes: *Ex nihilo nihil fit?* En examinant le sentiment du grand *Euler* sur les principes des calculs supérieurs.

je ferai appelé à revenir à ce fujet, qui eft le comble incompréhenfible de l'abftraction.

§. LXII.

Dans le § précédent j'ai pris furtout pour exemple la grandeur continue, objet particulier de la Géométrie: fi nous examinons les grandeurs difcrètes, objet particulier de l'Arithmétique, nous ne trouverons pas moins de difficulté à en comprendre l'état infini.

De même qu'*Euclide* débute dans fa Géométrie par la demande, que toute ligne droite propofée puiffe être prolongée: il débute dans fon Arithmétique (Livre VII. des Éléménts) par la demande, qu'on puiffe prendre un nombre plus grand qu'aucun nombre donné. Aucun commençant, dont le raifonnement n'a pas encore été dépravé par les fubtilités de l'école, ne s'eft refufé à des demandes auffi fimples & auffi conformes aux premières notions que nous avons fur les grandeurs. Or ces demandes excluent les états des grandeurs tant continues que difcrètes dans lesquels elles ne feroient plus fufceptibles d'augmentations.

Pour fixer les idées dans l'examen de cet état imaginaire des grandeurs difcrètes, je prendrai pour exemple la fuite des nombres naturels. Un terme quelconque de cette fuite fe forme du précédent par l'addition d'une unité. Pouvons-nous concevoir un terme où cette addition foit impoffible, ou, ce qui revient au même, pouvons-nous concevoir le plus grand de tous les termes à prendre dans cette fuite? Les partifans les plus zélés de l'exiftence réelle de l'infini font obligés d'avouer leur incapacité à cet égard. Qu'il me fuffife de citer les paroles de l'Auteur trop fubtil des Éléments de la Géométrie de l'infini. *Il eft inconcevable comment la fuite naturelle paffe du fini à l'infini, c. à d. comment, après avoir eu des termes finis, elle vient à en avoir un infini; cependant cela doit être: ou bien il faut abfolument abandonner toute idée de l'infini, & n'en prononcer jamais le nom; ce qui feroit périr la plus grande & la plus noble partie des Mathématiques.* (Pages 30 & 31). Il paroît d'après cet aveu, & autres pareils épars dans cet ouvrage, que c'eft la crainte de voir s'écrouler le bel édifice des parties fublimes des Mathématiques, qui a engagé l'Auteur dans le labyrinthe de l'infini, & lui a fait admettre comme article de foi les myſtères dont ce ſujet inconcevable reſtera toujours enveloppé. Puisque ces belles ſciences ſont indépendantes de l'infini, & qu'elles peuvent être établies ſur des principes lumineux, ſans exiger de notre entendement une obéiſſance & une ſoumiſſion aveuglé; ſans doute l'Auteur eût ſenti non ſeulement l'inutilité de ſon ouvrage, mais encore le danger des ténèbres dont il offuſque la raiſon humaine, s'il eût été éclairé par la lumière qui a conduit nos pas d'une manière ſûre dans la route qu'il n'a pu parcourir qu'en tâtonnant.

Pour prouver l'exiſtence réelle de l'infini, l'Auteur emploie dès le début un argument qu'on peut rétorquer contre lui avec bien plus d'avantage. *Puisque la grandeur eſt ſuſceptible d'augmentation ſans fin, on peut la concevoir ou ſuppoſer augmentée une infinité de fois; c. à d. qu'elle ſera devenue infinie.* On doit dire au contraire: puisque la grandeur eſt ſuſceptible d'augmentation ſans fin, on ne peut pas la concevoir parvenue à l'état où elle ne ſeroit plus ſuſceptible d'augmentation, c. à d. à l'état où elle ſeroit réellement infinie. *Il eſt impoſſible que la grandeur ſuſceptible d'augmentation ſans fin ſoit dans le même cas que ſi elle n'en étoit pas ſuſceptible ſans fin: or ſi elle ne l'étoit pas, elle demeureroit toujours finie; donc étant ſuſceptible d'augmentation ſans fin, elle peut ne demeurer pas toujours finie, ou ce qui eſt le même, devenir infinie.* Bien loin que la grandeur finie ne ſoit pas ſuſceptible d'augmentation, c'eſt au contraire elle ſeule qui en eſt toujours ſuſceptible; tandis que celle qui auroit déjà pris toutes ſes augmentations, ſeroit déjà ſortie de la claſſe des grandeurs. Je dirois donc au contraire: ſi la grandeur n'étoit plus ſuſceptible d'augmentation, elle ſeroit une fois infinie: donc, puisqu'elle eſt toujours ſuſceptible d'augmentation, elle ne devient jamais infinie, ou elle eſt toujours finie. D'ailleurs, l'Auteur ne confond-il pas la faculté de changer d'état avec l'exercice de cette faculté pour parvenir à un état déterminé différent de celui dans lequel eſt l'objet doué de cette faculté? Son raiſonnement n'approche-t-il pas du ſuivant? Il eſt impoſſible que l'animal ayant la faculté locomotive ſoit dans le même cas que s'il n'avoit pas cette faculté; mais s'il n'avoit pas cette faculté, il ſeroit toujours en repos; donc

donc l'animal est quelquefois en mouvement; ne découleroit-il pas de ce raisonnement, que le mouvement est tellement essentiel à l'animal, qu'un être sentant n'auroit pas existé comme animal, si pendant la durée de son existence il n'avoit exercé sa faculté locomotive.

L'Auteur ayant franchi l'intervalle immense qu'il reconnoît être entre le fini & l'infini, ne se dissimule point la contradiction (suivant lui apparente) qu'implique la supposition d'un dernier terme de la suite des nombres naturels regardée comme infinie; ou l'admission d'une limite à ce qui par sa nature même n'est pas susceptible de limite. Mais il croit se tirer d'embarras en distinguant un dernier terme fini d'avec un dernier terme infini; en disant que n'avoir aucun dernier terme fini, c'est en avoir un dernier infini; qui diffère des termes finis qui le précèdent, en tant qu'il n'est plus susceptible d'augmentation finie, de sorte que les termes $\infty + 1$, $\infty + 2$, $\infty + 3$, &c. reviennent tous à une seule & même expression; mais qui participe encore à la nature des grandeurs relativement aux quantités de même espèce que lui, de manière qu'on peut en prendre le double, le triple, la moitié, le tiers &c.

J'avoue mon incapacité à comprendre cette distinction : il me paroît toujours que la supposition d'un dernier terme, quelle que soit sa nature, revient toujours à dire que ce terme limite la suite des nombres naturels, de manière qu'elle est complète quand elle y est parvenue, & qu'elle ne peut pas être prolongée au delà.

Or cette admission me paroît contradictoire à plusieurs opérations que les partisans de l'infini reconnoissent comme légitimes. Par exemple, en supposant réellement existante la suite complète des nombres naturels, ils admettent qu'on peut prendre le double de chacun des termes qui la composent; & que l'assemblage de tous ces doubles, savoir la suite complète de tous les nombres pairs, sera double de l'assemblage de tous les termes dont ils sont les doubles; savoir, de la suite complète des nombres naturels. Cependant, puisque dans la suite complète des nombres naturels il n'y a que les termes alternatifs qui soient divisibles par deux, l'assemblage complet de tous les termes pairs n'est-il pas plus petit que l'assemblage complet de

R

tous les termes tant pairs qu'impairs? & en particulier, la première somme n'approche‑t‑elle pas d'autant plus d'être la moitié de la seconde, que l'on prend un plus grand nombre de termes? En raisonnant de même sur tout autre multiplicateur, on montre de même l'absurdité qu'il y a de supposer un dernier terme à ce qui n'en est pas susceptible. Le prétendu dernier terme de la suite des nombres naturels est encore un nombre naturel. Or le double, le triple & un multiple quelconque d'une quantité sont de la même nature que cette quantité; donc un multiple quelconque du dernier terme de cette suite seroit lui‑même un nombre naturel, & partant la suite des nombres naturels ne seroit pas terminée à ce terme, ainsi qu'on le prétend. Donc, ou il est absurde de regarder comme dernier un terme quelconque de la suite des nombres naturels; ou il est absurde de le regarder comme jouissant encore de la propriété des grandeurs de pouvoir être multiplié par un nombre quelconque. Item, le prétendu dernier terme de la suite des nombres naturels est tel, que ceux qui le précèdent ne jouissent pas encore de la propriété de l'infini qu'on lui attribue, puisqu'il a fallu que ces autres termes fussent augmentés, afin de produire ce dernier terme; cependant on affirme que les expressions $\infty - 1$, $\infty - 2$, $\infty - 3$, $\infty - 4$ &c. … désignent aussi des termes infinis; & en particulier on soutient que les termes, $\frac{1}{2}\infty$, $\frac{1}{3}\infty$, $\frac{1}{4}\infty$ &c. … qui sont éloignés du terme ∞ par un intervalle infini, sont eux‑mêmes infinis.

Quel que soit le terme qu'on prétend être le dernier de la suite des nombres naturels, les partisans de l'infini accordent qu'on peut en prendre le quarré. Or le quarré d'un nombre se forme par l'addition de la suite des nombres impairs, dont la multitude des termes est égale à celle des unités contenues dans ce nombre; partant l'opération de prendre le quarré du terme ∞ revient à prolonger la suite des nombres naturels dont le nombre est ∞, jusqu'au terme $2\infty - 1$, qui est le ∞^{me} nombre impair; & partant la suite des nombres naturels, loin d'être terminée au terme ∞, a dû être prolongée jusqu'au terme $2\infty - 1$, en passant par tous les termes intermédiaires $\infty + 1$, $\infty + 2$, $\infty + 3$, &c. … tandis qu'on supposoit que tous ces derniers termes se confondoient avec le terme ∞. On montre de même que la possibilité reconnue de prendre les nombres polygonaux de tel ordre que l'on veut, entraîne après elle la nécessité de reconnoître que la suite des nombres naturels supposée terminée au terme ∞, est productible jusqu'au terme $n \infty - (n - 1)$, en sorte que ses termes subissent, depuis le terme ∞, des changements finis, par lesquels ils doivent passer pour parvenir au terme $n \infty - (n - 1)$.

La somme d'un nombre quelconque de quantités (d'une même espèce, ainsi que le suppose l'addition), est de la même espèce que ces quantités; mais un nombre triangulaire est la somme des nombres naturels; donc un nombre triangulaire est lui-même un nombre naturel; & partant l'expression $\infty \frac{(\infty + 1)}{2}$ du ∞^{me} nombre triangulaire désigne elle-même un nombre naturel. De la même manière les nombres quarrés & polygones d'un ordre quelconque, & tous les nombres appartenants à des suites dont les différences secondes sont constantes, ne peuvent sortir de la classe des nombres naturels. De même, les sommes des termes de ces suites, c. à d. les nombres appartenants à des suites dont les différences 3mes sont constantes, parmi lesquels se trouvent en particulier les cubes des nombres naturels, appartiennent encore à la suite des nombres naturels; & le même raisonnement s'applique à la suite des puissances d'un même exposant entier & positif quelconque des termes de cette suite.

La supposition, que l'infini n'est point altéré, dans le sens le plus rigoureux, par l'addition ou par la soustraction des quantités finies, en sorte que n étant une quantité finie quelconque $\infty + n = \infty - n$, ne revient-elle pas à regarder toute quantité finie n comme étant une quantité incomparable relativement à l'unité, en sorte que ces deux êtres réels ou imaginaires ne peuvent être termes d'un même rapport? Cependant les partisans de l'infini, & Mr. de Fontenelle en particulier, parlent à tout moment du rapport du fini à l'infini; & en particulier ils établissent la progression $1, \infty, \infty^2, \infty^3, \infty^4,$ &c... pour désigner les différents ordres de l'infini, dont chacun cesse d'être grandeur relativement à celui qui le suit, tandis qu'il est infiniment grand relativement à celui qui le précède. Mais, puisque les deux termes d'un même rapport doivent être de même espèce, ou être grandeur l'un relativement à l'autre ; cette suite, péchant dès son origine contre la condition essentielle à toute progression, il est absurde de l'établir, & elle se détruit elle-même.

Tel est le parti qu'il faut prendre avec les partisans de l'infini ; il faut les arrêter dès le premier pas qu'ils font, ou l'on est entraîné avec eux, sans pouvoir résister au torrent des conséquences de leurs principes, dans le labyrinthe immense des infinis de tous les ordres, & dans l'infinité des infinis intermédiaires entre deux infinis pris pour successifs, & séparés les uns des autres par un intervalle lui-même infini. Il ne faut pas leur laisser poser la première pierre de cet édifice plus hardi que solide, semblable à ces palais enchantés, fruits d'une imagination exaltée, qui les décore de mille ornements fantastiques. Ce colosse s'écroule de lui-même, dès que le jugement imposant silence à l'imagination, expose, je ne dis pas la foiblesse, mais la nullité des fondements sur lesquels on a cru l'élever.

§. LXIII.

Il seroit aisé de développer bien d'autres contradictions entre l'admission de l'état actuellement infini de la grandeur, & les notions les plus simples & les plus lumineuses sur lesquelles reposent nos connoissances. Je me contenterai d'en donner encore un ou deux exemples particuliers.

Dans toutes les courbes asymptotiques la courbe s'approche de son asymptote plus près que d'aucune quantité assignée ; mais en même tems la courbe & l'asymptote ne coïncident jamais l'une avec l'autre : & ces deux propriétés, essentielles à toutes les courbes asymptotiques, excluent un dernier point ou une limite de la courbe & de son asymptote, au delà duquel ces deux lignes ne pourroient pas s'approcher d'avantage l'une de l'autre. Soit la logarithmique, par exemple. A ce point, prétendu le dernier, la soustangente jouiroit de la propriété constante de cette courbe d'être d'une même grandeur, & partant l'asymptote infinie seroit encore susceptible d'être augmentée par la soustangente, grandeur finie. De même, dans les hyperboles de tous les genres, où la foustangente est à l'abscisse dans un rapport constant, au point prétendu le dernier, l'abscisse supposée infinie pourroit cependant être augmentée d'une quantité qui auroit à elle-même un rapport fini. Cependant, suivant le langage des partisans de l'infini, au dernier point de ces courbes répond un dernier point de l'abscisse, au delà duquel cette dernière est supposée ne pouvoir être prolongée. Et comme à chaque point de l'abscisse des courbes asymptotiques répond une ordonnée de la courbe, d'autant plus petite que l'abscisse est plus grande, on voit qu'on ne peut y parvenir, ni à l'abscisse la plus grande de toutes, ni à l'ordonnée la plus petite de toutes: ou, ce qui revient au même, qu'elles excluent, en même tems, & l'infiniment grand & l'infiniment petit absolus.

Mais peut-être me suis-je arrêté déjà trop long-tems sur ces deux états de la grandeur, que la définition même de cette dernière renvoie dans la classe des états imaginaires & contradictoires. Je passe à l'examen plus important des principes sur lesquels on a établi les calculs appelés supérieurs, en y faisant entrer l'idée de l'infini.

§. LXIV.

Les Auteurs (au moins ceux du continent) qui ont écrit les premiers sur les calculs supérieurs, ont bien moins cherché à les établir sur des principes lumineux & conformes à la méthode mathématique, qu'à en développer les belles & nombreuses applications. Ils ont étonné leurs lecteurs par l'abondance de leurs découvertes, par la commodité de leurs opérations & par l'accord des résultats déduits des nouvelles méthodes avec ceux que donnoient les méthodes connues dans tous les cas où ces dernières étoient applicables: bien plus qu'ils n'ont éclairé leur esprit & convaincu leur entendement. Si un bel esprit de ce siècle a cru pouvoir affirmer que nous connoissons l'infini comme dix & dix font vingt, c'est que l'éclat avec lequel il a parcouru une carrière qui n'a aucune liaison avec les sciences exactes, ne lui a pas permis de connoitre les parties sublimes de ces dernières autrement que par les résultats des procédés qui y font admis, & d'un manière purement historique.

Qu'il me suffise de citer pour exemple l'Analyse des infiniment petits comme le plus ancien des cours de doctrine, où les applications des nouveaux calculs sont développés d'une manière si étendue, que cet ouvrage est encore regardé à plusieurs égards comme le livre élémentaire dans lequel on peut le mieux s'en instruire (*). Dès la première définition l'Auteur admet comme lumineuse la notion de l'infiniment petit; *la portion infiniment petite dont une quantité augmente ou diminue continuellement en est appelée la différence* (que les autres Auteurs appellent *différentielle,*) & les exemples qu'il donne, ne déterminent pas mieux que la définition elle-même la condition qui rend ce changement infiniment petit.

L'Auteur demande ou suppose ensuite, premièrement qu'on puisse prendre indifféremment l'une pour l'autre deux quantités qui ne diffèrent l'une de l'autre que d'une quantité infiniment petite; ou, ce qui est la même chose, qu'une quantité qui n'est augmentée ou diminuée que d'une autre quantité infiniment moindre qu'elle, puisse être considérée comme demeurant la même. L'Auteur demande en second lieu, qu'une ligne courbe puisse être considérée comme l'assemblage d'une infinité de lignes droites, chacune infiniment petite; ou, ce qui revient au même, comme un polygone d'un nombre infini de côtés chacun infiniment petit.

La première supposition revient donc à considérer les *différentielles* ou les infiniment petits comme des quantités négligibles relativement aux quantités dont elles sont les *différentielles*. Une pareille supposition peut bien être tolérée dans un grand nombre de cas de la vie civile, où une exactitude

(*) Ma position actuelle ne me mettant pas à portée de me procurer les ouvrages mathématiques de LEIBNITZ, ce co-inventeur des calculs supérieurs, j'aime mieux me taire sur ce grand homme, que de m'exposer à le juger d'après des citations qui pourroient être inexactes ou incomplètes. S'il a traité les infiniment petits comme des incomparables relativement aux quantités finies, & s'il s'est servi de la comparaison qu'on trouve dans les ouvrages de son célèbre disciple, qu'ils sont comme un grain de sable relativement à la masse de la Terre: cette comparaison, toute anti-géométrique qu'elle est, prouveroit au moins la répugnance qu'il avoit à admettre l'existence de l'infiniment grand & de l'infiniment petit absolus; & elle s'accorderoit avec ce qu'il dit dans sa Théodicée: *on s'embarrasse dans les nombres qui vont à l'infini; on conçoit un dernier terme, un nombre infini ou infiniment petit, mais tout cela ne sont que des fictions; tout nombre est fini & assignable; toute ligne l'est de même.*

rigoureufe feroit inutile & ne peut être exigée ; & même dans une grande partie des Mathématiques appliquées, dans lesquelles les principes ne peuvent avoir une certitude plus grande que celle que nous pouvons obtenir par nos fens, aidés même des meilleurs inftruments, & ne nous permettent pas d'afpirer dans leurs conféquences à une précifion mathématique (qui diffère effentiellement de la certitude phyfique). Mais, dans des fciences purement intellectuelles, on ne fauroit prendre pour principe une fuppofition qui paroît contenir en elle-même l'admiffion d'une erreur, & qui eft fi oppofée aux principes évidents & d'une certitude complète, fur lesquels les anciens ont établi le bel edifice des parties élémentaires des Mathématiques qu'ils nous ont transmis, & celui des parties fublimes qu'ils ont ébauchées.

D'ailleurs, une pareille demande paroît tout-à-fait indéterminée & abandonner aux circonftances & à la difpofition particulière de chaque géomètre la détermination de la négligibilité (fi je puis m'exprimer ainfi) d'une quantité relativement à une autre, avec laquelle elle refte toujours d'une même efpèce; c. à d. avec laquelle eft toujours comparable. Et dans le vague d'une pareille indétermination, l'accord des réfultats des calculs de deux Auteurs, qui peut-être feront partis (expreffément au tacitement) de deux rapports différents d'une même quantité à une autre pour qu'elle foit négligible relativement à elle, ne devra-t-il pas exciter l'étonnement bien plus que la conviction dans leur efprit & dans celui de leur lecteur? Le foupçon d'erreur que laiffe après lui un principe auffi indéterminé, peut paroître d'autant mieux fondé, que dans le plus grand nombre des applications des calculs fupérieurs, la quantité qu'on y paroît négliger eft répétée d'autant plus fouvent que cette quantité eft plus petite, & partant la petiteffe de la *différentielle* qui pourroit la rendre fenfiblement négligeable relativement à la quantité dont elle eft la *différentielle*, ne pourroit-elle pas être compenfée par fa répétition, de manière à produire une erreur fenfible?

La feconde demande laiffe dans l'efprit le même vague que la première, & eft tout-à-fait anti-géométrique. Les lignes courbes font des figures de leur efpèce, à la connoiffance des propriétés defquelles nous pouvons bien être conduits par la contemplation des figures rectilignes qu'on peut leur inferire & circonfcrire, mais qui ne fe confondent jamais avec ces dernières. La propriété de la circonférence du cercle, par exemple, que chacun de fes points eft également éloigné d'un même point, diftingue tellement cette efpèce de figure plane, qu'elle n'appartient ni à aucune autre courbe, ni à aucune figure rectiligne, quelque grand que foit le nombre de fes côtés: une propriété effentielle de la ligne droite étant qu'il y a un feul de fes points qui eft le plus voifin d'un point donné, & que les autres points de cette ligne s'éloignent d'autant plus de ce dernier point, qu'ils font plus éloignés du premier.

Auffi les Auteurs qui ont traité d'après ces principes les calculs fupérieurs, font-ils obligés dans leurs développements d'employer des expreffions & des détours qui dévoilent l'embarras dans lequel ils fe trouvent. Qu'il me fuffife de prendre encore pour exemple les éléments de la Géométrie de l'infini: *La nouvelle Géométrie a imaginé une ordonnée comme en étant deux parallèles entr'elles, toutes deux infiniment proches, & terminées aux deux entrémités d'un côté de la courbe qui eft une droite infiniment petite (page 410).* Cependant l'Auteur avoue que ces deux ordonnées ne font *point exactement & rigoureufement une;* mais qu'elles font *fuffifamment* une, quand elles font féparées par un intervalle infiniment petit. Il faudroit copier une grande partie de cet ouvrage, & tout particulièrement les pages 408 & 412, pour faire fentir l'embarras dans le quel fe trouve l'Auteur, & fi j'ofe parler ainfi, le verbiage inintelligible qu'il eft obligé d'employer pour concilier le double point de vue fous lequel il envifage une même quantité, tantôt en la regardant comme une quantité unique, tantôt en la regardant comme une quantité double ou même triple.

Cependant quelques Auteurs, pour calmer peut-être les partifans de la méthode exacte & rigoureufe des anciens, & pour captiver leurs fuffrages, ont voulu faire regarder les méthodes modernes, telles qu'elles font développées d'après les principes de l'infini, comme n'étant autre chofe qu'une fuite des méthodes des anciens, perfectionnées & généralifées. Mr. de Fontenelle en particulier affirme dans fa préface, *qu'Archimède n'a trouvé le rapport approché du diamètre du cercle à fa circonférence, qu'en prenant l'idée du cercle confondu avec un polygone d'une infinité de côtés.* Je regrette que ma

pofition

pofition actuelle ne me permette pas de me procurer (avant le terme près d'expirer prefcrit pour le concours,) les ouvrages de ce grand génie, pour vérifier cette allertion; mais autant que ma mémoire peut me fervir, & autant que je connois la méthode d'exhauftion des anciens, telle qu'Euclide nous en a laiffé des exemples dans le XIIme livre des éléments, je puis affirmer qu'Archimède & tous les Géomètres anciens auroient repouffé bien loin une pareille inculpation.   Suivant cette méthode, on ne fuppofe pas que le cercle eft égal à l'un des polygones qui lui font infcrits ou circonfcrits, ou que leur différence eft négligible relativement à l'un d'eux: on y affirme, au contraire, que leur différence étant toujours réelle, ces deux figures ne peuvent jamais être prifes l'une pour l'autre.   Mais comme on démontre en même temps que leur *différence* peut être rendue plus petite qu'aucune quantité affignée, on déduit par abfurde, de la poffibilité de cette diminution, qu'on peut appliquer au cercle, comme limite des figures qui lui font infcrites & circonfcrites, plufieurs propriétés analogues à celles qui ont été prouvées fur ces dernières.   Les polygones infcrits & circonfcrits font un moyen dont on fe fert pour parvenir à déterminer ces propriétés du cercle, non pas en tant que ce dernier peut être pris pour les premiers, mais en tant qu'il peut en différer moins que d'aucune quantité affignée.

Il eft ici une diftinction à faire, qui peut d'abord paroître ne rouler que fur des mots & qui cependant eft très importante; c'eft que les anciens n'ont jamais regardé les quantités variables & fufceptibles de limites comme pouvant différer de ces dernières moins que d'aucune quantité *affignable*, mais feulement d'aucune quantité réellement & actuellement *affignée*.   (Voyez, par exemple, la première propofition du dixième livre d'Euclide & plufieurs propofitions du douzième.)   Sachant que le zéro abfolu eft ce qui eft plus petit qu'aucune quantité affignable, & qu'il eft feul dans ce cas, s'ils s'étoient fervis de l'expreffion qu'on leur attribue, on auroit raifon de dire qu'ils ont confondu les quantités fufceptibles de limites avec ces limites mêmes; & qu'ils ont pris indifféremment les uns pour les autres, le cercle & les polygones qui lui font infcrits & circonfcrits, les cônes, cylindres, fphères &c... avec les polyèdres dont ils font les limites.

S

§. LXV.

L'indétermination & l'obscurité qui régnent dans l'idée de l'infiniment petit du premier ordre, font encore plus grandes dans les idées d'infiniment petits des différents ordres, tels que les admettent les Auteurs modernes, qui parlent de parties infiniment petites, de quantités infiniment petites, qui elles-mêmes font déjà infiniment petites, & cela fans aucune fin. (Voyez Analyse des infiniment petits, Section IV.) Par exemple: Si un arc de cercle ou fa chorde font appelés infiniment petits, & s'ils font des quantités, le finus verfe de cet arc eft auffi une quantité, & en particulier on pourra infcrire à ce cercle une chorde égale à ce finus verfe; & tandis qu'il aura plu à quelque géomètre d'appeler le premier arc ou fa chorde infiniment petits du premier ordre, & fon finus verfe infiniment petit du fecond, pourquoi quelqu'autre géomètre n'auroit-il pas le droit d'appeler infiniment petit l'arc dont la chorde eft égale à ce finus verfe? Et comme cet arc eft lui-même une quantité, un troifième géomètre pourra au contraire regarder comme fimplement infiniment petit l'arc dont la chorde eft égale au finus verfe du fecond. Et partant, tant qu'on laiffe entièrement indéterminé le rapport qui rend deux quantités infiniment petites l'une à l'égard de l'autre, on eft toujours en droit de nier qu'il exifte en effet un pareil rapport; & à plus forte raifon de nier les infiniment petits des différents ordres. J'en dis autant de l'affertion tirée des différentes paraboles (par exemple) dont l'équation eft $y^n = x$, d'où l'on affirme que fi y eft infiniment petit, l'abfciffe x eft infiniment petit de l'ordre n^{me}, tant qu'on ne nomme pas le rapport qu'on fuppofe tacitement être celui qui conftitue l'infinibilité ou la négligibilité, & que l'on continue de regarder comme quantité ce qu'on a appelé infiniment petit. Ceux qui fe refufent à l'admettre avec toutes fes conféquences, ont fans doute tout au moins le même droit que ceux qui veulent le mettre au rang des objets dignes d'obtenir une place parmi ceux qui appartiennent aux fciences exactes.

Mr. de Fontenelle (& avec lui plufieurs Auteurs) ayant cru pouvoir établir l'exiftence de l'infini & des infinis des différents ordres, s'en fert pour défigner l'infiniment petit comme inverfe de l'infini, en forte que de même que ∞

∞^2, ∞^3, ∞^4, &c... défignent l'infini & les différents ordres, les fignes $\frac{1}{\infty}$, $\frac{1}{\infty^2}$, $\frac{1}{\infty^3}$, $\frac{1}{\infty^4}$ &c... font les expreffions des infiniment petits des différents ordres; & il définit l'infiniment petit une partie du fini réfultante d'une divifion pouffée à l'infini. (Voyez la Section IVme). Ce que j'ai dit précédemment de notre incapacité à comprendre l'état actuel infini de la grandeur, & fur la contradiction très-probablement réelle que renferment ces expreffions, doit s'appliquer à cet état inverfe; & les réflexions que je pourrois préfenter, ne feroient qu'une répétition ou une modification de celles que j'ai déjà développées. L'Auteur paroît bientôt fe rapprocher de la manière vague & indéterminée dont d'autres partifans de l'infini confidèrent l'infiniment petit, & il avoue que l'expreffion $\frac{1}{\infty}$ doit être prife, non pour zéro abfolu, mais pour zéro relatif, c. à d. par rapport à toute grandeur finie; & cependant il ne ceffe dans le cours de cette Section de parler du rapport de 1 à $\frac{1}{\infty}$.

Je me laffe de pourfuivre les fentiers tortueux du labyrinthe obfcur dans lequel nous engage la pourfuite d'un être qui fe fouftrait à toutes nos recherches; & je penfe que je répondrai beaucoup mieux à l'intention de l'Académie, en montrant comment les procédés des partifans de l'infini, malgré leur obfcurité & leur contradiction, conduifent cependant à des réfultats vrais; & comme je crois avoir développé les principes des calculs fupérieurs, d'une manière également claire & rigoureufe, il me fuffira de montrer comment les réfultats de ces procédés s'accordent avec ceux que j'ai obtenus.

§. LXVI.

Dans le calcul différentiel, tel qu'il eft expofé dans les ouvrages dont j'ai parlé, on regarde les différentielles comme étant réellement des quantités, & par conféquent toutes les fonctions de ces différentielles comme étant des quantités; & en particulier les puiffances de ces différentielles font des quantités auffi bien que le font ces différentielles elles-mêmes; & on ne peut omettre ces puiffances dans les expreffions de ces fonctions où elles entrent comme additives ou fouftractives, fans commettre quelque erreur, ou du moins fans en donner le foupçon. Cependant, dans la comparaifon qu'on fait de la différentielle d'une quantité à la différentielle de fa fonction, après avoir divifé par la première différentielle les deux termes du rapport qu'on établit entr'elles, on omet les puiffances de cette différentielle; c. à d. (dans le langage des fciences exactes) qu'on annulle ces puiffances, & partant auffi la différentielle même de la quantité variable, après avoir regardé originairement cette différentielle comme quantité ou changement réel. Et cependant, après cet anéantiffement, on continue de parler de différentielles ou de changements arrivés à la quantité variable & à fa fonction; ce qui eft contradictoire.

Mais, quand on a divifé les deux termes du rapport qui exprime celui des changements réels & fimultanés d'une quantité variable & de fa fonction, par le changement réel de cette variable, on obtient pour antécédent de ce rapport l'unité, & pour conféquent la fomme du coëfficient de la différentielle de la quantité variable, dans l'expreffion du changement réel arrivé à la fonction, & des puiffances de cette différentielle; & partant l'opération d'annuller cette différentielle en annullant ces puiffances dans ce conféquent, revient à confidérer le rapport de l'unité au coëfficient de la différentielle de la quantité variable dans l'expreffion du changement de fa fonction, fi cette variable avoit réellement changé. Partant ces deux fuppofitions contradictoires, de regarder fucceffivement la quantité variable comme ayant fubi un changement, & comme n'en ayant point fubi, reviennent, fans qu'on fe le propofe, à confidérer la limite du rapport dont ces changements s'approchent d'autant plus qu'ils font plus petits, mais qu'ils n'atteignent jamais tant qu'ils font des changements réels. Ici le calcul qui ne s'embarraffe pas de la fauffeté & de la contradiction des principes d'après lefquels on croit qu'on le traite, corrige heureufement l'analyfte, & le conduit comme malgré lui au même réfultat que s'il étoit parti de principes juftes & non oppofés les uns aux autres. Telle eft à mon avis la métaphyfique faine & lumineufe de tout le calcul différentiel. On n'y commet aucune erreur; on n'y néglige rien, parce que ce qu'on croit y négliger pour parvenir aux expreffions qui en font l'objet, n'eſt pas incomparable relativement à ces expreſſions, mais abſolument & rigoureuſement nul. Ce calcul, enviſagé ſous ſon véritable point de vue, n'eſt pas d'une certitude morale & phyſique, (qui n'eſt qu'une probabilité mathématique,) comme on pourroit le croire d'après la manière vicieuſe dont on l'a trop ſouvent préſenté, & d'après les preuves d'autorité ſur leſquelles on s'appuie en montrant l'accord de ces réſultats avec les réſultats des méthodes à l'abri de tout doute; mais il eſt d'une certitude rigoureuſe & mathématique, qui ne le cède en rien à la certitude des propoſitions les plus évidentes qui ſont la baſe de nos connoiſſances les plus élémentaires.

Je dois éclaircir ces aſſertions par quelques exemples.

1er *Exemple*. La quantité variable x croiſſant de la quantité Δx, ſa puiſſance n^{me} croît de la quantité $n x^{n-1} \Delta x + \frac{n}{1} \cdot \frac{n-1}{2} x^{n-2} \Delta x^2 + \frac{n}{1} \cdot \frac{n-1}{2} \cdot \frac{n-2}{3} x^{n-3} \Delta x^3 + \&c\ldots$; & le rapport des changements ſimultanés de x & de ſa fonction x^n eſt toujours celui de 1 à $n x^{n-1} + \frac{n}{1} \cdot \frac{n-1}{2} x^{n-2} \Delta x + \frac{n}{1} \cdot \frac{n-1}{2} \cdot \frac{n-2}{3} x^{n-3} \Delta x^2 + \&c\ldots$ par la diminution de Δx. Ce rapport peut approcher du rapport de 1 à $n x^{n-1}$, plus près que n'en approche aucun rapport aſſigné (je ne dis pas aſſignable); mais tant que ces changements ont lieu, leur rapport n'eſt jamais celui de 1 à $n x^{n-1}$; ou, ce qui revient au même, celui de Δx à $n x^{n-1} \Delta x$; & partant le changement de x étant Δx, le changement de x^n n'eſt jamais $n x^{n-1} \Delta x$; partant, ſi le calcul différentiel rouloit, ou ſur la détermination des changements ſimultanés des quantités variables, ou ſur la comparaiſon de ces changements, & ſi les changements de x & de x^n étoient repréſentés par Δx & par $n x^{n-1} \Delta x$, (ſoit qu'on déſigne ce changement par Δx, par dx, ou par x); ou, ſi le rapport de ces changements ſimultanés étoit dit être celui de 1 à $n x^{n-1}$: ce calcul expoſeroit à des erreurs réelles, ou du moins il en laiſſeroit le ſoupçon.

Je penſe donc que dans le calcul différentiel on ne devroit pas prononcer le nom de quantité différentielle; ou bien les expreſſions des quantités différentielles ne répondent à rien dans le ſens abſolu; & partant les différentielles

appelées quantités ne font pas des quantités; ou bien l'expreffion de la différentielle d'une quantité variable étant défignée par dx, quelque petite que
foit fa valeur, l'expreffion qu'on dit être celle de la différentielle de fa fonction,
n'eft pas l'expreffion du changement réel arrivé à cette fonction; & partant
cette expreffion doit toujours laiffer un doute fur la légitimité des conféquences qu'on en tire : mais comme le calcul différentiel s'occupe de la limite du
rapport des changements fimultanés d'une quantité variable & de fes fonctions,
& que l'expofant du rapport limite des changements fimultanés de x^n & de
x eft rigoureufement nx^{n-1}, le calcul qui mène à la détermination de cet
expofant, a une certitude complète, indépendante des points de vue arbi-
traires, & peut-être erronés, fous lesquels on a envifagé fa marche.

2^d *Exemple.* Que x & y défignent les abfciffes & les ordonnées correfpondantes d'une courbe; nous avons vu (§ XXIII.) que fi la quantité x
devient $x + \Delta x$, la quantité y devient $y + \Delta x \dfrac{dy}{dx} + \dfrac{\Delta x^2}{1.2} \dfrac{ddy}{dx^2}$
$+ \dfrac{\Delta x^3}{1.2.3} \dfrac{d^3y}{dx^3} + \&c.\dots\ ^*)$, & partant les changements fimultanés de x &
de y font Δx & $\Delta x \dfrac{dy}{dx} + \dfrac{\Delta x^2}{1.2} \dfrac{ddy}{dx^2} + \dfrac{\Delta x^3}{1.2.3} \dfrac{d^3y}{dx^3} + \&c.\dots$ & le rapport de ces changements eft celui de 1 à $\dfrac{dy}{dx} + \dfrac{\Delta x}{1.2} \dfrac{ddy}{dx^2} + \dfrac{\Delta x^2}{1.2.3} \dfrac{d^3y}{dx^3}$
$+ \&c.\dots$ Le rapport de ces changements n'eft donc jamais celui de 1 à $\dfrac{dy}{dx}$,
ou de Δx à $\Delta x \dfrac{dy}{dx}$; & partant le changement de l'abfciffe étant Δx, quelque
petit que foit ce changement, le changement de y n'eft jamais $\Delta x \dfrac{dy}{dx}$; &
partant, fi dx eft appelé la différentielle de x, la différentielle de y n'eft
jamais d$x \dfrac{dy}{dx}$, (à moins que la courbe ne foit en effet une ligne droite;)
partant, en prenant cette dernière expreffion pour celle du changement de y

---

$^*)$ Le lecteur doit fe rappeler que les expreffions $\dfrac{dy}{dx}$, $\dfrac{ddy}{dx^2}$, $\dfrac{d^3y}{dx^3}$, &c... ne doivent pas être
prifes pour des fractions compofées en effet de deux termes, mais comme des fignes uniques, favoir
les expofants des rapports limites des différents ordres des changements fimultanés de y & de x.

fimultané à celui de x, on laiffe dans l'efprit du lecteur le foupçon de quelque erreur commife, quelque petite que foit cette erreur.

Puisque les changements fimultanés de l'ordonnée d'une courbe & de fon abfciffe font entr'eux comme l'ordonnée eft à la foufsécante, l'expreffion de la foufsécante eft exactement $y : \left(\dfrac{dy}{dx} + \dfrac{\Delta x}{1.2} \dfrac{ddy}{dx^2} + \dfrac{\Delta x^2}{1.2.3} \dfrac{d^3 y}{dx^3} \right.$ $+$ &c...) & fi dx & dy repréfentoient des quantités, l'expreffion de la foustangente ne feroit jamais $y \times \dfrac{dx}{dy}$: mais cette dernière expreffion n'eft jufte qu'en tant que la foufsécante fe réduit à fa limite, qui eft la foustangente, lorfqu'au rapport des changements fimultanés de l'ordonnée & de l'abfciffe on fubftitue la limite de ce rapport, dans lequel cas Δx eft toujours rigoureufement zéro.

3me *Exemple.* Soit une courbe dont les abfciffes & les ordonnées correfpondantes font défignées par x & y, & que la furface de cette courbe foit défignée par s; le changement de l'abfciffe étant défigné par Δx, le changement correfpondant de la furface eft $\dfrac{\Delta x}{1} \dfrac{ds}{dx} + \dfrac{\Delta x^2}{1.2} \dfrac{dds}{dx^2} + \dfrac{\Delta x^3}{1.2.3} \dfrac{d^3 s}{dx^3}$ $+$ &c...; or ($\S$ XL.) $\dfrac{ds}{dx} = y$; donc le changement de la furface eft défigné par $\dfrac{\Delta x}{1} \cdot y + \dfrac{\Delta x^2}{1.2} \dfrac{dy}{dx} + \dfrac{\Delta x^3}{1.2.3} \dfrac{ddy}{dx^2} +$ &c...; & partant le rapport du changement de l'abfciffe (multiplié par une quantité conftante prife pour unité), & de celui de la furface, n'eft jamais celui de 1 à y; ou, le changement de l'abfciffe étant défigné par Δx, le changement de la furface n'eft jamais $y \Delta x$. Cependant, tout comme après avoir appelé $n x^{n-1} dx$ la différentielle de x^n, on en a déduit que la quantité x^n étoit celle dont $n x^{n-1} dx$ étoit la différentielle, ou que la première étoit l'intégrale de la feconde; tandis qu'on auroit dû dire que les quantités x^n & x étoient celles dont la limite du rapport des changements fimultanés étoit celui de $n x^{n-1}$ à l'unité; & que réciproquement de ce dernier rapport donné comme différentiel ou pourroit déduire le premier rapport comme intégral: de même auffi, après qu'on a appelé la quantité $y dx$ la différentielle ou l'élément de la surface de la courbe ayant x & y pour coordonnées; tandis qu'on auroit dû dire que le rapport différentiel de s à x étoit celui de y à 1. On a déduit l'intégrale $\int y\,dx$, ou s la surface; tandis qu'on auroit dû dire que de ce rapport différentiel, comme de s à x, on déduit leur rapport intégral.

En effet, lorsque l'on appelle $y\,dx$ l'élément de la surface, on diroit que la surface est composée de tous les rectangles dont dx & y sont les côtés; tandis que, si dx n'est pas zéro, l'élément de la surface n'est pas $y\,dx$, mais $y\,dx + \dfrac{dx^2}{1.2}\dfrac{dy}{dx} + \dfrac{dx^3}{1.2.3}\dfrac{d^2y}{dx^2} + \&c\ldots$; & d'un autre, si dx est zéro, l'élément de la courbe, qui doit être de la même nature qu'elle, seroit aussi zéro, ou, une surface seroit la somme de quantités qui ne seroient pas des surfaces; ce qui paroît contraire aux premiers principes de l'addition, où l'on suppose que la somme est de la même espèce que les addendes, quel que soit leur nombre.

Je pense donc qu'il auroit encore convenu de ne pas employer les mots *somme intégrale*, mais, ainsi que je l'ai fait dans ce qui précède, de leur substituer l'expression *rapport intégral*. Cependant, comme l'usage de ces mots est établi, nous ne devons pas espérer que ces derniers en prennent la place; mais si les premiers doivent être tolérés, ce n'est qu'en tant qu'on peut toujours les réduire aux derniers, qui seuls répondent au véritable sens des opérations des calculs supérieurs.

Tout ce que je viens de dire dans cet exemple doit s'appliquer aux rectifications, cubatures, quadratures des surfaces courbes, &c...

4me *Exemple*, relatif aux différentielles des différents ordres.

Que x & y désignent les coordonnées d'une courbe, & que les abscisses successives soient x, $x + \Delta x$, $x + 2\Delta x$, $x + 3\Delta x$, $x + 4\Delta x$, &c...

Les ordonnées correspondantes aux abscisses x, $x + \Delta x$, $x + 2\Delta x$, $x + 3\Delta x$, $x + 4\Delta x$ &c... seront y

$$y + \frac{\Delta x}{1}\frac{dy}{dx} + \frac{\Delta x^2}{1.2}\frac{ddy}{dx^2} + \frac{\Delta x^3}{1.2.3}\frac{d^3y}{dx^3} + \frac{\Delta x^4}{1.2.3.4}\frac{d^4y}{dx^4} + \&c\ldots$$

$$y + \frac{2\Delta x}{1}\frac{dy}{dx} + \frac{4\Delta x^2}{1.2}\frac{ddy}{dx^2} + \frac{8\Delta x^3}{1.2.3}\frac{d^3y}{dx^3} + \frac{16\Delta x^4}{1.2.3.4}\frac{d^4y}{dx^4} + \&c\ldots$$

$$y +$$

$$y - \frac{3\Delta x}{1}\frac{dy}{dx} + \frac{9\Delta x^2}{1.2}\frac{ddy}{dx^2} + \frac{27\Delta x^3}{1.2.3}\frac{d^3y}{dx^3} + \frac{81\Delta x^4}{1.2.3.4}\frac{d^4y}{dx^4} + \&c\ldots$$

$$y + \frac{4\Delta x}{1}\frac{dy}{dx} + \frac{16\Delta x^2}{1.2}\frac{ddy}{dx^2} + \frac{64\Delta x^3}{1.2.3}\frac{d^3y}{dx^3} + \frac{256\Delta x^4}{1.2.3.4}\frac{d^4y}{dx^4} + \&c\ldots$$

Partant les différences premières de ces ordonnées seront

$$\frac{\Delta x}{1}\frac{dy}{dx} + \frac{\Delta x^2}{1.2}\frac{ddy}{dx^2} + \frac{\Delta x^3}{1.2.3}\frac{d^3y}{dx^3} + \frac{\Delta x^4}{1.2.3.4}\frac{d^4y}{dx^4} + \&c\ldots$$

$$\frac{\Delta x}{1}\frac{dy}{dx} + \frac{3\Delta x^2}{1.2}\frac{ddy}{dx^2} + \frac{7\Delta x^3}{1.2.3}\frac{d^3y}{dx^3} + \frac{13\Delta x^4}{1.2.3.4}\frac{d^4y}{dx^4} + \&c\ldots$$

$$\frac{\Delta x}{1}\frac{dy}{dx} + \frac{5\Delta x^2}{1.2}\frac{ddy}{dx^2} + \frac{19\Delta x^3}{1.2.3}\frac{d^3y}{dx^3} + \frac{65\Delta x^4}{1.2.3.4}\frac{d^4y}{dx^4} + \&c\ldots$$

$$\frac{\Delta x}{1}\frac{dy}{dx} + \frac{7\Delta x^2}{1.2}\frac{ddy}{dx^2} + \frac{37\Delta x^3}{1.2.3}\frac{d^3y}{dx^3} + \frac{175\Delta x^4}{1.2.3.4}\frac{d^4y}{dx^4} + \&c\ldots$$

Les différences secondes seront

$$\frac{2\Delta x^2}{1.2}\frac{ddy}{dx^2} + \frac{6\Delta x^3}{1.2.3}\frac{d^3y}{dx^3} + \frac{14\Delta x^4}{1.2.3.4}\frac{d^4y}{dx^4} + \&c\ldots$$

$$\frac{2\Delta x^2}{1.2}\frac{ddy}{dx^2} + \frac{12\Delta x^3}{1.2.3}\frac{d^3y}{dx^3} + \frac{50\Delta x^4}{1.2.3.4}\frac{d^4y}{dx^4} + \&c\ldots$$

$$\frac{2\Delta x^2}{1.2}\frac{ddy}{dx^2} + \frac{18\Delta x^3}{1.2.3}\frac{d^3y}{dx^3} + \frac{110\Delta x^4}{1.2.3.4}\frac{d^4y}{dx^4} + \&c\ldots$$

Les différences troisièmes seront

$$\frac{6\Delta x^3}{1.2.3}\frac{d^3y}{dx^3} + \frac{36\Delta x^4}{1.2.3.4}\frac{d^4y}{dx^4} + \&c\ldots$$

$$\frac{6\Delta x^3}{1.2.3}\frac{d^3y}{dx^3} + \frac{60\Delta x^4}{1.2.3.4}\frac{d^4y}{dx^4} + \&c\ldots$$

Les différences quatrièmes

$$\frac{24\Delta x^4}{1.2.3.4}\frac{d^4y}{dx^4} + \&c\ldots$$

On voit donc que, quelque petite que soit la quantité Δx, les différentielles secondes de sa fonction y ne sont jamais exprimées par $\Delta x^2 . \frac{ddy}{dx^2}$; les différentielles troisièmes ne sont jamais exprimées par $\Delta x^3 . \frac{d^3y}{dx^3}$; les

T

différentielles quatrièmes ne font jamais exprimées $\Delta x^4 \cdot \frac{d^4 y}{d x^4}$; &c... (fi ce n'eft dans le cas où les expofants des rapports différentiels des ordres qui fuivent celui dont on s'occupe, s'évanouiffent,) mais le rapport limite des différences 2des, 3mes, 4mes, &c... de cette fonction au quarré, au cube, à la quatrième puiffance &c... de la différence conftante de l'abfciffe eft celui de $\frac{d dy}{d x^2}$, $\frac{d^3 y}{d x^3}$, $\frac{d^4 y}{d x^4}$, &c... à l'unité. Et l'on parvient au même réfultat par le calcul différentiel, en regardant dx & fes puiffances comme étant des quantités & dy, ddy, $d^3 y$, $d^4 y$ &c... comme étant auffi des quantités, relativement auxquelles on peut négliger ce qu'on a appelé les différentielles des ordres fuivants.

Scolie 1er. On voit par tout ce qui précède, combien le théorème de Taylor, développé dans le Chapitre 3me, eft important pour établir fur des fondements folides & rigoureux les principes des calculs fupérieurs. Auffi me fuis-je efforcé de mettre ce théorème fondamental à l'abri de tout doute; & de le démontrer d'une manière également claire & exacte. Je crois à cet égard avoir été plus heureux qu'aucun des Auteurs parvenus à ma connoiffance, qui tous ont employé, tacitement ou expreffément, l'idée de l'infini pour en développer les fondements; quoique d'ailleurs quelques-uns d'en-tr'eux euffent évité d'introduire cette idée vague & obfcure dans les premiers développements des calculs fupérieurs. Voyez, par exemple, Coufin, *Leçons de calcul différentiel & intégral*; Karften, *Mathefis theoretica elementaris atque fublimior.*

Scolie 2^d. Quoique la notation admife dans les calculs fupérieurs ne foit pas celle qui répond à la nature des objets de ces calculs, cependant cette notation eft fi commode, elle fe prête au calcul avec tant de facilité, que je crois qu'on n'auroit qu'à perdre à cet égard dans toute autre notation qu'on voudroit lui fubftituer. Je continuerai donc de traiter l'expreffion $ds = V(dx^2 + dy^2)$ par exemple, comme défignant réellement une équation entre deux quantités; parce que je fuis fûr que cette expreffion n'eft qu'une manière plus commode de repréfenter l'équation feule vraie

$$\frac{ds}{dx} = V\left(1 + \frac{dy^2}{dx^2}\right), \text{ ou limite } \frac{\Delta s}{\Delta x} = V\left(1 + \lim.^2 \frac{\Delta y}{\Delta x}\right),$$ & que toutes les conféquences que je puis déduire des opérations faites fur la première expreffion peuvent être ramenées à celles qui feroient déduites de la feconde.

Mais pour ne pas induire un feul inftant les jeunes géomètres en erreur fur la nature des principes des calculs fupérieurs, je défirerois qu'on en eût chaffé l'expreffion ou contradictoire ou indéterminée de l'infini, foit en grandeur, foit en petiteffe. Puisque les vérités mathématiques ne repofent pas fur l'admiffion de cet état réel de la grandeur, mais fur la faculté de pouvoir être augmentée ou diminuée, j'aurois préféré qu'on eût admis le mot *infinible* au lieu du mot *infini*; dont le premier me paroit défigner la faculté de ne pouvoir pas être terminé; tandis que le fecond paroit défigner l'état de ne l'être pas. Ainfi, au lieu de dire que fi la différence de deux quantités infinies eft donnée, ces deux quantités font égales, je dirois que le rapport d'égalité eft la limite du rapport de deux quantités infinibles dont la différence eft donnée. Au lieu de dire que l'arc infiniment petit d'une courbe & fa chorde font égaux, je dirois que le rapport d'égalité eft la limite du rapport d'un arc *infiniblement petit* & de fa chorde. Au lieu de dire que la fomme des nombres naturels en nombre infini eft la moitié du quarré du plus grand d'entr'eux, je dirois que le rapport de 1 à 2 eft la limite du rapport de la fomme *infinible* des nombres naturels au quarré du plus grand d'entr'eux. Il me paroit que cette expreffion *infinible* répondroit mieux à la propriété que nous voulons défigner par elle, que ne le fait le mot *indéfini*, qu'on a voulu fubftituer à l'infini.

§. LXVII.

Mr. Euler, pénétré des difficultés attachées à l'admiffion des infiniment petits comme ayant une exiftence réelle; & ne pouvant admettre le vague que ces expreffions laiffent dans l'efprit, quand on regarde les objets qu'elles défignent comme des incomparables relativement aux quantités finies, regarde les infiniment petits comme des zéros abfolus, des quantités réellement évanouies. Voyez entr'autres la Préface & le Chapitre troisième de *fes Inftitutiones calculi differentiales*.

Pénétré d'un jufte refpect pour la mémoire de ce grand homme, j'embrafferois fes décifions avec une profonde foumiffion, fi la république des lettres, & tout particulièrement celui de fes diftricts qui appartient aux fciences de raifonnement, n'étoit encore un État libre, où le plus bel hommage qu'on puiffe rendre à fes chefs, eft de ne profeffer leurs fentiments qu'après les avoir foumis à l'examen & être convaincu de leur jufteffe.

Nous avons vu d'une manière affez détaillée que l'objet du calcul différentiel n'eft, ni la détermination des changements réellement arrivés aux quantités variables, ni la comparaifon de ces changements, mais la limite du rapport dont ces changements s'approchent d'autant plus qu'ils font plus petits. Mr. Euler penfe qu'il y a un état de ces changements où ils atteignent en effet ce rapport: favoir l'état où ces changements évanouiffent: & il définit le calcul différentiel, la méthode de déterminer le rapport des augmentations évanouiffantes que fubiffent des fonctions quelconques d'une quantité variable, lorfque cette quantité reçoit une augmentation évanouiffante: *Calculus differentialis eft methodus determinandi rationem incrementorum evanefcentium, quæ functiones quæcunque accipiunt, dum quantitati variabili, cujus funt functiones, incrementum evanefcens tribuitur.*

On pourroit foupçonner d'après cette définition que Mr. Euler prend les accroiffements des quantités variables & de leurs fonctions, non dans l'état ou ils font déjà évanouis, mais dans un état intermédiaire entre l'exiftence & le néant, dans l'inftant de leur paffage de la vie à la mort, fi je puis m'exprimer ainfi. Mais la fubtilité d'une pareille idée, l'impoffibilité de faifir cette nuance & de diftinguer cet état, d'avec celui où ces accroiffements font en effet anéantis, ont fans doute empêché Mr. Euler de prendre une idée auffi abftraite pour bafe d'une fcience qui doit faire partie des fciences exactes, & les éclairciffements dans lesquels il entre pour développer cette définition, & en montrer la légitimité, prouvent qu'il a pris le mot *evanefcens*, non comme actif, mais comme paffif; & qu'il a regardé les accroiffements des quantités variables & de leurs fonctions dont la comparaifon fait l'objet du calcul différentiel, comme étant abfolument & rigoureufement nuls.

Dès-lors la définition précédente ne renferme-t-elle pas une contradiction? D'une part Mr. Euler fuppofe que ce dont la comparaifon fait l'objet du calcul différentiel, eft un accroiffement des quantités variables; & partant il fuppofe que fon addition altère ou augmente ces quantités: & de l'autre part, il fuppofe que cet accroiffement eft anéanti, c. à d. que fon addition n'altère point ces mêmes quantités: d'une part il fait fortir de leur état les quantités variables, & de l'autre part il les laiffe dans ce même état. N'y a-t-il pas lieu de croire qu'une pareille définition doit paroître bien étrange & bien obfcure aux jeunes géomètres, accoutumés à la clarté des principes qui ont jufqu'alors fervi de bafe à leurs études? & peuvent-ils avoir du calcul différentiel une idée bien lumineufe & bien féduifante, en apprenant que c'eft le calcul qui s'occupe de la comparaifon des riens? Auffi Mr. Euler fait-il l'aveu de l'impoffibilité où il fe trouve de définir dès le début ce calcul d'une manière intelligible & conforme à la marche des éléments. Quant à moi, cette difficulté ne m'arrêteroit point, fi d'ailleurs fon opinion pouvoit fe concilier avec nos notions fur les objets des Mathématiques. Je penfe en effet que dans prefque toutes les fciences on n'eft en état de donner aux jeunes gens une définition qui foit à leur portée, & qui ne foit pas pour eux un jargon plus fait pour charger leur mémoire que pour éclairer leur entendement, que lorfqu'on eft déjà entré en matière, & qu'ils ont déjà entrevu tout au moins par des exemples, la nature de l'objet de la fcience qu'on veut leur définir. Je penfe donc qu'on ne doit pas fe prévaloir de cet aveu de Mr. Euler; & qu'il ne devroit pas nous empêcher d'admettre fon fentiment, fi d'ailleurs il l'étayoit fur des raifons plaufibles.

La principale affertion de Mr. Euler eft que deux zéros peuvent avoir entr'eux un rapport géométrique quelconque, (quoique leur rapport arithmétique foit toujours un rapport d'égalité); & fa principale preuve eft tirée de ce que les deux expreffions $n \times 0$ & 1×0 étant égales, on peut déduire la proportion $n : 1 :: 0 : 0$; ou que deux zéros font entr'eux dans un rapport quelconque.

T 3

1°. Cette assertion n'est-elle pas contraire aux premières notions du rapport géométrique, dont les termes sont toujours supposés être des quantités; tandis que des zéros, ou des riens, ne sont pas des quantités; ils sont l'absence ou la privation de toute grandeur; partant ils ne sont pas des grandeurs. Dire que des zéros sont des quantités évanouies, n'est-ce pas dire que ce sont des quantités qui ne sont pas des quantités; c. à d. affirmer d'un côté ce qu'on nie de l'autre?

Si l'autorité étoit de quelque poids dans une science où l'on ne doit céder qu'à sa conviction intérieure, j'opposerois au sentiment de Mr. Euler celui de plusieurs mathématiciens, dont la multitude pourroit compenser le mérite supérieur de ce grand homme. En prenant o pour absolu (dit Mr. de Fontenelle) on ne peut dire, ni $\frac{o}{1}$, ni $\frac{1}{o}$; car le pur rien & la grandeur n'ont nul rapport géométrique; ni même $\frac{o}{o} = 1$; car il n'est point vrai, exactement parlant, que le pur rien soit une fois dans le pur rien.

2°. Les expressions $n \times o$ & $1 \times o$ ne sauroient désigner des produits, puisque dans l'idée de produit est toujours renfermée l'idée de la quantité des termes qui le forment. Dans la multiplication on répète une quantité aussi souvent qu'une autre regardée comme numérique vaut l'unité. Si donc ce qu'on veut répéter n'est pas une quantité; ou si un des termes étant une quantité, l'autre terme indique qu'on ne la prend pas: toute idée de produit disparoît.

3°. Si les expressions $n \times o$ & $1 \times o$ désignoient des produits, ne pourroit-on pas affirmer leur inégalité avec beaucoup plus de raison que leur égalité, par le raisonnement qui suit? Dans deux produits faits chacun de deux termes, si un terme de l'un est le même qu'un terme de l'autre, & si l'autre terme du premier n'est pas égal à l'autre terme du second, le premier produit n'est pas égal au second. Soit donc $o = o$
$n \gtrless$, (que $\gtrless$ soit le signe qui nous manque de l'inégalité,) on aura
$n \times o \gtrless 1 \times o.$

4°. Si la proposition $o : o = 1 : n$ pouvoit être établie, ne pourroit-on pas en déduire avec beaucoup plus de raison que $n = 1$; ou que deux quantités quelconques sont égales entr'elles? En effet prenant un seul & même zéro pour termes du premier rapport qu'on suppose pouvoir établir, les premières notions de l'identité ne nous permettent pas de regarder son exposant comme étant différent de l'unité; & partant l'exposant du second rapport seroit aussi l'unité, ou n seroit égal à 1.

Je pense donc que, quoiqu'il y ait une infinité de manières dont les grandeurs peuvent s'approcher de l'évanouissance, ou en sortir, il n'y a qu'une seule manière dont elles sont réellement évanouies; & que l'idée du néant est une idée unique. Il est la mort, le tombeau des grandeurs; il en rapproche & confond tous les états antérieurs, sans laisser aucune trace du rôle qu'elles ont joué avant qu'il les eût englouties. Les expressions $n \times o$ & $1 \times o$ ne diffèrent donc qu'en apparence, si on a égard à l'état actuel de ce qu'elles désignent & non à la manière dont cet état a été amené.

Lorsqu'un triangle est donné d'espèce, le rapport de ses côtés reste le même tant que ses côtés existent. Mais, si par le mouvement de l'un d'entr'eux parallèlement à lui-même, ce triangle évanouit lorsque ce côté est parvenu au sommet de l'angle opposé, il ne reste plus que l'idée de ce sommet, ou plutôt l'idée unique du néant tant du triangle que de ses côtés: ils se sont approchés différemment de la non-existence; ils ont évanoui différemment: mais, une fois évanouis, ils ont tous la même manière de ne pas exister. Du sommet d'un angle comme centre, avec différents rayons, soient décrits des cercles: leurs arcs compris entre les jambes de cet angle sont entr'eux comme leurs rayons; & cette proportionalité subsiste tant qu'il y a lieu à parler d'angles, & d'arcs qui leur servent de mesures. Mais, si une des jambes de l'angle, par son tournoiement autour du sommet, approche de l'autre jambe jusqu'à se confondre avec elle, toute idée d'angle disparoît au moment où elle est couchée sur elle: les arcs de cercle qui servent de mesures à ces angles, tant qu'ils existoient, se sont approchés différemment de la non-existence; mais ils ont une même manière de ne pas exister. De même soit une parabole ayant pour équation $y^m = x$; d'où l'on déduit

152

foustangente $= m x$ ou foustangente : abfciffe $= m : 1$. Ce rapport conftant de la foustangente à l'abfciffe a lieu, tant qu'il y a une foustangente &
une abfciffe; mais, au fommet lui - même, il n'y a plus lieu de parler ni de
l'une ni de l'autre; elles fe font approchées différemment de la non - exiftence, ou elles s'en éloigneront différemment; mais leur non - exiftence eft la
même. L'analogie, il eft vrai, paroît devoir conduire à attribuer au dernier état de ces objets les propriétés qui leur appartiennent dans tous leurs
autres états; mais l'analogie ne peut s'appliquer qu'aux cas femblables; & ne
peut pas conclure de l'exiftence au néant, entre lesquels il y a un intervalle
immenfe. D'ailleurs, pour parler de l'état d'un objet ne faut-il pas fuppofer que cet objet eft fufceptible d'avoir un état, c. à d. qu'il a une exiftence
capable d'être modifiée, & par conféquent qu'il n'eft pas anéanti? Ne vaut-
il pas mieux traiter féparément & comme unique ce cas qui l'eft en effet, fans
s'embarraffer de la manière dont il a été amené, & dire, par exemple, que
la perpendiculaire élevée du fommet d'une parabole à fon axe eft tangente à
la parabole. Dire que la foustangente & l'abfciffe qui fe confondent l'une &
l'autre avec le fommet, font dans un rapport quelconque de m à 1; ou que
deux points coïncidents l'un & l'autre avec un même point, font à des diftances de ce point qui ont entr'elles un rapport auffi grand que l'on veut; n'eft-
ce pas égayer par des jeux de mots une fcience qui ne doit pas en être fufceptible, & prêter à des efprits malins des armes pour jeter du ridicule fur une
fcience qui fait partie de la plus belle & de la plus utile des connoiffances
humaines? Que deux perfonnes fe foient ruinées en même temps (dans le
fens le plus abfolu, qui comprend la privation de tous les moyens de fournir
aux premiers befoins de la vie), par les pertes fimultanées de nombres égaux,
l'une de florins & l'autre de gros, (dont quatre font un florin); elles fe font
approchées différemment de l'état de mifère complète, mais, en n'ayant aucun égard à l'influence fur leur ame du fouvenir de leur état antérieur, ne
font - elles pas l'une & l'autre dans un feul & même état; & peut - on dire
que de deux perfonnes qui n'ont abfolument rien, l'une eft quatre fois auffi
riche que l'autre?

Je

Je crois donc pouvoir conclure que, si nous regardons l'expression $\frac{n \times o}{m \times o}$ comme étant la même que l'expression $\frac{n}{m}$, ou si nous croyons pouvoir établir la proportion $n \times o : m \times o = n : m$, c'est que nous croyons pouvoir appliquer au néant la proposition vraie sur toutes les quantités: savoir, qu'on peut multiplier les deux termes d'une fraction ou d'un rapport par le même nombre, sans changer la fraction ou le rapport. Ici nous envisageons le zéro comme étant un facteur commun; nous généralisons l'idée de produit, lors même que cette idée ne peut plus s'appliquer; & nous raisonnons sur ces produits supposés, comme nous le ferions sur des produits vrais.

Aussi, lorsque nous voulons estimer la valeur d'un rapport dont les deux termes évanouissent en même temps, en s'approchant différemment de la non-existence, nous sommes obligés de détruire cette multiplication apparente, & de chercher quels étoient ces deux termes, avant qu'on les eût fait paroître, ou qu'ils se fussent présentés d'eux-mêmes, sous la forme de produits par le même zéro. Je vais éclaircir cette assertion par quelques exemples & la démontrer ensuite généralement.

Soit la fraction $\frac{a^m - x^m}{a^n - x^n}$, dont les deux termes deviennent l'un & l'autre zéro, lorsque $x = a$; & dont on demande la valeur.

Dans ce cas

$$a^m - x^m = (a - x)(a^{m-1} + a^{m-2}x + a^{m-3}x^2 + a^{m-4}x^3 + \&c\ldots)$$

$$a^n - x^n = (a - x)(a^{n-1} + a^{n-2}x + a^{n-3}x^2 + a^{n-4}x^3 + \&c\ldots)$$

Donc $\dfrac{a^m - x^m}{a^n - x^n} = \dfrac{a - x}{a - x} \cdot \dfrac{(a^{m-1} + a^{m-2}x + a^{m-3}x^2 + a^{m-4}x^3 + \&c\ldots)}{(a^{n-1} + a^{n-2}x + a^{n-3}x^2 + a^{n-4}x^3 + \&c\ldots)}$

Partant $\dfrac{a^m - x^m}{a^n - x^n}$ est dans tous les cas égal à

$\dfrac{a^{m-1} + a^{m-2}x + a^{m-3}x^2 + a^{m-4}x^3 + \&c\ldots}{a^{n-1} + a^{n-2}x + a^{n-3}x^2 + a^{n-4}x^3 + \&c\ldots}$; & lorsque $x = a$, dans lequel cas la multiplication par $a - x$ n'est qu'apparente, cette fraction devient $\frac{m}{n} a^{m-n}$.

De même

$$\frac{V(1-xx) + 1 - x}{V(1-xx) - (1+x)} = \frac{V(1-x(V(1+x) + V(1-x))}{V(1-x(V(1+x) - V(1-x))} = \frac{V\,1+x + V\,1-x}{V\,1+x - V(1-x)}$$

dans tous les cas; & lorsque $x = 1$, cette fraction devient $\frac{V\,1+x}{V\,1+x} = \frac{V\,2}{V\,2} = 1$.

Généralement, soient P & Q deux fonctions de x, qui deviennent l'une & l'autre zéro; lorsque x revêt une valeur déterminée, on demande la valeur de la fraction $\frac{P}{Q}$ répondante à cette valeur de x.

Soient P' & Q' deux valeurs des fonctions P & Q répondantes à la valeur $x + \Delta x$ de x; on a

$$P' = P + \Delta x \frac{dP}{dx} + \frac{\Delta x^2}{1.2} \frac{ddP}{dx^2} + \frac{\Delta x^3}{1.2.3} \frac{d^3P}{dx^3} + \frac{\Delta x^4}{1.2.3.4} \frac{d^4P}{dx^4} + \&c.$$

$$Q' = Q + \Delta x \frac{dQ}{dx} + \frac{\Delta x^2}{1.2} \frac{ddQ}{dx^2} + \frac{\Delta x^3}{1.2.3} \frac{d^3Q}{dx^3} + \frac{\Delta x^4}{1.2.3.4} \frac{d^4Q}{dx^4} + \&c.$$

Donc $\dfrac{P'}{Q'} = \dfrac{P + \Delta x \frac{dP}{dx} + \frac{\Delta x^2}{1.2} \frac{ddP}{dx^2} + \frac{\Delta x^3}{1.2.3} \frac{d^3P}{dx^3} + \frac{\Delta x^4}{1.2.3.4} \frac{d^4P}{dx^4} + \&c.}{Q + \Delta x \frac{dQ}{dx} + \frac{\Delta x^2}{1.2} \frac{ddQ}{dx^2} + \frac{\Delta x^3}{1.2.3} \frac{d^3Q}{dx^3} + \frac{\Delta x^4}{1.2.3.4} \frac{d^4Q}{dx^4} + \&c.}$

Et partant, lorsque P & Q sont l'un & l'autre zéros

$$\frac{P'}{Q'} = \frac{\Delta x \frac{dP}{dx} + \frac{\Delta x^2}{1.2} \frac{ddP}{dx^2} + \frac{\Delta x^3}{1.2.3} \frac{d^3P}{dx^3} + \frac{\Delta x^4}{1.2.3.4} \frac{d^4P}{dx^4} + \&c.}{\Delta x \frac{dQ}{dx} + \frac{\Delta x^2}{1.2} \frac{ddQ}{dx^2} + \frac{\Delta x^3}{1.2.3} \frac{d^3Q}{dx^3} + \frac{\Delta x^4}{1.2.3.4} \frac{d^4Q}{dx^4} + \&c.}$$

$$= \frac{\Delta x}{\Delta x} \times \frac{\frac{dP}{dx} + \frac{\Delta x}{1.2} \frac{ddP}{dx^2} + \frac{\Delta x^2}{1.2.3} \frac{d^3P}{dx^3} + \frac{\Delta x^3}{1.2.3.4} \frac{d^4P}{dx^4} + \&c.}{\frac{dQ}{dx} + \frac{\Delta x}{1.2} \frac{ddQ}{dx^2} + \frac{\Delta x^2}{1.2.3} \frac{d^3Q}{dx^3} + \frac{\Delta x^3}{1.2.3.4} \frac{d^4Q}{dx^4} + \&c.}$$

Détruisant la multiplication réelle ou apparente, suivant que Δx est ou n'est pas quantité, on obtient dans tous les cas

$$\frac{P}{Q} = \frac{\frac{dP}{dx} + \frac{\Delta x}{1.2} \frac{ddP}{dx^2} + \frac{\Delta x^2}{1.2.3} \frac{d^3P}{dx^3} + \frac{\Delta x^3}{1.2.3.4} \frac{d^4P}{dx^4} + \&c.}{\frac{dQ}{dx} + \frac{\Delta x}{1.2} \frac{ddQ}{dx^2} + \frac{\Delta x^2}{1.2.3} \frac{d^3Q}{dx^3} + \frac{\Delta x^3}{1.2.3.4} \frac{d^4Q}{dx^4} + \&c.}$$

Lorsque Δx est zéro, les quantités P' & Q' sont les fonctions mêmes P & Q qui évanouissent l'une & l'autre par la valeur déterminée de x & partant on obtient $\dfrac{P}{Q} = \dfrac{\frac{dP}{dx}}{\frac{dQ}{dx}} = \dfrac{dP}{dQ}$.

Si les termes $\dfrac{dP}{dx}$ & $\dfrac{dQ}{dx}$ deviennent aussi l'un & l'autre zéro pour la valeur déterminée de x, on fera sur la fraction $\dfrac{dP}{dQ}$ la même opération qu'on a faite sur la fraction $\dfrac{P}{Q}$; c. à d. qu'on cherchera la valeur de la fraction $= \dfrac{\frac{ddP}{dx^2}}{\frac{ddQ}{dx^2}}$ ou de $\dfrac{ddP}{ddQ}$; puis, dans le cas de l'évanouissance de cette expression, la valeur de $\dfrac{d^3P}{d^3Q}$, &c... jusqu'à ce qu'on vienne à une expression non-évanouissante.

On voit donc que le procédé dicté par le calcul différentiel pour trouver la valeur d'une fraction dont les deux termes évanouissent en même temps, revient à chercher les facteurs vrais, qui par leur multiplication apparente par zéro, ont évanoui en même temps; & qu'il revient toujours à comparer les quantités ou plutôt leurs expressions évanouissantes, non dans l'état où elles ont déjà cessé d'être quantités, mais dans celui où elles n'ont pas encore cessé de l'être.

S'il est difficile & peut-être impossible de comprendre les premiers principes de la théorie des infiniment-petits d'après le sentiment que ce sont des zéros absolus; il est bien plus difficile d'en comprendre les différents ordres. Mr. Euler parle du quarré, du cube, & d'une puissance quelconque de zéro, comme si ces expressions, qui ont pour premier fondement la multiplication, pouvoient s'appliquer au cas où l'évanouissance de tous les facteurs supposés ne permet plus de s'occuper de produits. Pour moi j'avoue que je ne puis absolument comprendre ce que c'est que prendre le néant point de fois; & je ne vois pas comment le résultat de cette opération prétendue peut différer du premier néant. Cette manière de développer les premiers principes d'une science aussi importante que l'est celle des calculs supérieurs, d'une science qui doit porter le nom de science exacte, doit exciter dans l'esprit des jeunes gens des sentimens d'admiration & d'étonnement bien plus que celui d'une conviction lumineuse. .

Soit une parabole dont l'équation est $yy = ax$; plus y est petit, plus aussi, & à plus forte raison, x est petit, puisque x décroit en raison doublée de y. Partant x diminue plus rapidement que ne diminue y, ou ces deux quantités s'approchent du néant d'une manière différente. Mais il m'est impossible de comprendre que la loi suivant laquelle ces quantités s'approchent du néant, subsiste encore dans le néant même; & que le point unique qui représente une fois l'abscisse évanouie, & une autre fois l'ordonnée évanouie, soit au second égard infiniment plus petit qu'il ne l'est au premier; savoir, je ne puis comprendre que de la proposition $a : y = y : x$ on puisse déduire que x est infiniment petit relativement à y, lorsque x & y ont l'un & l'autre évanoui. De même, soit l'équation à la parabole $y^3 = aax$; soit décrite sur le même axe une parabole dont l'équation est $y'y' = ax'$; & soient prises deux ordonnées égales y & y'; on aura $x : x' + \frac{y^3}{a^3} : \frac{y^2}{a} = y : a$. Partant, lorsque y ou y' sont zéros, le zéro provenant de x est infiniment petit relativement au zéro provenant de x'; mais le zéro provenant de x' est supposé infiniment petit relativement au zéro provenant de y; donc le zéro provenant de x est infiniment petit relativement à un zéro qui est lui-même infiniment petit; donc le zéro provenant de l'évanouissance de x est infiniment petit relativement au zéro provenant de l'évanouissance de y. On déduit de même d'après cette manière de développer les principes des calculs supérieurs, qu'un seul & même zéro, un point mathématique unique, le néant absolu, cet abyme de l'abstraction de la raison humaine, est relativement à lui-même, suivant les différentes manières dont on le conçoit provenu, un infiniment petit de tel ordre que l'on veut.

Mr. Euler, après avoir exposé son sentiment sur la nature des infiniment petits, s'en sert pour développer la nature de l'infini de la manière suivante.

La valeur d'une fraction $\frac{a}{b}$ dont le numérateur eſt conſtant, eſt d'autant plus grande que le dénominateur eſt plus petit; partant, ſi le dénominateur devient plus petit qu'aucune quantité aſſignable, ſavoir infiniment petit, ou zéro, la fraction devient plus grande qu'aucune quantité aſſignable. Partant l'expreſſion de l'infini eſt $\frac{a}{0}$.

Cette expreſſion de l'infini, qui ſe préſente très-ſouvent d'elle-même dans les calculs, eſt ſans doute très-commode; mais nous en donne-t-elle une idée claire & telle que l'exige l'évidence mathématique? L'idée même de fraction ne ſuppoſe-t-elle pas que chacun de ſes termes eſt une quantité; & peut-on dire qu'une fraction ſubſiſte, lorsqu'un de ſes termes a évanoui? Ou bien, remontant à l'origine des fractions, peut-on comprendre ce que c'eſt que diviſer l'unité en point de parties égales, & prendre un nombre fini de ces parties? Si on regarde l'expreſſion $\frac{a}{0}$ comme étant un quotient, peut-on faire une réponſe intelligible à la queſtion, combien de fois le néant entre dans quelque choſe? La diviſion ne ſuppoſe-t-elle pas que ſes deux termes ſont l'un & l'autre des quantités; ſoit qu'on cherche combien de fois le dividende contient le diviſeur, ſoit qu'on partage le dividende en autant de parties égales que le diviſeur contient d'unités?

De l'expreſſion $\frac{o}{o} = \infty$ Mr. Euler déduit $a = o \times \infty$, c. à d. que le produit de l'infini par zéro donne une quantité finie; & il appuie ſon ſentiment par l'exemple de la tangente & de la cotangente de 90°, dont le produit eſt dit être égal au quarré du rayon, & par conſéquent fini; quoique la tangente de 90° ſoit dite infinie, & ſa cotangente zéro, ſavoir la tangente de l'arc zéro.

Pour voir ſi cet exemple a toute la force que Mr. Euler lui attribue, remontons aux premières notions des expreſſions trigonométriques. La tangente trigonométrique d'un arc eſt la partie de la tangente géométrique menée par l'une des extrémités de cet arc, compriſe entre cette extrémité & le rayon paſſant par l'autre extrémité du même arc. Partant, l'idée de tangente trigonométrique eft néceffairement fondée fur la rencontre de la tangente géométrique avec ce rayon; & elle difparoît quand cette rencontre n'a pas lieu. Or la tangente géométrique menée à une extrémité de l'arc 90° ne rencontre pas le rayon qui paffe par l'autre extrémité; donc toute idée de tangente trigonométrique difparoît pour l'arc de 90°. De même que l'arc zéro a zéro pour tangente ou n'a point de tangente; l'arc de 90° n'a non plus aucune tangente. Les tangentes de ces arcs qui décroiffent & qui croiffent depuis 45° jufqu'à o & 90°, tendent de deux manières oppofées à ceffer d'être des quantités ou des tangentes trigonométriques: les premières en s'évanouiffant, ou en perdant la propriété diftinctive de la grandeur d'être fufceptible de diminution: les autres en épuifant toute la quantité & en perdant la propriété diftinctive des grandeurs d'être toujours fufceptible d'augmentation. Dire que la tangente de 90° eft infinie, c'eft dire qu'elle rencontre à une diftance infinie le rayon tiré par l'autre extrémité, c. à d. qu'elle ne le rencontre nulle part; ou enfin qu'elle ne le rencontre pas. En vain recourroit-on à l'analogie & à la loi de continuité, pour appliquer aux tangentes des arcs de o & de 90° ce qui eft vrai pour les tangentes de tous les autres arcs qui font compléments l'un de l'autre. 1°. On a violé l'une & l'autre en étendant les idées de produit & de rectangle au delà de leurs définitions; en les appliquant au cas où les termes ceffent d'être des quantités; & en concluant des objets d'une efpèce, à ceux qui font reconnus être d'efpèce tout à fait différente d'eux. 2°. Le fondement de la conftance du rectangle des tangentes de deux angles complements l'un de l'autre, favoir les triangles femblables defquels on déduit leur réciprocité, a difparu lorfqu'un de ces angles a difparu, & que l'autre eft de 90°, & n'eft-ce pas le cas de dire *ceffante cauſa ceffat effectus?* 3°. Quant à la loi de continuité, n'y a-t-il pas un faut immenfe de l'exiftence au néant & du fini à l'infini?

Le rectangle des tangentes de deux arcs compléments l'un de l'autre étant conftant (tant qu'il y a lieu à parler de tangentes), on peut repréfenter ces tangentes par les coordonnées d'une hyperbole d'Apollonius rapportée à fon afymptote: & alors, de même que l'ordonnée à l'afymptote n'évanouit jamais, mais devient feulement plus petite qu'aucune quantité réellement assignée; on pourra conclure aussi qu'on ne peut jamais y déterminer les tangentes de o & de 90°; & que l'assertion de la constance de leurs rectangles étant fondée sur la supposition de leur existence, cette assertion tombe avec la supposition. Les tangentes trigonométriques des arcs semblables sont entr'elles comme les rayons des cercles auxquels ces arcs appartiennent, tant qu'elles sont en effet des tangentes; mais lorsqu'elles ont cessé de l'être, en perdant l'une & l'autre des propriétés essentielles à la grandeur, on ne peut plus leur appliquer l'idée de la proportionalité. Et l'assertion, que les tangentes infinies de 90° sont entr'elles comme les rayons des cercles auxquels ces arcs appartiennent, paroît opposée aux premières notions que nous croyons pouvoir nous faire de l'étendue infinie, l'une desquelles paroît être l'égalité des lignes parallèles entr'elles & infiniment prolongées, menées de différents points de l'espace. D'un petit point pris sur un plan soient décrits des cercles concentriques; de ce point soit menée une droite quelconque infiniment productible; & soient menées à ces cercles des tangentes parallèles à cette droite (aussi infiniment productibles): y a-t-il aucune raison pour laquelle une de ces droites puisse demeurer plus grande ou plus petite que l'autre? & toute inégalité supposée ne pourroit-elle pas être détruite par le prolongement de celle qui seroit supposée la plus petite, de manière qu'elle devînt au contraire plus grande que celle qui étoit supposée déterminée à être la plus petite?

Ce que Mr. Euler affirme sur les différents ordres d'infinis, est fondé sur ce qu'il a affirmé sur les différents ordres d'infiniment-petits & est sujet aux mêmes difficultés. Si toute idée de division évanouit lorsque l'un de ces termes évanouit, à plus forte raison ne pouvons-nous nous former une idée de la division du quotient provenu de cette prétendue division par le même terme évanoui. Savoir, si nous ne pouvons concevoir l'expression $\frac{1}{o} = \infty$,

à plus forte raison ne pouvons-nous concevoir l'expression $\frac{\frac{1}{o}}{o} = \frac{1}{o^2} = \infty^2$;

& à plus forte raison sommes-nous dans la même incapacité pour les ordres ultérieurs d'infinis.

Soient deux hyperboles rapportées à leurs asymptotes, dont les équations sont l'une $xy = ab$ & l'autre $x'y'y' = a'b'b' = abb$; les abscisses répondantes à des ordonnées égales y & y' sont $x = \dfrac{ab}{y}$, & $x' = \dfrac{abb}{y'y'}$; & partant ces deux abscisses sont entr'elles dans le rapport de $\dfrac{ab}{y}$ à $\dfrac{abb}{yy}$, ou de 1 à $\dfrac{b}{y}$; mais ce rapport a lieu tant que ces deux ordonnées sont réellement des ordonnées, c. à d. que dans leur cours réel ces deux courbes s'approchent différemment de l'asymptote. Mais dans la supposition contradictoire que ces deux courbes rencontrent l'asymptote, ce qu'on dit avoir lieu à l'extrémité imaginaire de l'asymptote, je ne conçois pas comment on peut affirmer que le point où l'une de ces courbes rencontre son asymptote, est infiniment plus éloigné de l'origine des abscisses que n'est le point où l'autre courbe la rencontre; lequel est lui-même infiniment éloigné de cette origine. Ces deux distances sont l'une & l'autre infinies; & l'idée que nous nous faisons naturellement de deux lignes, l'une & l'autre infinies, menées du même point, est en particulier que ces deux lignes sont égales entr'elles, & non pas qu'elles sont l'une infiniment plus grande que l'autre. Nous avons appliqué (mal à propos) à un état impossible de la grandeur, ce qui est vrai dans tous les états par lesquels elle peut réellement passer.

Pour éclaircir l'expression de l'infini $\dfrac{1}{0}$, Mr. Euler la présente sous la forme $\dfrac{1}{1-1}$, qu'il réduit dans la suite $1 + 1 + 1 + 1 + 1 + 1 +$ &c... qui peut être continuée au delà de toute limite, ou est infinie; d'où il conclut que l'expression $\dfrac{1}{0}$ est bien propre à désigner l'infini.

J'observe que la somme des termes d'une suite provenante du développement d'une fraction dont le dénominateur est composé de deux ou plusieurs termes, approche d'autant plus de la vraie valeur de cette fraction que l'on prend plus de termes, dans le cas où le premier terme du dénominateur est plus grand que ses autres termes: & au contraire, cette somme s'éloigne d'autant plus de la vraie valeur de cette fraction que l'on prend plus de termes,

lorsque

lorsque le premier terme est plus petit que ceux qui le suivent. Partant, dans le cas où le dénominateur est composé de deux termes égaux, nous devons rester dans le doute, si la somme de la suite provenue de son développement est dans le cas de s'éloigner ou de s'approcher de la vraie valeur de là fraction, d'autant plus que l'on en prend un plus grand nombre de termes.

La vraie valeur de $\frac{1}{1-x}$ est $1 + x + x^2 + x^3 + x^4 + \ldots x^{n-2}$

$+ x^{n-1} + \frac{x^n}{1-x}$.

Donc la vraie valeur de $\frac{1}{1-1}$ est $1 + 1 + 1 + 1 + 1 + 1 + 1 + \ldots$

$1 + 1 + \frac{1}{1-1}$.

Partant, quel que soit le nombre de termes qui ayent été développés, leur somme diffère toujours de la valeur de la fraction $\frac{1}{1-1}$, d'une quantité égale à cette fraction. Partant, si on se permet de réaliser l'idée de l'infini, & de lui appliquer ce qui est vrai pour le fini, quelque grand qu'il soit, on pourra dire que quand on a développé un nombre infini de termes de cette suite d'unités, l'expression $\frac{1}{1-1}$ n'est pas seulement égale à l'infini, mais à la somme de l'infini & d'elle-même; d'où on pourroit tirer les conséquences les plus étranges, tant sur sa valeur que sur celle de l'infini; par exemple, que l'infini est infiniment petit relativement à elle, & partant qu'elle est infinie du second ordre; ou bien que si elle est un infini du premier ordre, l'infini s'évanouit devant elle, ou est une quantité finie; ou bien, que cette fraction doit être regardée tantôt comme infinie, & tantôt comme finie ou évanouissante; ou bien enfin que cette expression est double d'elle-même.

Toutes ces inconséquences proviennent de ce qu'on regarde comme propre à nous éclairer sur la nature de l'infini une opération qui ne peut s'appliquer qu'aux quantités, c. à d. à des êtres finis; & cette opération nous laissant toujours à un même éloignement de l'expression $\frac{1}{1-1}$, elle nous montre que cette expression revient à regarder l'infini comme ce à l'égard du quel toute quantité finie est négligible; ou comme ce qui ne souffre aucune altération pour l'addition d'une quantité finie quelconque.

Lors même que l'expression de l'infini $\frac{1}{1-1}$, & la réduction de cette expression en suite, seroit propre à nous éclairer sur sa nature, je remarque qu'on ne pourroit rien en conclure, parce que cette expression est tout-à-fait arbitraire, & qu'il y a un nombre infini d'autres expressions qui paroîtroient devoir revenir au même que celle-là; & qui cependant donneroient des résultats différents du sien, ou conformes au sien, suivant les manières dont on les traiteroit.

Au lieu de représenter 0 sous la forme $1-1$, qu'on regarde 0 comme étant $1^n - 1^n$, & partant $\infty = \frac{1}{1^n - 1^n}$; réduisant ensuite on obtient $\infty = 1^{-n} + 1^{-n} + 1^{-n} + 1^{-n} + 1^{-n} + \ldots$ & comme l'unité est reconnue jouir de la propriété, que toutes ses puissances sont égales entr'elles & à elle-même, il paroît que cette dernière suite qu'on donne pour l'expression de l' ∞, revient au même que la première; puisque ces deux suites sont composées de termes égaux, & qu'il n'y a aucune raison pour laquelle le nombre de leurs termes puisse être différent. Cependant, en présentant $1^n - 1^n$ sous la forme $(1-1)(1^{n-1} + 1^{n-1} + 1^{n-1} + 1^{n-1} + 1^{n-1} + \ldots)$ dont le nombre des termes est égal à n, on trouve $\infty = \frac{1}{n(1-1)} = \frac{1}{n} \times \frac{1}{0} = \frac{1}{n} \infty$; & partant l'infini, traité comme une quantité unique, seroit égal à la n^{me} partie de lui-même. En particulier, soit $n = \infty$; on trouve $\infty = \frac{1}{\infty} \times \infty = 0 \times \infty$, produit apparent qu'on dit désigner une quantité finie. Soit $n = 0$; $\infty = \frac{1}{0 \times 0} = \frac{1}{0^2} = \infty^2$; & partant l'infini du premier ordre seroit le même que l'infini du second. Ou bien soit regardé 0 comme étant l'excès de $1-1$ sur lui-même; ou $\frac{1}{0} = \frac{1}{(1-1)-(1-1)}$, on aura $\frac{1}{0} = \frac{1}{1-1} + \frac{1}{1-1} + \frac{1}{1-1} + \frac{1}{1-1} + \frac{1}{1-1} + \ldots$; savoir l'infini, égal à l'infini pris une infinité de fois; ou un infini du second ordre.

De même, puisque $\dfrac{1}{(1-x)^2} = 1 + 2x + 3x^2 + 4x^3 + 5x^4$

$+ \dots (n-1)x^{n-2} + nx^{n-1} + \dfrac{(n+1)x^{n+1} - nx^{n+2}}{(1-x)^2}$.

$\dfrac{1}{(1-1)^2} = 1 + 2 + 3 + 4 + 5 + \dots n-1 + n + \dfrac{n+1-n}{(1-1)^2}$

$\qquad = 1 + 2 + 3 + 4 + 5 + \dots n-1 + n + \dfrac{1}{(1-1)^2}$,

& partant, quel que foit le nombre des termes de la fuite des nombres naturels provenus du développement actuel de la fraction $\dfrac{1}{(1-1)^2}$, la fomme de fes termes s'éloigne toujours également de la valeur de cette fraction : favoir, d'une quantité égale à cette même fraction ; & partant ce développement ne fauroit nous éclairer fur la nature de l'objet dont nous croyons pouvoir nous occuper.

En général, la fuite provenante de l'expreffion $\dfrac{1}{(1-1)^2}$ diffère toujours d'une même quantité de la valeur de cette expreffion ; & partant, bien loin que ce développemement foit propre à éclaircir la nature de l'infini & de fes différents ordres, il ne peut que nous confirmer dans le fentiment de notre incapacité à raifonner fur l'infini. Les conféquences qui découlent de ce développement ne doivent-elles pas nous faire croire qu'il eft trompeur ; qu'en préfentaut fous la forme de quantité ce qui n'eft pas quantité, & en faifant fubir à ces expreffions (prifes comme répondantes à quelque état réel) des opérations qui ne font légitimes que fur les quantités, nous faifons violence à la nature des chofes, qui nous en avertit par les inconféquences dans lefquelles ces opérations mêmes nous entraînent ?

Je regrette que Mr. Euler ayant traité les calculs fupérieurs avec autant d'étendue qu'il l'a fait, fe foit contenté de les enrichir d'une foule de découvertes purement algébriques ; que leurs applications géométriques ayant été traitées pour un grand nombre de mathématiciens, il ait regardé comme inutile qu'il parcourût de nouveau une carrière qui lui paroiffoit fuffifamment battue. Lors même qu'il n'auroit pas augmenté à cet égard la maffe de nos connoiffances (ce que nous ne devons pas préfumer d'une Génie auffi inventif,) il eût été très-intéreſſant (tout au moins pour l'hiſtoire de la marche de l'eſprit humain) de voir comment ce grand homme, conſéquent à ſes principes, les auroit appliqués aux objets dont s'occupe la Géométrie. Pour moi, il me ſemble qu'il auroit été obligé d'embraſſer le premier ſentiment de Cavalieri, (pris ſans aucune des modifications que ce dernier mathématicien y a enſuite ajoutées pour ſe rapprocher des idées plus ſaines ſur la nature des quantités continues); & que le ſentiment de Mr. Euler revient à regarder les lignes comme un aſſemblage infini de points mathématiques, c. à d. une longueur finie comme provenante de la répétition infinie d'un zéro de longueur; à regarder les ſurfaces comme un aſſemblage infini de lignes mathématiques, c. à d. une largeur finie comme provenante de la répétition infinie d'un zéro de largeur; & enfin à regarder les ſolides comme un aſſemblage infini de plans mathématiques, c. à d. une épaiſſeur finie comme provenante de la répétition infinie d'un zéro d'épaiſſeur. Qu'il me ſuffiſe de juſtifier cette aſſertion par un ſeul exemple. Soit une courbe rapportée à une axe par des ordonnées perpendiculaires, par exemple, à cet axe: Les ds & $a\,dx$ de Mr. Euler, repréſentant des zéros de ſurface de la courbe & du rectangle, ayant un côté conſtant & dont l'autre côté croît comme les abſciſſes, la comparaiſon qu'il fait de ces deux zéros, pour en déduire le rapport des changemens ſimultanés de la ſurface de la courbe & du rectangle, ne revient-elle pas à regarder la première ſurface comme étant l'aſſemblage de toutes les ordonnées élevées de chacun des points de l'axe diviſé en une infinité de parties égales, dont chacune eſt zéro; & à regarder le rectangle comme une répétition de la ligne a priſe une infinité de fois? Ce langage, auſſi hardi qu'il eſt incompréhenſible, peut-il être admis dans le développement des premiers principes d'une ſcience qui doit être toute lumineuſe? Pour moi, je penſe que dans l'ignorance où nous ſommes ſur la nature des premiers élémens de l'étendue, nous ne devons pas faire dépendre la vérité des propoſitions mathématiques des myſtères incompréhenſibles d'une Métaphyſique ſubtile, & que nous ſommes réduits à regarder chacune des différentes étendues que nous avons jugé à propos de conſidérer ſéparément, comme étant compoſée d'étendues de la même eſpèce qu'elle.

Au reste Mr. Euler n'a pas toujours professé l'opinion qu'il a embrassée dans son calcul différentiel, de regarder les infiniment petits comme des zéros absolus. Ainsi, dans son Introduction à l'analyse des infiniment petits, la première fois qu'il est appelé à parler des quantités infiniment grandes & infiniment petites, savoir dans le Chapitre VIIIme, qui contient le calcul des logarithmes, il ne regarde pas les infiniment petits comme des zéros absolus, mais comme des quantités si approchantes de zéros, que seulement elles ne lui sont pas égales: *sit ω numerus infinite parvus, seu fractio tam exigua, ut tantum non nihilo sit æqualis*; & comme il regarde ensuite l'infini comme l'inverse de l'infiniment petit, l'indétermination qui a lieu dans sa désignation de l'infiniment petit, règne aussi dans celle de l'infini; & en particulier elle doit laisser des doutes sur la vérité des formules qu'il déduit de la négligibilité des nombres finis quelconques relativement à l'infini.

Malgré tout ce que je viens de dire sur notre incapacité à comprendre l'expression $\frac{1}{0}$, je ne puis disconvenir que son introduction ne soit très-commode; & qu'elle ne se présente très-souvent d'elle-même dans la suite des calculs.

Par exemple, toutes les fois que dans une courbe il y a une plus grande ou une plus petite ordonnée, en sorte qu'à l'extrémité de cette ordonnée la tangente est parallèle à l'axe, on est averti de la position de cette tangente; parce que l'expression de la soustangente, qui est toujours $y \times \frac{dx}{dy}$, devient $y \times \frac{1}{0}$; mais nous ne devons rien en conclure, ni pour l'existence réelle de l'infini, ni pour l'intelligibilité de cet état de la grandeur réel ou imaginaire. Le calcul nous apprend, par cette expression, qu'au point de *maximum* ou de *minimum* il n'y a plus lieu à parler de soustangente, ou de la rencontre de la tangente avec l'axe: de la même manière que l'introduction des quantités imaginaires dans la solution des questions que nous croyons nous proposer sur des objets réels, nous avertit de la contradiction qui avoit lieu, souvent à notre insu, dans leur énoncé. De même, lorsque cette expression entre dans celle du rayon de courbure (ainsi que cela a lieu en particulier aux points d'inflexion): elle nous apprend que la pofition de l'arc de la courbe fe rapproche de celle de fa tangente, plus que ne s'en approche l'arc d'un cercle quelconque; tandis que par une induction précipitée nous étions portés à regarder ces deux pofitions comme comparables l'une à l'autre.

§. LXVIII.

On peut regarder tout ce qui eft contenu dans les Chapitres précédents comme n'étant qu'un développement de la manière dont Neuton & le plus grand nombre des Auteurs Anglois ont envifagé les principes des calculs fupérieurs: je ferois fuffifamment récompenfé de mon travail, fi ce développement étoit regardé comme digne des idées que ce Génie fublime n'a fait que propofer.

Qu'il me foit permis cependant de faire obferver qu'on reproche à Neuton d'avoir introduit dans les Mathématiques pures des idées qui paroiffent leur être étrangères, telles que celles du temps, du mouvement & de la vîtéffe; & il me paroît qu'il valoit tout au moins la peine d'expofer une partie des Mathématiques pures auffi importante que l'eft celle des calculs fupérieurs, fans y introduire des principes de Méchanique dont il paroît qu'elles doivent être indépendantes. Puifque l'Académie a jugé à propos de propofer cette matière, il faut bien qu'elle ait cru que le profond & folide ouvrage de Maclaurin, fondé fur ces principes, ne répondoit pas complètement à la nature de l'objet des Mathématiques pures. D'ailleurs, l'expreffion de première & dernière raifon que Neuton emploie très-fouvent, me paroît fuppofer des idées trop fubtiles pour trouver place dans l'expofition des éléments d'une fcience qu'on doit ramener aux notions les plus fimples & les plus évidentes. Il paroît, fuivant cette expreffion, que Mr. Neuton contemple les grandeurs dans un état intermédiaire entre l'exiftence & le néant, état qu'il eft bien difficile, pour ne pas dire impoffible, de faifir. *Per ultimam rationem quantitatum evanefcentium intelligenda eft ratio quantitatum, non antequam evanefcunt, non poftea, fed quâcum evanefcunt.* (Scolie du Lemme XIme du premier Livre des Principes). Auffi ce fublime Auteur fe faifant à lui-même l'objection, que s'il y a un dernier rapport des quantités évanouissantes, il y aura aussi des dernières grandeurs, (contre ce qui est prouvé dans les éléments), il est obligé de donner de cette expression un éclaircissement qui la rapproche de la vraie notion de l'objet du calcul différentiel, & à laquelle seule il me paroît qu'il auroit dû se tenir. *Vltimæ rationes illæ quibuscum quantitates evanescunt, revera non sunt rationes quantitatum ultimarum, sed limites, ad quos quantitatum sine limite decrescentium rationes semper appropinquant & quam propius assequi possunt quam pro data quavis differentia, nunquam vero transgredi (neque prius attingere quam quantitates diminuuntur in infinitum).* Je ne sens pas la nécessité de cette dernière phrase, qui semble supposer la possibilité d'un état sur lequel Mr. Neuton n'a pas prononcé, & dont l'examen méritoit bien d'occuper ce grand homme.

On regardera avec plus de raison tout ce qui est contenu dans les Chapitres précédents, comme le développement des idées sur les principes des calculs supérieurs, que Mr. d'Alembert n'a fait qu'ébaucher & comme proposer dans l'article différentiel de l'Encyclopédie & dans ses Mélanges.

Je pense donc que les principes des calculs supérieurs, dépouillés de toute idée de l'infini, peuvent être réduits aux propositions contenues dans le premier Chapitre de cet ouvrage; & récapitulant ces dernières, elles reviennent au principe suivant, qui est suffisamment éclairci par tout ce qui est contenu dans ce Mémoire.

Si une quantité variable, susceptible de limite, jouit constamment d'une certaine propriété, sa limite jouit de la même propriété. Et si une quantité variable, susceptible de limite, approche d'autant plus de jouir d'une certaine propriété, qu'elle approche d'avantage de sa limite, de manière qu'il n'y ait aucune limite à la capacité qu'elle a de jouir de cette propriété, sa limite jouit de cette propriété.

§. LXIX.

Quelqu'obscure que soit pour nous l'idée de l'infini, on ne peut disconvenir que l'introduction de son expression ne soit souvent très-commode, & qu'elle ne facilite d'une manière surprenante un grand nombre de recherches tant algébriques que géométriques. Mais nous ne devons pas plus en conclure en faveur de sa réalité, que nous ne sommes portés à accorder une existence réelle aux quantités dont nous reconnoissons que les expressions sont purement imaginaires; quoique l'introduction de ces dernières abrège souvent les calculs, & nous conduise à des découvertes réelles, qui sans elles auroient pu être beaucoup plus difficiles. Pour donner un exemple du véritable sens dans lequel on doit prendre l'expression de l'infini qui sert à abréger & à faciliter plusieurs recherches qu'on fait sur les lignes courbes, j'ébaucherai les premiers éléments des courbes infinibles & des courbes asymptotiques & comme leur théorie a été développée d'une manière complète par les premiers mathématiciens de ce siècle, (voyez entr'autres Maclaurin, Cramer, Euler,) je ne pourrois que répéter inutilement ce qui a été traité long-tems avant moi, si je voulois entrer dans de trop grands détails sur cette matière.

Les premières courbes infinibles qui se présentent, sont les courbes paraboliques & les courbes hyperboliques rapportées à leurs asymptotes; dont les équations sont $y^n = x$; & $y^n = \frac{1}{x}$; n étant un nombre positif quelconque. L'examen de ces deux espèces de courbes est d'autant plus important, que c'est à elles qu'on rapporte les autres courbes infinibles, considérées sous le point de vue de leur infinibilité.

Dans toutes ces courbes, à une valeur positive de x, quelque grande qu'elle soit, répond toujours au moins une valeur de y. Partant, de même qu'il n'y a aucune limite à la valeur de x, il n'y a non plus aucune limite à l'étendue de ces courbes; ou, elles sont infinibles dans leurs cours.

Dans les courbes paraboliques les ordonnées & les abscisses croissent en même temps, quoique suivant des loix différentes; & dans chacune de ces courbes, il n'y a aucune limite, tant à la grandeur de l'abscisse qu'à la grandeur de l'ordonnée. Savoir, on peut aussi bien rapporter la courbe à l'axe des abscisses, ou des x, qu'on peut la rapporter à la tangente au sommet de la courbe, sur laquelle on prendra les y comme abscisses; & à une abscisse, quelque grande qu'elle soit, prise sur la tangente, il répond toujours une ordonnée de la courbe parallèle au premier axe des abscisses. Cette propriété

des

des paraboles paroît contraire à l'état actuel de la grandeur infinie. En effet, dans la suppofition que la courbe eft réellement infinie, l'une de fes coordonnées fera cependant plus grande que l'autre; pourquoi ne pourroit-on pas rendre celle de ces coordonnées qui feroit la plus petite, égale à celle qui eft fuppofée la plus grande, & prolonger la courbe de manière que celles de ces coordonnées qui étoit fuppofée avoir acquis fa plus grande longueur, fera cependant devenue plus grande?

Dans toutes les paraboles où n eft plus grand que l'unité, il n'y a aucune limite à la petiteffe de l'angle que la tangente fait avec l'axe. En effet la tangente trigonométrique de cet angle eft $\frac{dy}{dx}$. Mais d'après l'équation des paraboles, $y^n = x : \frac{dy}{dx} = \frac{1}{ny^{n-1}}$. Donc la tangente trigonométrique de cet angle eft $\frac{1}{ny^{n-1}}$. Et comme il n'y a aucune limite à la grandeur de y, il n'y a aucune limite à la petiteffe de cette expreffion. Savoir, les tangentes à différents points d'une parabole approchent d'autant plus d'être parallèles à l'axe, que les points desquels on les mène font plus éloignés du fommet; & la pofition de ces tangentes relativement à l'axe peut différer du parallélifme moins que n'en diffère la pofition d'aucune ligne qui rencontre l'axe fous un angle propofé, quelque petit qu'il foit: & cependant cette tangente ne peut devenir exactement parallèle à l'axe que dans la fuppofition où la courbe feroit actuellement prolongée à l'infini.

La courbure des paraboles dans leurs différents points eft d'autant plus petite, ou leurs rayons de courbure font d'autant plus grands, que les arcs dont on cherche la courbure font plus éloignés du fommet. En effet, l'expreffion du rayon de courbure, étant $\dfrac{\left(1 + \frac{dy^2}{dx^2}\right)^{\frac{3}{2}}}{-\frac{ddy}{dx^2}}$, ce rayon pour les courbes paraboliques eft $\frac{nn}{n-1} y^{2n-2} \left(1 + \frac{1}{nny^{2n-2}}\right)^{\frac{3}{2}}$; expreffion qui approche d'autant plus d'être $\frac{nn}{n-1} y^{2n-2}$ (ou $\frac{nn}{n-1} \times \frac{xx}{y}$), que y eft plus grande; & comme y n'a aucune limite en grandeur, l'expreſſion de ce rayon n'a non plus aucune limite en grandeur. "

Cette propriété des rayons de courbure s'accorde avec la tendance des tangentes à différents points de la parabole à devenir parallèles à l'axe, d'autant plus grande que ces points ſont plus éloignés du ſommet; de laquelle il réſulte une tendance au parallélisme des normales à différents points de la parabole, d'autant plus grande que les points desquels ces normales ſont menées ſont plus éloignés du ſommet.

Cette tendance au parallélisme, tant des tangentes que des rayons de courbure, ſert à montrer la manière dont les arcs paraboliques eux-mêmes tendent à devenir des lignes droites parallèles à l'arc; mais non la manière dont ces arcs le deviennent, ou le ſont réellement. Le parallélifme abſolu, tel qu'on devroit l'admettre dans la ſuppoſition de l'état actuellement infini de ces courbes, ſeroit une poſition unique, la même pour toutes, & une coïncidence complète de leurs arcs pris à une diſtance infinie du ſommet, avec la droite parallèle à l'axe menée par l'un de leurs points. J'avoue donc que je ne puis comprendre ce qu'on entend quand on dit que deux arcs de paraboles d'ordres différents, prolongées à l'infini, en même temps qu'ils ſont l'un & l'autre parallèles à l'axe, ſont cependant l'un infiniment plus courbe que l'autre, ou diffèrent infiniment l'un de l'autre à l'égard de leur coïncidence avec une droite parallèle à cet axe; tandis que je crois comprendre d'une manière très-claire la différence que l'équation de ces courbes entraine dans la manière dont elles tendent à revêtir ce parallélifme tant que leurs dimenſions ſont finies & aſſignables.

L'aſſertion, que les ſegments paraboliques infinis ſont aux rectangles de leurs coordonnées dans un rapport conſtant (déterminé par l'équation de chacune de ſes courbes), a pour véritable ſens, que dans le cours infinible de ces courbes leurs ſegments conſervent cette propriété, quelque grandes que ſoient leurs dimenſions, (toujours finies & aſſignables,) ou quelque loin que ces courbes ſoient prolongées.

On doit entendre de la même manière la tendance qu'ont les arcs hyperboliques à devenir parallèles à leurs aſymptotes, d'autant plus que les abſciſ-

ſes priſes ſur les aſymptotes ſont plus grandes. Elles ne deviendroient rigoureuſement parallèles à ces aſymptotes, que dans la ſuppoſition (contradictoire) où l'aſymptote étant réellement infinie, ces courbes ne lui ſeroient
pas ſeulement parallèles, mais encore coïncideroient avec elle. Quant à l'expreſſion, que dans les hyperboles dans l'équation desquelles $y^n = \frac{1}{x}$, n eſt
plus grand que l'unité, l'eſpace aſymptotique infini compris entre une ordonnée, l'aſymptote infiniment prolongée, & l'arc hyperbolique auſſi infiniment
prolongé, a un rapport donné au rectangle de cette ordonnée par l'abſciſſe
correſpondante comptée depuis le centre; cela ſignifie que, ſi ces courbes
infinibles étoient en effet prolongées à l'infini, l'expreſſion de cet eſpace infini ſeroit telle qu'il a été aſſigné. Mais cette aſſertion ne peut pas avoir plus
de réalité que la ſuppoſition de l'infini actuel auquel elle s'applique; & elle
ne doit être priſe que comme l'expreſſion de la limite dont tout eſpace hyperbolique fini, réellement aſſigné & terminé par deux ordonnées, approche
d'autant plus que l'abſciſſe compriſe entr'elles eſt plus grande (voyez le §I.).

La commodité des expreſſions que je viens d'éclaircir, peut engager à les
conſerver dans le langage mathématique; mais je déſire qu'on ne les emploie
que dans leur véritable ſignification, & comme moyens pour parvenir aux
expreſſions des quantités réelles, ſans prononcer ſur la réalité des objets
qu'elles déſignent. Ainſi, quelle que ſoit la ſuppoſition (raiſonnable ou
contradictoire) que l'eſpace aſymptotique infini, à compter depuis une ordonnée b répondante à l'abſciſſe a comptée depuis le centre, eſt $\frac{1}{n-1} a b$; &
que l'eſpace aſymptotique, auſſi infini à compter depuis une autre ordonnée
y répondante à l'abſciſſe $a + x$, eſt $\frac{1}{n-1} y (a + x)$; on aura toujours
l'expreſſion de l'eſpace hyperbolique fini compris entre les ordonnées b & y.
Il eſt indifférent que les expreſſions des eſpaces infinis compris depuis les
ordonnées b & y ſoient celles d'eſpaces réels ou d'eſpaces imaginaires; pourvu
que dans ce dernier cas, l'hypothèſe affecte également les expreſſions des
deux eſpaces: elle n'a aucune influence ſur la différence de ces deux expreſſions. C'eſt ainſi que la décompoſition en facteurs imaginaires d'une quan-

tité qui n'a aucun facteur réel, ne laisse pas de mener à des expressions vraies, lorsque dans les récompositions les quantités imaginaires se détruisent mutuellement.

On doit apprécier de même l'expression (contradictoire, si on la juge suivant la précision mathématique) que les asymptotes des courbes asymptotiques sont des tangentes à ces courbes menées à un point infiniment éloigné. Le véritable sens est que l'équation d'une courbe asymptotique, ou l'équation différentielle qui en est déduite, approche d'autant plus d'être l'équation d'une ligne droite, que cette courbe est prolongée plus loin de l'origine des coordonnées. Ainsi l'équation à l'hyperbole d'Apollonius étant $y\,y = \dfrac{b\,b}{a\,n}$ $(x\,x - a\,n)$, plus x est grande, plus le rapport de $x\,x$ à $a\,n$ est grand; & partant plus le rapport de $x\,x$ à $x\,x - a\,n$ approche du rapport d'égalité; partant plus l'équation de la courbe approche d'être $y\,y = \dfrac{b\,b}{a\,n}\,x\,x$; ou $y = \dfrac{b}{a}\,x$; équation à une ligne droite, qui rencontre l'axe sous un angle dont la tangente est au rayon dans le rapport de b à a; ou bien l'équation différentielle de cette hyperbole, est $\dfrac{dy}{dx} = \dfrac{b\,b}{a\,n} \times \dfrac{x}{y} = \dfrac{b\,b}{a\,n} \times \dfrac{x}{\dfrac{b}{a}\,V(x\,x - a\,a)}$

$$= \frac{b}{a} \times \frac{x}{V(x\,x - a\,n)} = \frac{b}{a}\,x\,(x^{-1} + \tfrac{1}{2}\,\frac{a^2}{x^3} + \tfrac{1}{2}\cdot\tfrac{3}{2}\cdot\frac{a^4}{x^5} + \dots) = \frac{b}{a}$$

$$\left(1 + \tfrac{1}{2} \times \frac{a^2}{x^2} + \tfrac{3}{4}\cdot\tfrac{3}{1}\cdot\frac{a^4}{x^4} + \dots\right).$$ Partant le rapport différentiel $\dfrac{dy}{dx}$ approche d'autant plus d'être le rapport constant $\dfrac{b}{a}$, que x est plus grande; & dans la supposition (contradictoire, mais commode à admettre), que x est réellement infinie, ce rapport différentiel est rigoureusement égal à ce rapport constant.

Dans les courbes asymptotiques il y a une limite à la distance du point où les tangentes rencontrent l'axe de la courbe, à un point donné pris sur cet axe, par exemple l'origine des abscisses; & la limite de cette distance est déterminée par le point où le rencontre l'asymptote. C'est là le principe fur lequel eſt fondée la méthode ordinaire de rechercher la poſſibilité ou l'im-poſſibilité de l'aſymptotiſme. Partant on eſt appelé à chercher la limite de la quantité $y \frac{dx}{dy} - x$; ou de $x - y \frac{dx}{dy}$; ou de $\pm (y \frac{dx}{dy} - x)$; & par-tant, cherchant le rapport différentiel de cette quantité & de x, on doit égaler à zéro l'expoſant de ce rapport qui eſt $y \frac{ddy}{dy^2}$; & ſi cette quantité approche d'autant plus d'être zéro, que l'une ou l'autre, ou l'une & l'autre des coordonnées de la courbe ſont plus grandes, on conclut qu'il y a une aſymptote.

Exemple. Soit $y^{m+n} = x^m (a + x)^n$

$$\frac{dy}{dx} = y \times \frac{ma + x(m+n)}{(m+n)x(x+a)}.$$

$$\frac{ddy}{dx^2} = \frac{y}{m+n} \left(\frac{(ma + x(m+n))^2}{(m+n)(xx)(x+a)^2} + \frac{x(x+a)(m+n) - (ma + x(m+n))(a+2x)}{xx(x+a)^2} \right).$$

$$\frac{dx^2}{dy^2} = \frac{(m+n)^2 xx(x+a)^2}{yy(ma + x(m+n))^2}.$$

Donc, $y \frac{ddy}{dy^2} = (1 + (m+n) \frac{x(x+a)(m+n) - (ma + x(m+n))(a+2x)}{(ma + x(m+n))^2}.$

Plus x eſt grande, plus cette quantité approche d'être $1 + (m+n)$

$\times \frac{xx(m+n) - 2xx(m+n)}{xx(m+n)^2}$, ou zéro; donc la courbe propoſée a une aſymptote.

En effet l'équation propoſée $y^{m+n} = x^m (a+n)^n$ approche d'autant plus d'être la même que l'équation $y^{m+n} = x^m \times x^n = x^{m+n}$, ou $y = x$, que les dimenſions y & x ſont plus grandes; & l'expoſant différentiel $\frac{dy}{dx}$ approche d'autant plus d'être $y \times \frac{x(m+n)}{xx(m+n)}$, ou $\frac{y}{x}$, que la courbe eſt plus prolongée.

La quantité $y \frac{dx}{dy} - x$ eſt toujours $x \times \frac{an}{am + x(m+n)}$. Cette quan-tité approche d'autant plus d'être $x \times \frac{an}{x(m+n)}$, ou $\frac{an}{m+n}$, que x eſt plus grande; & partant la diftance à l'origine des abfciffes du point où l'afymptote rencontre l'axe, eft $\dfrac{a\,n}{m+n} = a \times \dfrac{n}{m+n}$.

Ainfi le procédé de déterminer les afymptotes étant bien entendu, on voit qu'il ne revient pas à regarder des lignes qui ne peuvent pas rencontrer les courbes dont on s'occupe, comme les rencontrant en effet; mais feulement à déterminer les limites des expreffions qui fervent à déterminer les pofitions des lignes qui rencontrent en effet ces courbes : & les Auteurs qui emploient le premier langage contradictoire, ne pèchent pas dans les opérations qu'exige cette détermination, mais feulement dans la manière de les exprimer.

L'afymptotifme des courbes, foit avec une ligne droite, foit les unes avec les autres, confiftant dans une approximation de ces courbes & de cette ligne droite, ou des unes à l'égard des autres, de laquelle il réfulte une approximation de leurs propriétés; il n'eft pas étonnant que les opérations faites fur les termes de leur équation qui font les plus confidérables & qui approchent d'autant plus de compléter cette équation, que les dimenfions de la courbe font plus grandes, foient un moyen pour déterminer fi cette approximation peut ou non avoir lieu; & fi elle a lieu, la manière dont elle fe fait.   C'eft ainfi qu'on doit entendre ce qui eft contenu fur ce fujet dans plufieurs Auteurs, & entr'autres ce qui eft développé dans le Chap. VIIIme du fecond Volume de l'Introduction d'Euler.   Qu'il me fuffife d'en citer pour exemple les courbes à une afymptote rectiligne.

Que P, Q, R, S, &c... repréfentent les affemblages des termes dans lefquels la fomme des expofants des variables x & y d'une équation d'une courbe font n, $n-1$, $n-2$, $n-3$, &c... Que le membre P ait un facteur fimple $ax-by$; en forte que $P = (ax-by)M$, M étant compofée de termes dans chacun defquels la fomme des expofants de deux variables eft $n-1$. L'équation de la courbe eft donc $(ax-by)M + Q + R + S + \ldots = 0$, ou $ax-by = -\dfrac{Q+R+S+\ldots}{M}$; plus quelqu'une des deux variables x & y eft fuppofée grande, plus cette équation approche de l'équation $ax-by = -\dfrac{Q}{M}$. En effet, la fraction $\dfrac{Q}{M}$

étant compofée de termes qui contiennent des dimenfions homogènes des deux inconnues, cette fraction équivaut à une quantité conftante dépendante du rapport qui eft la limite du rapport de x à y; & qui eft déterminé par l'équation $ax - by = 0$. Tandis que les fonctions $\frac{R}{M}$, $\frac{S}{M}$, &c... étant compofées de termes tels, que les dimenfions des parties qui conftituent leurs dénominateurs, font plus grandes que celles des parties qui conftituent leurs numérateurs; elles font d'autant plus petites que ces variables font plus grandes. Partant l'équation de la courbe approche d'autant plus d'être l'équation à une ligne droite $ax - by = c$, que quelqu'une des dimenfions de la courbe eft plus grande; & partant la courbe a dans ce cas une afymptote rectiligne, dont la pofition eft déterminée par cette équation.

Exemple. Soit $y^3 - x^3 = axy$. $P = y^3 - x^3 = (y - x)(yy + xy + xx)$; & $Q = axy$.

Donc, $y - x = \frac{axy}{yy + xy + xx}$: or, le facteur $y - x$ étant égal à 0, $y = x$; donc la limite du rapport de y à x eft le rapport d'égalité, & alors $y - x = \frac{a}{3}$; & $y = x + \frac{1}{3}a$. Partant la courbe propofée a une afymptote qui fait avec l'axe un angle de $45°$, & qui le rencontre à un point dont la diftance à l'origine des abiciffes eft $\frac{1}{3}a$.

De même foit $y^4 - x^4 = axxy + bxyy$.

Les facteurs fimples de $y^4 - x^4$ font $y + x$ & $y - x$; qui étant égales à zéro, donnent $y = x$, $y = -x$.

Soit $y - x = \frac{axxy + bxyy}{(y + x)(yy + xx)} = \frac{ax^3 + bx^3}{2x(2xx)} = \frac{a + b}{4}$; donc $y = x + \frac{a + b}{4}$.

$y + x = \frac{axxy + bxyy}{(y - x)(yy + xx)} = \frac{-ax^3 + bx^3}{-2x(2xx)} = \frac{a - b}{4}$, & $y = -x + \frac{a - b}{4} = -\left(x + \frac{b - a}{4}\right)$. Donc la courbe a deux afymptotes rectilignes, qui font avec l'axe un angle de 45°; & qui le rencontrent à des points dont les diftances à l'origine des abfciffes font $\frac{a+b}{4}$ & $\frac{b-a}{4}$.

Scolie. On voit que cette théorie des afymptotes fournit la néceffité d'une modification à l'affertion générale, que l'on ne doit avoir égard qu'au rapport géométrique de deux quantités infinies, & non à leur différence arithmétique. Ici il a fallu avoir égard à l'un & à l'autre de ces deux rapports. Savoir, après avoir cherché la limite du rapport de l'ordonnée & de l'abfciffe, ou, fuivant le langage ordinaire, le rapport de l'ordonnée & de l'abfciffe fuppofées infinies, il a fallu chercher la limite de la différence de la foustangente & de l'abfciffe; ou, fuivant le langage ordinaire, la différence de la foustangente & de l'abfciffe fuppofées infinies.

CHAPITRE DOUZIÈME.

Légère ébauche des Applications à la Phyfique des calculs fupérieurs.

§. LXX.

Les fommes abftraites, pleines d'attraits pour un efprit porté à la méditation, feroient dignes, pour elles-mêmes, & indépendamment de toute application phyfique, d'être l'objet des contemplations de ces génies rares, capables de s'enthoufiasmer pour les vérités purement intellectuelles. Mais, en fatisfaifant leur propre inclination, ils ne s'acquitteroient pas envers la fociété du tribut qu'elle a le droit d'exiger de chacun de fes membres, s'ils n'y répandoient les fruits de leurs travaux, & s'ils ne cherchoient à rendre palpable leur utilité, en les dirigeant vers le bien de la fociété.

Les Mathématiques pures, envifagées uniquement fous le point de vue d'exercices logiques, mériteroient fans doute d'être mifes en rang des études regardées comme néceffaires dans toute éducation bien dirigée: mais elles n'auroient pas acquis le degré de confidération dont elles jouiffent avec raifon

dans

dans ce fiècle éclairé, & dès-lors leur étude ne feroit pas devenue auffi générale qu'elle l'eft, & fi les belles & nombreufes découvertes faites par leur moyen dans les fciences les plus propres à intéreffer le genre humain, n'en avoient fait fentir l'importance à ceux-mêmes qui font le moins en état de les apprécier pour elles-mêmes.

L'application des Mathématiques pures aux objets réels des fciences immédiatement applicables aux befoins & aux commodités de la fociété, fait donc avec raifon l'occupation des mathématiciens; mais le philofophe doit diftinguer avec foin les deux certitudes auxquelles il a droit d'afpirer dans les Mathématiques pures & dans les Mathématiques mixtes. L'être penfant qui développe par la méditation les vérités mathématiques, procède dans leur développement comme s'il les tiroit de fon propre fonds; & les principes auxquels il a réduit les fondements de ces fciences, font d'une telle fimplicité, qu'ils ne gardent plus aucune trace d'une origine étrangère, & qu'ils font unanimement & univerfellement reconnus pour vrais, par tout être raifonnable, à leur feul énoncé. Les principes phyfiques, au contraire, ne pouvant être déduits que de l'obfervation, ou ne pouvant être que le réfultat des impreffions que les objets extérieurs font fur nos fens, leur précifion ne peut être abfolue, & elle eft néceffairement fubordonnée à la nature des organes par l'intermède desquels nous pouvons les faifir. Dès-lors nous devons regarder comme n'exiftant pas pour nous tous les objets dont les impreffions faites fur nos fens, quoique peut-être réelles, font trop foibles pour que ces derniers (quelque perfectionnés & quelque fecourus qu'ils foient) en foient affectés, & partant pour qu'ils puiffent les transmettre à la partie de nous-mêmes capable de fentir & de combiner ces impreffions.

Auffi crois-je pouvoir affirmer qu'il n'eft aucune queftion phyfique dans la recherche de laquelle nous ne faffions implicitement ou explicitement un certain nombre de fuppofitions contraires à la rigueur mathématique: mais phyfiquement légitimes, vu l'imperceptibilité de leur influence fur les réfultats des opérations dans lesquelles elles entrent.

Je prendrai pour exemple la recherche du centre de gravité d'un ou de plufieurs corps; & j'énoncerai quelques-unes des hypothèfes phyfiques qu'on a le droit d'admettre dans cette recherche, vu la négligibilité phyſique des quantités que nos ſens aidés des meilleurs inſtruments ne peuvent appercevoir.

On ſuppoſe, par exemple, que les directions des graves placés près de la ſurface de la Terre & peu éloignés les uns des autres, ſont parallèles entr'elles; quoique cette ſuppoſition ſoit contraire à ce qu'on ſait d'ailleurs, que ces directions ſont perpendiculaires à la ſurface de la Terre ſphérique ou presque ſphérique. Mais la différence de ces directions pour des corps d'une petite étendue eſt ſi petite, qu'elles ne peut avoir aucune influence ſenſible ſur les réſultats phyſiques qui ſont déduits de leur parallélisme ſuppoſé. Pour que les droites menées du centre de la Terre aux extrémités (horiſontales) d'un corps placé près de ſa ſurface faſſent entr'elles un angle d'une ſeconde de dégré, il faut que ſes extrémités ſoient éloignées l'une de l'autre de la $\frac{1}{144}$ᵐᵉ partie d'une lieue de France, c. à d. d'environ 16 toiſes.

On ſuppoſe que l'action de la peſanteur ſur les corps peu éloignés de la ſurface de la Terre, eſt la même à quelque diſtance qu'ils y ſoient placés, quoique cette ſuppoſition ſoit contraire à ce qu'on eſt obligé d'admettre, pour expliquer les mouvements des corps céleſtes, & à la manière d'agir de toute cauſe qui ſe rend vers un centre. Pour que la différence de peſanteur de deux points phyſiques, placés, l'un ſur la ſurface de la Terre & l'autre ſur le prolongement de ſon rayon paſſant par le premier, fût $\frac{1}{10,000}$ᵐᵉ partie de la peſanteur de l'un d'ent'eux, il faudroit que leur diſtance fût environ $\frac{1}{20,000}$ᵐᵉ partie du rayon de la Terre, c. à d. de plus de 170 toiſes: diſtance que je crois environ triple de la hauteur du ſommet de la tour iſolée la plus élevée. On démontre d'ailleurs que le centre de gravité déterminé d'après cette ſuppoſition, & le centre de gravitation déterminé d'après une gravitation tendante vers le centre de la Terre & ſuivant la raiſon inverſe du quarré de la diſtance, approchent d'autant plus de coïncider, que les dimenſions du corps dont on s'occupe approchent plus d'être égales; & quant aux corps dont les dimenſions ſont très-inégales, il faudroit qu'elles fuſſent bien grandes pour que la diſtance de ces deux points fût ſenſible. P. ex. la diſtance du centre de gravitation d'un fil vertical au centre de la Terre eft moyenne géométrique entre les diftances de fes extrémités à ce centre, tandis que la diftance de fon centre de gravité au même centre eft moyenne arithmétique entre ces deux diftances : pour que la diftance de ces deux centres fût d'une ligne, il faudroit que la longueur de ce fil fût d'environ 1 8 o toifes ; & fi la longueur de ce fil étoit 1 o fois auffi petite, la diftance des deux centres feroit 1 o o fois auffi petite ; & partant phyfiquement nulle.

On fuppofe encore que la pefanteur d'un corps refte conftante, malgré les variations continuelles qu'elle doit éprouver par les changements réguliers ou irréguliers, connus ou inconnus, qui ont lieu fur la furface de la Terre ou dans fes entrailles ; quoique quelques - uns de ces changements (tel que le flux & reflux de la mer) foient confidérables & produifent des effets locaux très- fenfibles.   On néglige de même les effets de la gravitation univerfelle, & les variations dans le poids d'un corps ifolé placé fur la furface de la Terre, correfpondante à la variation dans la fituation des corps céleftes relativement au lieu où il eft placé ; quoique cette dernière produife des effets fenfibles fur les grandes maffes fluides qui environnent notre globe.   On néglige prefque toujours les variations dans les poids d'un corps, provenantes des variations de l'atmofphère, de la température, des mouvements peu confidérables qui le rapprochent ou l'éloignent de l'équateur, &c...   Quels pas pourroit - on faire en Phyfique, fi dans l'examen de chaque phénomène particulier il falloit fuivre l'immenfité de fes liaifons avec l'affemblage de tous les corps créés ; & fi l'on ne pouvoit s'occuper- d'un feul chaînon de la chaîne immenfe qu'ils compofent, fans repaffer l'un après l'autre chacun de ces chaînons, même les plus éloignés de celui qui fixe plus particulièrement notre attention ? On eft donc obligé d'admettre en Phyfique des infiniment petits, déterminés par l'imperfection des moyens qui nous font donnés pour en appercevoir les effets ; & partant les vérités phyfiques ne font que des probabilités mathématiques, dont nous fommes obligés de nous contenter dans toutes nos recherches fur les objets dont nous ne pouvons acquérir des idées que par les impreffions qu'ils font fur nos fens.

Z 2

Auſſi dans l'énoncé d'un principe phyſique devrions-nous toujours être aſſez ſages pour y laiſſer une certaine indétermination, & pour en ſubordonner la préciſion à la nature des moyens par lesquels nous y ſommes conduits. Cependant il n'arrive que trop ſouvent que les mathématiciens, accoutumés à l'exactitude complète des vérités qui ſont l'objet de leurs méditations, exigent la même rigueur dans les principes des autres ſciences qui n'en ſont pas ſuſceptibles; ce qui les expoſe quelquefois à faire naître des entraves aux progrès de nos connoiſſances, & des difficultés qui diſparoîtroient ſi l'on appliquoit à chaque ſcience le langage qui lui convient.

La matière dont je m'occupe en fournit un exemple.

Pour déterminer le centre de gravité d'un ou de pluſieurs corps, on y part du principe que le poids des corps eſt proportionnel à leur quantité de matière.

En admettant ce principe dans la préciſion mathématique, le phyſicien qui médite ſur la nature de la peſanteur, & qui trouvant trop dure à admettre la ſuppoſition qu'elle eſt une propriété auſſi eſſentielle à la matière que le ſont l'étendue & l'impénétrabilité, p. ex., cherche à l'expliquer par l'action d'une cauſe mécanique extérieure; le phyſicien, dis-je, eſt arrêté dès le premier pas qu'il fait dans cette recherche. Cette action ne pouvant être auſſi libre dans l'intérieur des corps quelle l'eſt ſur leurs parties extérieures, l'effet, ſavoir le poids des corps, ne paroîtroit pas devoir être proportionnel à la quantité de leur matière, mais plutôt à leur ſurface : & cette oppoſition entre le principe énoncé & les effets de tout agent mécanique extérieur, eſt propre à le rebuter dès les premiers efforts qu'il fait pour expliquer par ce moyen un des phénomènes de la nature les plus généraux, & en même tems les plus difficiles à comprendre.

Mais ſi l'on ne prend l'exactitude de ce principe que dans un ſens phyſique, comme étant le réſultat des obſervations & des expériences que nous avons pu faire ſur les corps, nous verrons que ces dernières ne peuvent nous inſtruire que d'une proportionnalité approchée & non rigoureuſe des poids des corps à leur maſſe. Auſſi Mr. Neuton lui-même, dans l'expoſition des expériences faites ſur les pendules qui l'ont conduit à admettre cette proportionnalité, fait-il entendre que c'eft dans le fens phyfique qu'elle doit être prife (*in corporibus ejusdem ponderis differentia materiæ, quæ vel minor effet quam pars milliffima materiæ totius, his experimentis manifefto deprehendi potuit. Lib.* 3^{u}, Prop. 6e *Princip.*). Dès-lors on peut concevoir une telle fubtilité de la caufe mécanique de la pefanteur, & une telle perméabilité des corps groffiers à cette caufe, que la différence de fon action fur leurs parties extérieures & intérieures foit imperceptible; & que cette difproportionnalité mathématique du poids des corps à leur maffe ne pouvant être apperçue, nous concluïons d'une proportionnalité apparente à une proportionnalité rigoureufe. C'eft ainfi que la viteffe de la lumière a paffé pour infinie, tant qu'on n'a employé pour la déterminer que les obfervations faites fur des corps trop voifins de nous pour que le temps employé par la lumière à parcourir la diftance qui les fépare de nous pût être fenfible.

Après ces réflexions générales fur la différence effentielle qui a lieu entre la certitude des principes phyfiques & celle des principes mathématiques, & partant fur la différence de la certitude de leurs conféquences, je paffe à montrer par l'exemple fimple du centre de gravité l'application mutuelle de ces principes.

§. LXXI.

On prouve en Mécanique que fi on a un nombre quelconque de points phyfiques, (ifolés les uns des autres,) la fomme de leurs moments relativement à un plan quelconque eft la même que le moment de leur centre de gravité fuppofé chargé de tous ces points phyfiques: & de là on déduit la pofition du centre de gravité d'un nombre quelconque de points phyfiques, en divifant la fomme de leurs moments par la forme de leur maffe; & partant, fi tous ces points phyfiques font égaux, en divifant la fomme de leurs moments par leur nombre.

Cette propriété, prife dans le fens phyfique, s'applique très-aifément à une étendue continue quelconque, en la décompofant en points phyfiques, c. à d. en étendues affez petites pour que les moments de chacune de leurs parties égales foient phyfiquement égaux. Mais, prife dans un fens géométrique, elle paroit exiger les idées de l'infini & de l'infiniment petit. En effet, puisqu'il faut fuppofer que de tous les points (dont le nombre eft infinible) qu'on peut concevoir dans une étendue finie, on ait abaiffé des perpendiculaires fur le plan propofé, il faut fuppofer que cette étendue eft compofée d'une infinité de points mathématiques, qui font des zéros d'étendue.

Je remarque cependant que, lors même que la fuppofition de l'infini (en grandeur & en petiteffe) entreroit néceffairement dans cette détermination, foit que cette fuppofition foit contradictoire, ou qu'elle ne le foit pas, elle pourroit n'en être pas moins propre à conduire comme moyen au but principal qu'on fe propofe, favoir la détermination du centre de gravité d'une étendue propofée. En effet, cette fuppofition entrant de la même manière dans les deux recherches (du moment & de la grandeur d'une étendue finie) préliminaires à la détermination principale; & les deux réfultats étant combinés l'un avec l'autre par la voie de la divifion; elle difparoit dans le quotient, favoir, dans la détermination de la diftance du centre de gravité au plan propofé.

Mais, de même que dans les Chap. 7 — 10 nous avons dépouillé la feconde de ces recherches de toute idée de l'infini, nous pouvons auffi en dépouiller la première; même en l'envifageant fous le point de vue purement mathématique: c'eft ce que je me propofe de développer fur chacune des étendues dont on s'occupe en Géométrie.

Je prendrai pour principe: que le moment d'une étendue (linéaire ou fuperficielle) relativement à un plan auquel elle eft parallèle, eft en raifon compofée de fa grandeur & de fa diftance à ce plan; ou que le moment d'une ligne parallèle à un plan par rapport à ce plan eft proportionnelle au rectangle de cette ligne par fa diftance à ce plan; & que le moment d'une furface parallèle à un plan, par rapport à ce plan eft proportionnelle au prifme ayant pour bafe cette furface & pour hauteur fa diftance à ce plan.

Le moment d'une ligne droite relativement à un plan auquel elle n'eft pas parallèle, eft en raifon compofée de la grandeur de cette droite & de la diftance de fon milieu à ce plan.

Pl. II.
Fig. 23.

Par la droite donnée foit fait paffer un plan perpendiculaire au plan donné : le moment de cette droite relativement à ce plan fera le même que fon moment relativement à la commune-fection de ces deux plans.

Soit donc AB une droite quelconque, coupée en deux parties égales au point C. Soit $A'B'$ une autre droite quelconque fituée dans le même plan qu'elle ; & fur laquelle on a abaiffé du point C une perpendiculaire CC' ; je dis que le moment de la droite AB relativement à la droite $A'B'$, eft exprimé par le rectangle $AB \times CC'$.

Si ce moment n'eft pas exprimé par ce rectangle, il eft exprimé par un rectangle ayant AB pour un de fes côtés, & pour l'autre une droite plus petite ou plus grande que CC'.

1er *cas.* Que ce moment foit exprimé par le rectangle de AB par une droite $C'c$ plus petite que $C'C$; par c foit menée à $A'B'$ une parallèle qui rencontre AB en P : foit divifée AB en un nombre impair de parties égales telles, que la moitié de chacune d'elles foit plus petite que PC. Soient Mm & Nn deux de ces parties également éloignées des extrémités A & B ; & foit Ee la partie moyenne, qui eft coupée en deux parties égales au point C. Des points M, m, P, E, e, N, n, foient abaiffées fur $A'B'$ les perpendiculaires MM', mm', PP', EE', ee', NN', nn' ; le moment de la partie Mm relativement à la droite $A'B'$ eft plus grand que le moment d'une droite égale à elle, qui feroit parallèle à la droite $A'B'$ & pafferoit par le point M ; ou ce moment eft plus grand que le rectangle $Mm \times MM'$. De la même manière, le moment de la droite Nn eft plus grand que le rectangle $Nn \times NN'$; donc la fomme des moments de ces deux droites eft plus grande que le rectangle de l'une d'entr'elles par la fomme des droites MM' & NN', ou que le rectangle de leur fomme par la moitié de la fomme des droites MM' & NN', c. à d. plus grande que le rectangle de leur fomme par EE'. Partant le moment de deux parties également éloignées des deux extrémités eft plus grand que le rectangle de leur fomme par EE'. Donc la fomme des moments des deux parties AE, Be eft plus grand que le rectangle de leur fomme par EE'. Mais le moment de Ee eft plus grand que le rectangle de Ee par EE'. Donc le moment de AB eft plus grand que le rectangle de *AB* par *EE'*, & à plus forte raison, plus grand que le rectangle de *AB* par *PP'*; donc le moment de *AB* n'est pas plus petit que le rectangle de *AB* par *CC'*.

2.ᵈ *cas.* On prouve exactement de la même manière, en substituant l'un à l'autre les mots *plus grands* & *plus petits*, que le moment de *AB* n'est pas plus grand que le rectangle de *AB* par *CC'*. Donc il lui est égal.

Corollaire. On peut donc trouver le centre commun de gravité d'un nombre quelconque de lignes droites, en cherchant le centre de gravité commun de poids proportionnels à ces lignes, supposés réunis à leurs milieux; & la somme des moments de toutes ces lignes relativement à un plan quelconque est égale au moment de leur centre commun de gravité supposé chargé d'un poids égal à la somme de ces lignes.

Application. Soit une ligne courbe quelconque. Le moment de cette courbe relativement à un plan quelconque est la limite des moments des contours des figures qui lui sont inscrites & circonscrites; & partant l'un & l'autre de ces derniers moments peut servir à déterminer le premier. *Item*: le moment du centre de gravité de cette figure est la limite des moments des centres de gravité de chacun de ses contours: mais l'un ou l'autre de ces derniers est en raison composée de la distance du centre de gravité de l'un ou de l'autre de ces deux contours: donc aussi le moment du centre de gravité de la courbe proposée est en raison composée des limites de l'un & de l'autre de ces deux éléments; savoir en raison composée de la grandeur de la courbe, & de la distance de son centre de gravité au plan proposé.

Le rapport différentiel du moment d'une courbe au moment d'une droite pa·allèle à la droite à laquelle on la rapporte & éloignée de cette dernière d'une quantité donnée *a*, est celui de $y \sqrt{\left(1 + \frac{dy^2}{dx^2}\right)}$ à *a*; & il est trop aisé d'en déduire la règle de *Guldin* sur la proportionnalité des surfaces courbes, engendrées par une même ligne tournante autour de différents axes, à la distance de son centre de gravité à cet axe, pour que je m'arrête sur cet objet connu, dans un ouvrage dont le développement ne peut mériter d'être présenté au public qu'autant que l'Académie l'honoreroit de son approbation.

§. LXXII.

§. LXXII.

Le moment d'un rectangle relativement à une droite parallèle à un de ses côtés est en raison composée de la grandeur de ce rectangle & de la distance de son milieu (ou centre de gravité) à cette droite.

La démonstration est sensiblement la même que celle de la proposition analogue sur la ligne droite contenue dans le § précédent.

Soit $ABba$ un rectangle dont un côté tel que bB est parallèle à une droite $A'B'$, & soit C le milieu ou le centre de gravité de ce rectangle : soit $dCDQ$ perpendiculaire à $A'B'$: je dis que le moment du rectangle $ABba$ est en raison composée du rectangle $ABba$ & de CQ, ou, qu'il est exprimé par le solide de ce rectangle par CQ.

Si ce moment n'est pas exprimé par ce solide, il est exprimé par un solide plus grand ou plus petit que celui-là. Soit, s'il est possible, ce moment exprimé par le solide du rectangle Ab par la droite PQ plus petite que CQ. Soit divisée Dd en un nombre impair de parties égales telles que la moitié de chacune soit plus petite que CP; soit Ee la partie moyenne, & soient Mm, Nn, deux parties également éloignées du milieu; & soit divisé ce parallélogramme Ab en bandes dont les hauteurs soient les parties de la droite Dd, en menant par les points de division des parallèles au côté AB.

Les moments des deux bandes qui ont Mm & Nn pour hauteurs, sont plus grands que les solides de ces bandes par les droites MQ & NQ; donc la somme des moments de deux bandes également éloignées du milieu est plus grande que le solide de leur somme par la moitié de la somme des droites MQ & NQ ou EQ, & partant la somme des moments des deux parties qui ont ED & ed pour hauteurs, est plus grande que le solide de la somme de ces deux parties par EQ. Mais le moment de la bande ayant Ee pour hauteur est aussi plus grand que le solide de cette bande par EQ. Donc le moment de tout le rectangle AB est plus grand que le solide de tout ce rectangle par EQ : & à plus forte raison plus grand que le solide de Ab par CQ. On démontre de la même manière que ce moment n'est pas plus grand que ce solide. Donc il lui est égal.

A a

On démontre de même que si la commune section du plan d'un rectangle & d'un plan proposé est parallèle à un des côtés de ce rectangle, le moment de ce rectangle relativement à ce plan est en raison composée de ce rectangle & de la distance de son milieu à ce plan.

Partant on peut trouver la somme des moments & le centre commun de gravité d'un nombre quelconque de rectangles relativement à une droite donnée ou à un plan donné, lorsque leurs positions sont conformes à celles qui viennent d'être supposées.

Application. Soit une figure plane quelconque, dont on cherche le moment relativement à une droite située dans le même plan, & la position de son centre de gravité relativement à cette droite: soient inscrits & circonscrits à cette figure des rectangles dont les côtés opposés soient les uns parallèles à cette droite & les autres (par conséquent) perpendiculaires à la même droite. Le moment de la figure proposée est la limite de chacune des sommes des moments des rectangles inscrits & des rectangles circonscrits; & le moment de son centre de gravité est la limite des moments des centres de gravité des sommes des rectangles inscrits & des rectangles circonscrits; c. à d. que ce moment est en raison composée de la limite de chacune des deux sommes de ces rectangles & de la limite des distances de leurs centres de gravité à cette droite; c. à d. en raison composée de la figure elle-même & de la distance de son centre de gravité à cette droite. On détermine de même le moment d'une figure plane quelconque & la position de son centre de gravité relativement à un plan auquel elle n'est pas parallèle, en cherchant la commune section de son plan & de ce dernier, & en inscrivant & circonscrivant à cette figure des rectangles dont les côtés soient parallèles & perpendiculaires à cette commune section.

Je le répète, cet ouvrage n'étant pas un ouvrage didactique, je suis fort court sur une matière connue; & je me contente d'indiquer son indépendance de toute idée de l'infini & de l'infiniment petit.

§. LXXIII.

Le moment d'un prisme droit relativement à un plan parallèle à sa base est en raison composée de sa masse & de la distance du plan passant par le milieu de sa hauteur au plan proposé.

La démonstration est exactement la même que celle de la proposition analogue sur les rectangles, qui est développée dans le § précédent.

Application. Le moment d'un solide quelconque relativement à un plan est la limite de la somme des momens des solides prismatiques qui lui sont inscrits & circonscrits & dont les bases sont parallèles à ce plan: la distance de son centre de gravité à ce plan est la limite de chacune des distances des centres de gravité de ces sommes à ce plan: & le moment du centre de gravité de ce solide est la limite des momens des centres de gravité de ces sommes, c. à d. en raison composée du solide & de sa propre distance à ce plan.

Enfin on dépouille de même de toute idée de l'infini en grandeur & en petitesse la détermination du moment & du centre de gravité d'une surface courbe proposée quelconque, relativement à un plan proposé.

Je regarde comme inutile de m'arrêter à des exemples; peut-être mes juges trouveront-ils que j'ai déjà trop insisté sur un objet connu & presqu'élémentaire.

§. LXXIV.

Je me propose de développer, comme second exemple de l'application à la Physique des calculs supérieurs, les premiers fondemens de la théorie des mouvemens accélérés ou rétardés suivant une loi quelconque, en prenant pour exemple la gravitation.

Le vuide parfait ou presque parfait qu'exige la liberté des mouvemens des corps célestes, paroit exclure la continuité des parties de la cause supposée mécanique à laquelle on peut être tenté de rapporter leur gravitation: & la nécessité de laisser aux agens destinés à produire les autres phénomènes du monde matériel, une place suffisante, se joint à ce motif pour nous engager à regarder comme isolées & même très-éloignées les unes des autres, les parties qui composent cet agent. Je ne m'arrêterai pas ici sur ce sujet inté-

reſſant de Phyſique générale, qui a été traité d'une manière également lumineuſe & ſatisfaiſante par Mr. le Sage, ſoit dans ſon eſſai de Chimie mécanique couronné par l'Académie de Rouen, ſoit en dernier lieu dans ſon *Lucrèce
neutonien*.

Ce ſujet nous préſente un exemple de la poſſibilité & probablement de
la réalité des infiniment petits phyſiques. Pourvu que les impulſions ſucceſſives de la cauſe de la peſanteur ſe ſuivent à des intervalles aſſez petits, pour
que la différence des effets de cette cauſe ſuppoſée diſcrète, & de la même
cauſe ſuppoſée continue, ne ſoit pas ſenſible, cette différence ſera un infiniment petit phyſique, qui n'apportera aucune altération aux lois déduites de
l'obſervation auxquelles ſont ſoumis les mouvements des graves tant céleſtes
que terreſtres; & ces intervalles ſeront eux-mêmes des temps phyſiquement
infiniment petits.

Quant aux graves placés près de la ſurface de la terre, il eſt aiſé de montrer que la différence de leurs mouvements d'après une action continue &
d'après une action diſcrète de la cauſe de la peſanteur ſeroit abſolument imperceptible, ſi deux impulſions ſucceſſives de cette cauſe ſe ſuivoient à des
intervalles qui ne ſoient pas plus grands que la $\frac{1}{1,000}$ᵐᵉ partie d'une ſeconde.
Et cette imperceptibilité auroit lieu à beaucoup plus forte raiſon pour la Lune
& les autres corps céleſtes; puisque le ſeul effet qui pourroit devenir ſenſible,
ſeroit que les corps céleſtes décriroient des routes rectilignes au lieu de routes
curvilignes ſur lesquelles on établit les calculs de leurs mouvements; & que
la différence de ces deux eſpèces de routes échapperoit néceſſairement à l'ob-
ſervateur le plus exact & pourvu des inſtruments les plus parfaits.

Que la ſuppoſition de la discontinuité de l'action de la cauſe de la peſanteur ſoit, ou non, conforme à la vérité dans le ſens le plus rigoureux, tout
au moins eſt-elle ſouvent très-commode pour conduire comme moyen à des
vérités importantes. P. ex. la démonſtration de la fameuſe loi des aires ſur
les polygones rectilignes, & partant d'après la ſuppoſition de la d'ſcontinuité
des impreſſions de la force centrale, n'exige que quelques propoſitions des
plus ſimples de la Géométrie élémentaire: & comme les effets de cette cauſe

ſuppoſée continue ſont les limites de ſes effets quand elle eſt ſuppoſée diſcrète, & que ces deux effets ſont de faire décrire une courbe rigoureuſe, & une route rectiligne qui en diffère d'autant moins que ces impreſſions ſe ſuivent par des intervalles de temps plus petits, la concluſion de la ſeconde ſuppoſition à la première eſt généralement admiſe, même par les plus grands mathématiciens; tandis que je ne connois aucune démonſtration immédiate de cette belle propoſition déduite uniquement de la contemplation des courbes. Les lois de Galilée ſur la chute des graves ſe démontrent auſſi d'une manière infiniment ſimple & à la portée des commençants, d'après la ſuppoſition de la diſcontinuité de l'action de la peſanteur. De même, lorſqu'un corps tombe par une ſuite de plans inclinés, ſans rien perdre de ſa viteſſe chaque paſſage de l'un à l'autre, on démontre que ſa viteſſe verticale ne dépend que de la hauteur de laquelle il eſt tombé: & on applique enſuite à une route ſuppoſée curviligne, conſidérée comme limite des routes rectilignes, la propriété conſtante qui appartient à ces dernières, ſavoir que les viteſſes verticales acquiſes en tombant par toutes les courbes de même hauteur ſont auſſi égales entr'elles.

Dans un mouvement uniforme, V déſignant la viteſſe, Δt le temps & Δs l'eſpace, on a $V = \frac{\Delta s}{\Delta t}$, & dans la ſuppoſition de la diſcontinuité de la cauſe motrice, cette formule s'applique à tous les inſtants qui s'écoulent entre deux de ſes impreſſions ſucceſſives, & à l'eſpace parcouru avec la viteſſe uniforme que le corps conſerve pendant cet inſtant. Mais ſi l'action de la cauſe motrice eſt continue &, p. ex. accélérative, l'eſpace Δs parcouru pendant un inſtant quelconque Δt, eſt plus grand que l'eſpace qui auroit été parcouru pendant le même temps avec une viteſſe uniforme égale à celle que le corps avoit au commencement de cet inſtant, mais plus petit que l'eſpace qui auroit été parcouru pendant le même temps avec une viteſſe uniforme égale à celle que le corps avoit à la fin de cet inſtant. Il en eſt de la relation de ces trois quantités, la viteſſe, le temps & l'eſpace, comme il en eſt de la relation de l'ordonnée d'une courbe & des changements ſimultanés de l'abſciſſe & de la ſurface; & de même que l'ordonnée d'une courbe eſt l'expoſant du rapport différentiel de ſa ſurface & de ſon abſciſſe, auſſi la viteſſe d'un corps dont le mouvement eſt continuellement varié, eſt l'expoſant du rapport différentiel de l'eſpace qu'il parcourt & du temps employé à le parcourir; ou de la limite du rapport des changemens ſimultanés de cet eſpace & de ce temps (repréſentés par des quantités de même eſpèce).

De même, lorſqu'un corps eſt ſoumis à l'action d'une cauſe conſtante, & agiſſante ſur lui, ou continuellement ou par des intervalles égaux, le changement qui arrive à ſa viteſſe eſt en raiſon compoſée de la grandeur de cette cauſe & du temps pendant lequel il y eſt ſoumis, (ſuppoſé compoſé d'un nombre entier de ces intervalles). On a donc $\Delta v = G \times \Delta t$; & $G = \frac{\Delta v}{\Delta t}$; & par un raiſonnement tout à fait ſemblable à celui qui précède immédiatement, on déduit, pour le cas de la continuité de l'action de la cauſe motrice, $G = \frac{\Delta v}{\Delta t}$; où cette cauſe eſt proportionnelle à l'expoſant du rapport différentiel de la viteſſe & du temps, (repréſentés par des quantités de même eſpèce).

De l'expreſſion différentielle $v = \frac{ds}{dt}$ on déduit, en différentiant de nouveau, $\frac{dv}{dt} = \frac{dds}{dt^2}$; mais $G = \frac{dv}{dt}$; donc $G = \frac{dds}{dt^2}$. Je ne m'arrête pas à montrer la fécondité des applications de ces formules connues; pluſieurs mathématiciens, & tout particulièrement Mr. Euler, l'ont fait d'une manière aſſez étendue.

Je terminerai ce Mémoire par la ſolution des problêmes célèbres de la courbe de plus vîte deſcente, de la chaînette, & du ſolide de moindre réſiſtance, d'après les principes qui en font la baſe; pour ſervir encore d'exemples de la manière dont la contemplation des polygones rectilignes conduit à des concluſions ſur les courbes rigoureuſes conſidérées comme limites des premiers. Quoique ces ſolutions particulières, (& autres de problêmes analogues), ſoient plus lumineuſes & plus à la portée du plus grand nombre des phyſiciens qui n'ont pas approfondi les calculs ſupérieurs, que ne le font les ſolutions tirées de la méthode générale des variations; je ſuis bien éloigné de vouloir déprifer cette dernière, que la généralité de fes procédés rend fi précieufe aux mathématiciens.

§. LXXV.

Nous avons vu (§. XXVIII.) que la fomme des rectangles des droites menées de deux points donnés à un même point d'une droite donnée de pofition par deux droites données de grandeur eft la plus petite, lorsque les cofinus des angles que ces droites font avec la droite donnée de pofition font en raifon inverfe des droites données.   Cela pofé, foit un corps qui pour parvenir de A en A' (Fig. 25.) doit traverfer la ligne BB' au point x en parcourant les lignes Ax & $A'x$ avec les viteffes V & V' : les temps employés à parcourir Ax & $A'x$ avec les viteffes V & V' font refpectivement proportionnels à $\frac{Ax}{V}$ & $\frac{A'x}{V'}$; & la fomme de ces temps eft proportionnelle à la fomme $\frac{Ax}{V} + \frac{A'x}{V'}$; donc la première fomme eft la plus petite lorsque la feconde fomme eft la plus petite, c. à d. lorsque cofinus $A \times B$: cofinus $A' \times B' = \frac{1}{V'} : \frac{1}{V} = . V : V'$.

Partant, lorsqu'un corps doit parvenir d'un point à un autre, en traverfant une fuite de milieux féparés par des plans parallèles entr'eux, avec des viteffes uniformes différentes pour chacun d'eux, les cofinus des angles formés par fes directions dans chacun de ces milieux, & par ces plans, ou les finus des angles formés par fes directions & la perpendiculaire commune à ces plans font entr'eux comme les viteffes avec lesquelles il fe meut dans ces milieux.

Soient donnés deux points de pofition non-fitués fur une même verticale; il eft évident que le corps qui doit parvenir de l'un de ces points à l'autre dans le plus petit temps, en vertu de l'action de la pefanteur, (difcrète ou continue,) doit fe mouvoir dans un plan vertical paffant par ces deux points.   Par ces deux points foient menées dans ce plan des lignes horizontales; & par l'un de ces points foit menée une verticale terminée à l'horizontale menée par l'autre point.   Soit divifée cette verticale en un nombre quelconque de parties égales ou inégales entr'elles; & par tous les points de division foient menées des lignes horizontales. Soit regardée comme uniforme la viteffe avec laquelle le corps parvient d'une de ces horizontale: à l'autre. Le temps employé à parcourir deux quelconques de ces intervalles adjacents eft le plus petit, lorsque les finus des angles que les directions du corps dans ces intervalles font avec la verticale font entr'eux comme les viteffes avec lesquelles il les parcourt; & partant, pour que le temps total foit le plus petit, cette loi doit avoir lieu pour chacune des parties de fa route. Or cette propofition eft indépendante du nombre des côtés dont eft compofée la route du corps; ou, ce qui revient au même, de l'intervalle qu'on fuppofe avoir lieu entre deux impullions fucceffives de la caufe de la pefanteur : donc en particulier, elle a lieu pour la limite de ces routes rectilignes; favoir, pour une courbe rigoureufe, qu'entraîne la fuppofition de la continuité de ces impreffions; & partant la courbe de plus vîte defcente eft telle, que les finus des angles que les tangentes à chacun de fes points font avec la verticale, font proportionnels aux viteffes du mobile à ces points.

§. LXXVI.

Lemme. Soient deux triangles rectangles dont les hypothénufes font données, & dont la fomme de deux des jambes des angles droits, (favoir une de chaque triangle,) eft donnée: on trouve d'après les principes du Chap. IVme; que la fomme des rectangles des deux autres jambes des angles droits par deux droites données eft la plus grande lorsque les rectangles des tangentes des angles que les dernières jambes font avec les hypothénufes par les droites données font égaux entr'eux.

Corollaire. Soit un nombre propofé quelconque de triangles rectangles, dont on donne les hypothénufes: foit donnée la fomme d'un pareil nombre de droites, dont chacune eft une jambe des angles droits de ces triangles: la fomme des rectangles des autres jambes des angles droits par des droites données eft la plus grande, lorsque les rectangles de ces droites données par les tangentes des angles que les dernières droites font avec les hypothénufes font tous égaux entr'eux.

En

En effet, si deux quelconques de ces rectangles n'étoient pas égaux entr'eux, on obtiendroit une plus grande somme de ces rectangles, en rendant égaux ces deux rectangles, & en laissant tous les autres triangles les mêmes.

Application. Il est connu que le problème de la chaînette est réduit à déterminer la figure que prend une chaîne supposée d'une flexibilité absolue, suspendue par ses deux extrémités, (non fixées sur une même verticale,) de manière que son centre de gravité soit le plus bas possible. Cependant, comme la dureté des derniers éléments est une des vérités fondamentales de la Physique, (ainsi que plusieurs raisons le rendent très-vraisemblable,) cette flexibilité entendue physiquement, ne peut être relative qu'à la mobilité, les uns à l'égard des autres des éléments qui la composent, sans que leur liaison en soit rompue, & non à la flexibilité de chacun d'eux. C'est donc, pour parler avec la dernière rigueur, se rapprocher des principes d'une saine Physique que de s'occuper dans ce problème en particulier, d'une chaîne composée de chaînons inflexibles, mais mobiles les uns à l'égard des autres; & ce n'est que par une abstraction mathématique qu'on peut passer du polygone rectiligne formé par cette chaîne à une courbe rigoureuse.

Soit donc ASB (Fig. 26.) une chaîne composée d'un nombre pair de chaînons inflexibles, dont ceux qui sont également éloignés des extrémités A & B sont égaux entr'eux & dont les extrémités A & B sont fixées sur une même horizontale. Soit S le point le plus bas ou le sommet de cette chaîne. La verticale SZ menée par S partagera évidemment en deux parties pouvant convenir toute la figure ASB; & partant il suffit de s'occuper d'une moitié ZSA de cette figure.

Soient SX & XX' les deux chaînons les plus bas de cette moitié; tous les chaînons supérieurs gardant leur position; & partant le point X' demeurant fixe; ces deux chaînons SX & XX' doivent se disposer de manière que leur centre commun de gravité soit le plus bas possible. Soient menées les horizontales XY, $X'Y'$ & la verticale Xx. Les moments de SX & XX' relativement à $X'Y'$ sont respectivement proportionnels à $SX(\frac{1}{2}SY+YY')$ & $XX' \times \frac{1}{2}YY'$; & partant leur somme est proportionnelle à $SY \times \frac{1}{2}SX + YY'(SX+\frac{1}{2}XX')$; & partant leur moment relativement à $X'Y'$

est le plus grand, lorsque cette somme est la plus grande. Or dans les triangles SXY, $XX'x$ les hypothénuses SX, XX' sont données; la somme $X'Y'$ des jambes des angles droits XYS; XxX' est aussi donnée; partant la somme $SY \times \frac{1}{2} SX + YY'$ $(SX + \frac{1}{2} XX')$ est la plus grande, lorsque $\frac{1}{2} SX$ tang. $XSY = (SX + \frac{1}{2} XX')$ tang. $X'Xx$.

Item, les trois chaînons inférieurs étant SX, XX', $X'X''$, que la chaîne soit fixée en X''; de manière que tous les chaînons supérieurs gardent leur position. Soit menée l'horizontale $X''Y''$ & la verticale $X'x'$. Les moments de ces chaînons relativement à l'horizontale $X'Y''$ sont respectivement SX $(\frac{1}{2} SY + YY' + Y'Y'')$; $XX' (\frac{1}{2} YY' + Y'Y'')$, $X'X'' \times \frac{1}{2} Y'Y''$; & partant leur somme est proportionnelle à $SY \times \frac{1}{2} SX + YY''$ $(SX + \frac{1}{2} XX') + Y'Y'' (SX + XX' + \frac{1}{2} X'X'')$ & partant la somme de ces moments est la plus grande, lorsque $\frac{1}{2} SX \times$ tang. $XSY = (SX + \frac{1}{2} XX')$ tang. $X'Xx = (SX + XX' + \frac{1}{2} X'X'')$ tang. $X''X'x'$.

On montre de même pour chaque chaînon successif que le produit de la tangente de l'angle qu'il fait avec la verticale par la somme de la moitié de lui-même & de la somme de tous les chaînons inférieurs, est une quantité constante. Que cette quantité soit désignée par a; que la somme de tous les chaînons inférieurs soit désignée par S : & lui-même par ΔS; que la partie de la verticale comprise entre les horizontales menées par ses extrémités soit Δy; & que la partie de l'horizontale comprise entr'une de ses extrémités & la verticale menée par l'autre extrémité soit Δx: on obtient $\frac{\Delta x}{\Delta y}$ $(S + \frac{1}{2} \Delta S) = a$; ce qui est l'équation de la chaînette supposée un polygone rectiligne.

Appliquant à une courbe rigoureuse cette équation qui a lieu pour tout polygone rectiligne; on obtient $\frac{dx}{dy} S = a$: donc $\frac{dx^2}{dy^2} S^2 = aa$, ou $\frac{dx^2}{dy^2} = \frac{aa}{SS}$; donc $\frac{dx^2}{dx^2 + dy^2} = \frac{aa}{aa + SS}$, ou $\frac{dx^2}{dS^2} = \frac{aa}{aa + SS}$; & $\frac{dx}{dS} = \frac{a}{V(aa + SS)}$; ce qui est en effet l'équation différentielle connue de la chaînette. Cherchant (par les logarithmes) l'équation intégrale par cette équation différentielle, on trouve $x = a \log. \dfrac{V(aa + SS) + S}{a}$.

Au reste, pour simplifier la question j'ai supposé que les deux extrémités de la chaînette étoient fixées sur une même horizontale; & qu'elle étoit composée de chaînons pouvant convenir deux à deux à une même distance de ces extrémités: le procédé seroit très - sensiblement le même pour une chaîne dont les extrémités ne seroient pas sur une même horizontale & dont les chaînons également éloignés d'elles ne seroient pas les mêmes. Mais, comme je ne me proposois pas de développer pour lui-même ce problème connu, mais seulement comme exemple de l'utilité de la contemplation des quantités discrètes, pour en déduire les propriétés des quantités continues; je ne m'y arrêterai pas plus long-temps.

§. LXXVII.

Lemme. Soient deux points & une droite donnés de position, & soient deux droites données de grandeur. On démontre (d'après le Chap. IVme & tout particulièrement d'après le § XXVIII.) que la somme des produits des droites données de grandeur par les inverses des quarrés des droites menées des points donnés à un point de la droite donnée de position, est la plus petite, lorsque les cubes de ces dernières droites sont entr'eux comme les produits des cosinus des angles qu'elles font avec la droite donnée de position par les droites données de grandeur.

Savoir: Soient A & A' deux points donnés de position (Fig. 25.); BB' une droite donnée de position; a & a' deux droites données de grandeur; la somme $\dfrac{a}{AX^3} + \dfrac{a'}{A'X^3}$ est la plus petite, lorsque $AX^3 : A'X^3 =$ a cosin. $AXB : a'$ cosin. $A'XB'$.

Application. Soit BB' (Fig. 27.) une droite donnée de position; soient A & A' deux points donnés. On demande de trouver la courbe passant par les deux points A & A', qui par sa révolution autour de la droite BB' engendre le solide qui éprouve la moindre résistance de la part d'un fluide mu parallèlement à l'axe BB'.

Soient X & X' deux points de la courbe cherchée, par lesquels soient menées à la courbe les tangentes XT & $X'T$, qui se rencontrent en T; & par T soit menée à l'axe BB' une parallèle qui rencontre en x & x' les ordonnées à l'axe XY & $X'Y'$ menées par les points X & X', & la courbe en Z; & les points X & X' restant les mêmes, & les parties AX & $A'X'$ restant aussi les mêmes; soit regardé le point T comme mobile sur la ligne TZ. Soit TQ perpendiculaire à BB'.

Les résistances qu'éprouvent les surfaces coniques tronquées engendrées par les révolutions de XT & de $X'T$ sont proportionnelles à $(2TQ - Xx)$ $Xx \times \frac{Xx^2}{Tx^2}$ & $(2TQ + X'x')X'x' \times \frac{X'x'^2}{Tx'^2}$; & partant la somme de ces résistances est la plus petite, lorsque la somme de ces deux quantités est la plus petite; c. à d. lorsque $Tx^2 : Tx'^2 = (2TQ - Xx) Xx^3 \operatorname{cosin.} XTx :$ $(2TQ + X'x') X'x'^3 \operatorname{cosin.} X'Tx'.$

$$= (2TQ - Xx) Xx^3 \times \frac{Tx}{TX} : (2TQ + X'x') X'x'^3 \times \frac{Tx'}{TX'}$$

& partant $\frac{Tx}{TX} \times \frac{Xx^3}{TX^3} (2TQ - Xx) = \frac{Tx'}{TX'} \times \frac{X'x'^3}{TX'^3} (2TQ + X'x').$

Partant telle est la propriété du solide composé de cônes tronqués, jouissant de la propriété du *minimum* de résistance. Substituant à ce solide le solide inscrit qui en est la limite, & dont la résistance est aussi la limite de celle qu'éprouve le premier; & substituant au rapport des quantités qui composent cette équation leurs rapports différentiels; on trouve que dans le solide cherché la quantité $\frac{dx}{dS} \times \frac{dy^3}{dS^3} \times 2y$ est une quantité constante pour chaque point de la courbe; ou on obtient $\frac{dx}{dS} \times \frac{dy^3}{dS^3} \times y = a$; ce qui est en effet l'équation différentielle connue de la courbe génératrice du solide cherché. Si on cherche simplement la courbe de moindre résistance, on trouve que la quantité $\frac{dS^3}{dy^3} \times \frac{dS}{dx}$ est une quantité constante; ce qui est une équation à la ligne droite.

$$F I N.$$

Addition
à l'Expofition élémentaire
des Principes des Calculs fupérieurs,
envoyée
à l'Académie Royale des Sciences & Belles-Lettres de Pruffe,
fous la Devife
l'Infini eft le goufre où fe perdent nos penfées.

Conformément à la demande de l'illuftre Corps littéraire auquel j'ai eu l'honneur d'envoyer mon Mémoire fur l'Infini mathématique, j'ai cru devoir m'y borner à une expofition lumineufe des Principes des Calculs fupérieurs, & ne pas entrer dans des détails de calcul qui m'auroient éloigné de mon but principal. Je ne prendrois donc pas la liberté de lui adreffer cette légère addition, fi elle n'étoit étroitement liée avec une propofition qui a fervi de bafe à la plus grande partie de mon Mémoire, & fi elle ne fervoit à faire mieux fentir combien il étoit important de la démontrer d'une manière claire & rigoureufe.

Dans la Lettre XIme de la Correfpondance allemande de Mrs. Lambert & Holland (dont je viens de faire la lecture) ce dernier (également diftingué par fes connoiffances mathématiques & par la jufteffe & la profondeur de fa philofophie) s'exprime comme il fuit. *) *Ich habe befonders durch die bernoullifche (Reihe) finden wollen: ob fich nicht könnte* $\int y^m\, dx$ *aus* $\int . y\, dx$;

Bb 3

---

*) C'eft à dire: J'ai voulu trouver par la fuite de Bernoulli, fi de l'intégrale $\int . y\, dx$ on ne pourroit pas déduire l'intégrale $\int . y^m\, dx$; ou, ce que je défirois tout particulièrement, l'intégrale $\int . xy\, dx$. Mais jufqu'à préfent toutes mes recherches à cet égard ont été inutiles. Si cette comparaifon eft généralement poffible, (ce dont je doute encore) j'en regarde la découverte comme une des plus importantes qu'on puiffe faire pour l'avancement du Calcul intégral.

oder, welches ich besonders wünschte, ∫ x y d x aus ∫ y d x, finden laſſen. Mein Bemühen war fruchtlos, wie es noch alle meine Unterſuchungen in die-ſem Punkt geweſen ſind. Wenn dieſe Vergleichung allgemein möglich iſt, (woran ich noch zweifle), ſo ſehe ich die Entdeckung derſelben für eine der wichtigſten an, die man zur Erweiterung der Integal-Rechnung machen kann.

Il ſeroit étonnant que les vœux & les tentatives de Mr. Holland n'euſſent pas engagé Mr. Lambert à s'occuper de cet objet. Cependant, dans ſa ré-ponſe il ne relève point cet endroit remarquable de la lettre de ſon ami. Auroit-il donc regardé comme peu importante une recherche qui ne tend à rien moins qu'à réduire au ſimple calcul différenciel une grande partie du calcul intégral? La facilité extrême avec laquelle les vœux de Mr. Holland peuvent être remplis, ne me laiſſe aucun doute ſur le ſuccès qu'auroit eu un mathématicien tel que Mr. Lambert, s'il s'en fût occupé.

Le théorème de Taylor, développé & démontré (indépendamment de toute idée de l'infini) dans le Chap. IIIme de mon Mémoire, ſert de baſe aux propoſitions les plus importantes qui y ſont contenues. Dans le Chap. VIIme j'en ai déduit immédiatement la ſuite de Bernoulli, ou la quadrature des cour-bes; & dans les Chap. VIII, IX & X j'en ai montré l'application à la rectifi-cation des courbes, à la cubature des ſolides de révolution, & à la quadra-ture de leurs ſurfaces. Savoir, (pour m'en tenir aux expreſſions de mon Mémoire,) j'en ai déduit les valeurs de P, lorſque les valeurs de $\frac{dP}{dx}$ ſont reſpectivement y, $V\left(1 + \frac{dy^2}{dx^2}\right)$, yy, & $y\,V\left(1 + \frac{dy^2}{dx^2}\right)$. Ou bien, (pour parler le langage commode adopté,) j'en ai déduit les intégrales de $y\,dx$, $V(dx^2 + dy^2)$, $yy\,dx$, & $y\,V(dx^2 + dy^2)$. Le procédé que j'ai ſuivi dans ces cas particuliers, peut être généraliſé. Mais, pour m'en tenir au déſir de Mr. Holland, je vais partir de la ſuite de Bernoulli, recon-nue démontrée de la manière requiſe par l'Académie; d'autant plus que les deux déductions (par le théorème de Taylor immédiatement, & par la ſuite de Bernoulli) ne diffèrent que dans le début.

Par la fuite de Bernoulli: lorfque $\frac{dP}{dx} = \zeta$; ou $P = \int \zeta\, dx$ (fuivant l'expreffion adoptée) $P = \zeta x - \frac{x^2}{1.2}\frac{d\zeta}{dx} + \frac{x^3}{1.2.3}\frac{dd\zeta}{dx^2} - \frac{x^4}{1.2.3.4}\frac{d^3\zeta}{dx^3}$

$+ \frac{x^5}{1.2.3.4.5}\frac{d^4\zeta}{dx^4} - \frac{x^6}{1.2.3.4.5.6}\frac{d^5\zeta}{dx^5} + \&c\ldots$

Cette fuite ayant lieu, quelle que foit la valeur de ζ, (fimple ou compofée, rationelle ou irrationelle, algébrique ou transcendante), pourvu qu'on puiffe obtenir les expofants des rapports différentiels fucceffifs de ζ & de x: lorfque ζ fera une quantité complexe, les expofants des rapports différentiels fucceffifs de ζ & de x, au lieu de fe préfenter fous une forme fimple, pourront fe préfenter fous la forme de quantités compofées, mais de manière que l'expreffion de P ne différera que par la complication de fes termes, de fon expreffion dans le cas où ζ eft une quantité fimple.

Je vais éclaircir cette affertion générale par les deux formules que Mr. Holland a prifes pour exemples.

1°. Soit $\frac{dP}{dx} = xy$: ou, $P = \int xy\, dx$.   Soit $\zeta = xy$.

Partant $\frac{d\zeta}{dx} = y + x\frac{dy}{dx}$.

$$\frac{dd\zeta}{dx^2} = 2\frac{dy}{dx} + x\frac{ddy}{dx^2}.$$

$$\frac{d^3\zeta}{dx^3} = 3\frac{ddy}{dx^2} + x\frac{d^3y}{dx^3}$$

$$\frac{d^4\zeta}{dx^4} = 4\frac{d^3y}{dx^3} + x\frac{d^4y}{dx^4}$$

$$\frac{d^5\zeta}{dx^5} = 5\frac{d^4y}{dx^4} + x\frac{d^5y}{dx^5}$$

$$\frac{d^6\zeta}{dx^6} = 6\frac{d^5y}{dx^5} + x\frac{d^6y}{dx^6} \ \&c. \ \&c. \ \&c\ldots$$

Dans la fuite de Bernoulli, fubftituant à ζ & aux expofants des rapports différentiels de ζ & de x leurs valeurs en y & x, on obtient

$$P = xxy$$

$$- \frac{xxy}{1.2} - \frac{x^3}{1.2}\frac{dy}{dx}$$

$$+ \frac{2x^3}{1.2.3}\frac{dy}{dx} + \frac{x^4}{1.2.3}\frac{ddy}{dx^2}$$

$$- \frac{3x^4}{1.2.3.4}\frac{ddy}{dx^2} - \frac{x^5}{1.2.3.4}\frac{d^3y}{dx^3}$$

$$+ \frac{4x^5}{1.2.3.4.5}\frac{d^3y}{dx^3} + \frac{x^6}{1.2.3.4.5}\frac{d^4y}{dx^4}$$

$$- \frac{5x^6}{1.2.3.4.5.6}\frac{d^4y}{dx^4} - \frac{x^7}{1.2.3.4.5.6}\frac{d^5y}{dx^5}$$

$$+ \frac{6x^7}{1.2.3.4.5.6.7}\frac{d^5y}{dx^5} + \&c. \&c. \&c. ...$$

$$= \frac{xxy}{1.2} - \frac{x^3}{1.2.3}\frac{dy}{dx} + \frac{x^4}{1.2.3.4}\frac{ddy}{dx^2} - \frac{x^5}{1.2.3.4.5}\frac{d^3y}{dx^3}$$

$$+ \frac{x^6}{1.2.3.4.5.6}\frac{d^4y}{dx^4} - \frac{x^7}{1.2.3.4.5.6.7}\frac{d^5y}{dx^5} + ...$$

2°. Soit $\dfrac{dP}{dx} = y^n$; ou $P = \int . y^n\, dx$. Soit $z = y^m$.

Partant $\dfrac{dz}{dx} = m\, y^{m-1}\dfrac{dy}{dx}$

$$\frac{ddz}{dx^2} = m.\overline{m-1}\, y^{m-2}\frac{dy^2}{dx^2} + my^{m-1}\frac{ddy}{dx^2}$$

$$\frac{d^3z}{dx^3} = m.\overline{m-1}.\overline{m-2}\,y^{m-3}\frac{dy^3}{dx^3} + 2m.\overline{m-1}.y^{m-2}\frac{dy}{dx}.\frac{ddy}{dx^2}$$

$$+ m.\overline{m-1}.y^{m-2}\frac{dy}{dx}.\frac{ddy}{dx^2} + my^{m-1}\frac{d^3y}{dx^3}$$

$$= m.\overline{m-1}.\overline{m-2}\,y^{m-3}\frac{dy^3}{dx^3} + 3m.\overline{m-1}.y^{m-2}\frac{dy}{dx}\frac{ddy}{dx^2}$$

$$+ my^{m-1}\frac{d^3y}{dx^3}$$

$$\frac{d^4z}{dx^4} = m.\overline{m-2}.\overline{m-1}.\overline{m-3}\,y^{m-4}\frac{dy^4}{dx^4}$$

$$+ 3m.\overline{m-1}.\overline{m-2}.y^{m-3}\frac{dy^2}{dx^2}.\frac{ddy}{dx^2}$$

$$+ 3m.\,m-1.\,m-2\,y^{m-3}\,\frac{dy^3}{dx^3}\cdot\frac{ddy}{dx^3}$$

$$+ 3m.\,m-1.\,y^{m-2}\left(\frac{ddy}{dx^2}\right)^2 + 3m.\,m-1\,y^{m-2}\frac{dy}{dx}\cdot\frac{d^3y}{dx^3}$$

$$+ m.\,m-1\,y^{m-2}\frac{dy}{dx}\frac{d^3y}{dx^3} + my^{m-1}\frac{d^4y}{dx^4}$$

$$= m.\,m-1.\,m-2.\,m-3\,y^{m-4}\frac{dy^4}{dx^4}$$

$$+ 6m.\,m-1.\,m-2\,y^{m-3}\frac{dy^2}{dx^2}\frac{ddy}{dx^2} + 3m.\,m-1.\,y^{m-2}\left(\frac{ddy}{dx^2}\right)^2$$

$$+ 4m.\,m-1.\,y^{m-2}\frac{dy}{dx}\cdot\frac{d^3y}{dx^3} + my^{m-1}\frac{d^4y}{dx^4}.\ \&c\ldots\ \&c\ldots\ \&c\ldots$$

Partant, subſtituant dans la ſuite de Bernoulli à ζ & aux expoſants des rapports différentiels de ζ & de x, leurs valeurs en y & x; on obtient la valeur de P en y & x.

Ce procédé eſt général pour toute valeur de ζ; p. ex. lorsqu'elle eſt le produit de pluſieurs quantités variables dont on peut déterminer les rapports différentiels ſucceſſifs à x.

Exemple. Soit $\dfrac{dP}{dx} = vy$; ou, $P = \int vy\,dx$. Soit $\zeta = vy$.

Partant $\dfrac{d\zeta}{dx} = v\dfrac{dy}{dx} + y\dfrac{dv}{dx}$.

$$\frac{dd\zeta}{dx^2} = v\frac{ddy}{dx^2} + 2\frac{dv}{dx}\cdot\frac{dy}{dx} + y\frac{ddv}{dx^2}$$

$$\frac{d^3\zeta}{dx^3} = v\frac{d^3y}{dx^3} + 3\frac{dv}{dx}\cdot\frac{ddy}{dx^2} + 3\frac{ddv}{dx^2}\cdot\frac{dy}{dx} + y\frac{d^3v}{dx^3}.$$

$$\frac{d^4\zeta}{dx^4} = v\frac{d^4y}{dx^4} + 4\frac{dv}{dx}\frac{d^3y}{dx^3} + 6\frac{ddv}{dx^2}\cdot\frac{ddy}{dx^2} + 4\frac{d^3v}{dx^3}\frac{dy}{dx}$$

$$+ y\frac{d^4v}{dx^4}$$

$$\frac{d^5\zeta}{dx^5} = v\frac{d^5y}{dx^5} + 5\frac{dv}{dx}\frac{d^4y}{dx^4} + 10\frac{ddv}{dx^2}\cdot\frac{d^3y}{dx^3} + 10\frac{d^3v}{dx^3}\frac{ddy}{dx^2}$$

$$+ 5\frac{dy}{dx}\cdot\frac{d^4v}{dx^4} + y\frac{d^5v}{dx^5}\ \&c\ldots\ \&c\ldots\ \&c\ldots$$

Partant $P = vxy$

$$- \frac{x^2}{1.2}\left(v\frac{dy}{dx} + y\frac{dv}{dx}\right)$$

$$+ \frac{x^3}{1.2.3}\left(v\frac{ddy}{dx^2} + 2\frac{dv}{dx}\cdot\frac{dy}{dx} + y\frac{ddv}{dx^2}\right)$$

$$- \frac{x^4}{1.2.3.4}\left(v\frac{d^3y}{dx^3} + 3\frac{dv}{dx}\frac{ddy}{dx^2} + 3\frac{ddv}{dx^2}\frac{dy}{dx} + y\frac{d^3v}{dx^3}\right)$$

$$+ \frac{x^5}{1.2.3.4.5}\left(v\frac{d^4y}{dx^4} + 4\frac{dv}{dx}\cdot\frac{d^3y}{dx^3} + 6\frac{ddv}{dx^2}\cdot\frac{ddy}{dx^2}\right.$$
$$\left. + 4\frac{d^3v}{dx^3}\cdot\frac{dy}{dx} + y\frac{d^4v}{dx^4}\right)$$

$$- \frac{x^6}{1.2.3.4.5.6}\left(v\frac{d^5y}{dx^5} + 5\frac{dv}{dx}\frac{d^4y}{dx^4} + 10\frac{ddv}{dx^2}\cdot\frac{d^3y}{dx^3}\right.$$
$$\left. + 10\frac{d^3v}{dx^3}\frac{ddy}{dx^2} + 5\frac{d^4v}{dx^4}\cdot\frac{dy}{dx} + y\frac{d^5v}{dx^5}\right)$$

$$+ \ \&c\ldots\ \&c\ldots\ \&c\ldots$$

Enfin la fuite de Bernoulli ne renferme pas feulement la folution des équations différentielles fimples du premier degré, dans lesquelles on a $\frac{dP}{dx} = y$, ou $P = \int y\,dx$; mais encore la folution des équations différentielles fimples de tous les degrés, comprifes fous la forme $\frac{d^n P}{dx^n} = y$. Savoir, je trouve que, fi $\frac{d^n P}{dx^n} = y$, on a

$$\frac{d^{n-m}P}{dx^{n-m}} = \frac{x^m}{1.2.3\ldots m}\,y - \frac{\frac{m}{1}x^{m+1}}{1.2.3\ldots m+1}\cdot\frac{dy}{dx}$$

$$+ \frac{\frac{m}{1}\cdot\frac{m+1}{2}x^{m+2}}{1.2.3\ldots m+2}\frac{ddy}{dx^2} - \frac{\frac{m}{1}\cdot\frac{m+1}{2}\cdot\frac{m+2}{3}x^{m+3}}{1.2.3\ldots m+3}\frac{d^3y}{dx^3}$$

$$+ \frac{\frac{m}{1}\cdot\frac{m+1}{2}\cdot\frac{m+2}{3}\cdot\frac{m+3}{4}x^{m+4}}{1.2.3\ldots\ldots m+4}\frac{d^4y}{dx^4} - \&c\ldots$$

Donc, en particulier, en faifant $m = n$

$$P = \frac{x^n}{1.2.3\ldots n}\, y - \frac{\frac{n}{1} x^{n+1}}{1.2.3\ldots n+1}\cdot\frac{dy}{dx}$$

$$+ \frac{\frac{n}{1}\cdot\frac{n+1}{2}\, x^{n+2}}{1.2.3\ldots n+2}\frac{ddy}{dx^2} - \frac{\frac{n}{1}\cdot\frac{n+1}{2}\cdot\frac{n+2}{3}\, x^{n+3}}{1.2.3\ldots n+3}\frac{d^3y}{dx^3}$$

$$+ \frac{\frac{n}{1}\cdot\frac{n+1}{2}\cdot\frac{n+2}{3}\cdot\frac{n+3}{4}\, x^{n+4}}{1.2.3\ldots n+4}\frac{d^4y}{dx^4} - \&c\ldots$$

Comme ce fujet eft bien plus relatif à l'avancement du calcul intégral en particulier qu'à la métaphyfique des principes des calculs fupérieurs en général, je crois ne devoir pas abufer de la patience de mes juges, en développant la démonftration, qui ne peut avoir aucune difficulté pour le plus grand nombre d'entr'eux.

Simplification

des §§ VIes & 2 du premier Chapitre de l'Expofition élémentaire des Principes des Calculs fupérieurs.

(Pag. 18 & 24.)

Preffé par le temps & diftrait par d'autres occupations, l'Auteur de ce Mémoire n'a pas dû fe flatter de traiter, avant le terme prefcrit pour le concours, d'une manière auffi fatisfaifante qu'il efpère le faire un jour, toutes les parties d'un fujet auffi vafte que celui qui en fait l'objet; & de réunir toutes les conditions requifes par l'Académie. En particulier, le premier Chapitre lui paroît exiger des changements importants, foit dans l'ordre des propofitions en général, foit dans le développement de quelques-unes d'entr'elles en particulier. D'après cet avis, le Lecteur voudra bien ne pas juger trop à la rigueur un ouvrage compofé dans un petit efpace de temps.

Cet aveu eft relatif en particulier au § VI du premier Chapitre. Comme le théorème qui y eft contenu, fur le rapport compofé de rapports fufceptibles de limites, joue un très grand rôle dans le cours de ce Mémoire, & qu'il eft d'une très-grande importance dans toute la théorie des rapports différentiels, l'Auteur défire qu'une démonftration plus lumineufe & plus géométrique de cette propofition, que celle qui eft contenue dans le texte, foit rendue publique, comme exemple des améliorations dont fon travail eft fufceptible.

Théorème. Soient deux quantités variables fufceptibles de limites, qui s'approchent en même temps de leurs limites de manière à pouvoir en différer en même temps moins que d'aucune quantité affignée: j'affirme que, ou bien le rapport de ces deux quantités eft égal au rapport de leurs limites, ou bien leur rapport limite eft égal au rapport de leurs limites.

Soient A' & B' les limites de deux quantités variables A & B; je dis que

$$\text{ou bien } A : B = A' : B'$$

$$\text{ou bien } \lim. (A : B) = A' : B'.$$

1er cas. Que les deux limites A' & B' foient de genres oppofés; favoir, que A' foit, par exemple, la limite en petiteffe de A, & que B' foit la limite en grandeur de B.

Puisque A eft toujours plus grand que A', & que B eft toujours plus petit que B', le rapport de A à B eft toujours plus grand que le rapport de A' à B': j'affirme que le rapport de A à B peut être rendu plus petit que le rapport propofé de $A' + a'$ à B' plus grand que le rapport de A' à B'.

Soit pris A plus petit que $A' + a'$. Soit établie la proportion $A' + a' : A = B' : B''$; & foit pris B plus grand que B''.

Puisque $B > B'' : B' : B'' > B' : B$.

$$\text{Donc } A' + a' : A > B' : B$$

$$\text{Ou } A' + a' : B' > A : B.$$

2^{d} cas. Que A' & B' foient l'un & l'autre les limites en grandeur de A & de B; j'affirme que le rapport de A à B peut être égal au rapport de A' à B', ou en approcher plus près que n'en approche aucun rapport propofé plus grand ou plus petit que ce dernier.

1°. Si le rapport de A à B est constant, ce rapport est aussi celui de leurs limites (par le § III, qui pourroit être réuni avec celui-ci.)

2°. Que le rapport de A à B ne soit pas constant; je dis qu'on peut rendre le rapport de A à B, en même temps plus grand qu'un rapport proposé de $A' - a'$ à B', plus petit que le rapport de A' à B', & plus petit qu'un rapport proposé de A' à $B' - b'$ plus grand que le rapport de A' à B'.

Soit fait en même temps A plus grand que $A' - a'$, & B plus grand que $B' - b'$.

1° Puisque $A > A' - a'$; $A : B > A' - a' : B$; mais $B' > B$; donc à plus forte raison $\qquad A : B > A' - a' : B'$.

2°. Puisque $B > B' - b'$; $A : B < A : B' - b'$; mais $A' > A$; donc à plus forte raison $\qquad A : B < A' : B' - b'$.

3me *cas.* Que A' & B' soient l'un & l'autre les limites en petitesse de A & de B. La démonstration est la même, en changeant la soustraction en addition, & en substituant l'une à l'autre les expressions *plus grand* & *plus petit.*

Théorème. Soit un nombre quelconque de rapports susceptibles de limites; je dis que, ou bien leur rapport composé est égal au rapport composé de leurs rapports limites, ou bien il a pour limite le rapport composé de leurs rapports limites.

1er *cas.* Que le nombre des rapports composants soit deux, que le rapport de A à B ait pour limite le rapport de A' à B' & que le rapport de B à C ait pour limite le rapport de B' à C'; je dis que, ou bien le rapport de A à C est égal au rapport de A' à C', ou bien il a pour limite le rapport de A' à C'.

1°. Que les rapports de A' à B' & de B' à C' soient l'un & l'autre les limites en grandeur des rapports de A à B & de B à C.

Puisque $A : B < A' : B'$; soit $A : B = A' - a' : B'$
Et puisque $B : C < B' : C'$; soit $B : C = B' : C' + c'$
Donc $A : C \qquad = A' - a' : C' + c'.$
Et lim. $A : C \qquad = $ lim. $(A' - a' : C' + c').$

Or, par fuppofition, les quantités a' & c' peuvent l'une & l'autre être rendues plus petites qu'aucune quantité affignée ; donc lim. $(A' - a' : C' + c') = A' : C'$ (Théorème précédent) ; donc, lim. $A : C = A' : C'$.

2°. Que les rapports de A' à B' & de B' à C' foient l'un & l'autre les limites en petiteffe des rapports de A à B & de B à C. La détermination eft la même.

Puisque $A : B > A' : B'$; foit $A : B = A' + a' : B'$

Et puisque $B : C > B' : C'$; foit $B : C = B' : C' - c'$

Donc $A : C \qquad = A' + a' : C' - c'$

Et lim. $(A : C) \qquad = $ lim. $(A' + a' : C' - c')$
$$= A' : C'.$$

3°. Que le rapport de A' à B' foit la limite en grandeur, par exemple, du rapport de A à B ; & que le rapport de B' à C' foit la limite en petiteffe du rapport de B à C ; je dis que, ou bien le rapport de A à C eft égal au rapport de A' à C', ou bien, le rapport limite de A à C eft égal au rapport de A' à C'.

Puisque $A : B < A' : B'$, foit $A : B = A' - a' : B'$

Et puisque $B : C > B' : C'$, foit $B : C = B' : C' - c'$.

Donc $A : C \qquad = A' - a' : C' - c'$.

Mais (par fupp.) les quantités A' & C' font refpectivement les limites des quantités $A' - a'$ & $C' - c'$. Donc (Théor. précédent),

ou bien $A : C = A' : C'$
ou bien lim. $A : C = A' : C'$.

La démonftration eft la même lorsque les rapports de A' à B' & de B' à C' font refpectivement les limites en petiteffe & en grandeur des rapports de A à B & de B à C.

2^d cas. Que le nombre des rapports compofants foit plus grand que deux. L'Auteur ne trouve rien à changer au texte.

Addition & Correction au Chap. III.,

postérieures au Jugement de l'Académie.

(Pag. 47 - 51.)

L'importance du théorème de Taylor, dont le développement termine ce Chapitre, & le grand nombre des applications qu'il trouve dans le cours de ce Mémoire, m'ont engagé à développer cette proposition fondamentale mieux que je ne crois l'avoir fait avant le terme preferit pour le concours.

Après avoir prouvé dans le texte, que la fonction (vraie ou apparente) de $\Delta x \ldots \Delta x (a' + b' \Delta x + c' \Delta x^2 + d' \Delta x^3 + \ldots)$ est constante, j'en ai déduit que cette fonction étoit zéro, parce qu'elle évanouit pour une valeur déterminée de Δx, savoir zéro. Mais, comme Δx est supposée être une partie aliquote de b, & partant qu'elle ne peut être zéro, on peut élever des doutes sur la légitimité de cette déduction. C'est ce qui m'a engagé à rectifier ma démonstration comme il suit.

La quantité $\Delta x (a' + b' \Delta x + c' \Delta x^2 + d' \Delta x^3 + \ldots)$ étant constante pour toute valeur de Δx (plus petite que b); en particulier soit substitué à Δx une partie aliquote d'elle-même, p. ex. sa moitié.

On aura $\Delta x (a' + b' \Delta x + c' \Delta x^2 + d' \Delta x^3 + \ldots)$
$$= \tfrac{1}{2} \Delta x (a' + \tfrac{1}{2} b' \Delta x + \tfrac{1}{4} c' \Delta x^2 + \tfrac{1}{8} d' \Delta x^3 + \ldots)$$
Donc aussi $a' + b' \Delta x + c' \Delta x^2 + d' \Delta x^3 + \ldots$
$$= \tfrac{1}{2} a' + \tfrac{1}{4} b' \Delta x + \tfrac{1}{8} c' \Delta x^2 + \tfrac{1}{16} d' \Delta x^3 + \ldots$$
Donc $\tfrac{1}{2} a' + \tfrac{3}{4} b' \Delta x + \tfrac{7}{8} c' \Delta x^2 + \tfrac{15}{16} d' \Delta x^3 + \ldots = 0.$

Mais, si les coëfficiens $\tfrac{1}{2} a'$, $\tfrac{3}{4} b'$, $\tfrac{7}{8} c'$, $\tfrac{15}{16} d' =$, &c...; ne sont pas tous en même temps zéro, les racines de cette équation, ou les valeurs de Δx, sont déterminées par ceux de ces coëfficiens qui n'ont pas évanoui, & ne sauroient être prises à volonté: partant, puisque cette équation doit avoir

lieu pour toutes les valeurs de Δx; tous les facteurs $\frac{1}{2}d'$, $\frac{2}{3}b'$, $\frac{3}{4}c'$, $\frac{15}{16}d'$, &c...
font zéro; & partant aussi tous les facteurs a', b', c', d, &c...
font zéro. Donc la fonction apparente de Δx, $\Delta x\,(a' + b'\Delta x + c'\Delta x^2 + d'\Delta x^3 + ...)$ est zéro.

Avis. D'après cette rectification de la détermination de la valeur de P^N, le Lecteur est prié de supprimer (comme tout au moins inutile) cette phrase du texte: *Si ce n'étoit pas là la veritable valeur de P^N, on montreroit (par absurde) qu'elle ne peut en différer d'aucune quantité assignée.*

Autre Démonstration.

En admettant la démonstration élémentaire du théorème binomial, pris suivant toute sa généralité, on peut démontrer, comme il suit, le théorème de Taylor.

1er *cas.* Que P soit une puissance de x, savoir x^n.

Puisque $P = x^n$.

$$\frac{dP}{dx} = nx^{n-1}$$

$$\frac{ddP}{dx^2} = n.\overline{n-1}.x^{n-2}$$

$$\frac{d^3P}{dx^3} = n.\overline{n-1}.\overline{n-2}.x^{n-3}$$

$$\frac{d^4P}{dx^4} = n.\overline{n-1}.\overline{n-2}.\overline{n-3}.x^{n-4}$$

&c... &c...

Donc $P + \dfrac{b}{1}\dfrac{dP}{dx} + \dfrac{b^2}{1.2}\dfrac{ddP}{dx^2} + \dfrac{b^3}{1.2.3}\dfrac{d^3P}{dx^3} + \dfrac{b^4}{1.2.3.4}\dfrac{d^4P}{dx^4} + $ &c...

$= x^n + \dfrac{n}{1}x^{n-1}b + \dfrac{n}{1}.\dfrac{n-1}{2}x^{n-2}b^2 + \dfrac{n}{1}.\dfrac{n-1}{2}.\dfrac{n-2}{3}x^{n-3}b^3$

$+ \dfrac{n}{1}.\dfrac{n-1}{2}.\dfrac{n-2}{3}.\dfrac{n-3}{4}x^{n-4}b^4 + $ &c...

$= (x + b)^n = P^N.$

Donc,

Donc, dans ce cas, la fonction de Δx, $\Delta x \left(a' + b' \Delta x + c' \Delta x^2 + d' x^3 + \ldots\right)$ est zéro.

Lorsque la fonction P est de la forme $A x^a$, savoir le produit d'une puissance de x par une quantité constante, la démonstration est exactement la même.

2e cas. Que la fonction P soit de la forme $A x^a + B x^b + C x^c + D x^d + \ldots$ Pour abréger; que les termes successifs qui composent cette fonction, soient désignés par Q, R, S, T, &c... & que les mêmes termes, quand on y substitue $x + b$ à x, soient désignés par Q^N, R^N, S^N, T^N, &c...

On a les équations suivantes:

$$P^N = Q^N + R^N + S^N + T^N + \ldots$$

$$\frac{dP}{dx} = \frac{dQ}{dx} + \frac{dR}{dx} + \frac{dS}{dx} + \frac{dT}{dx} + \ldots$$

$$\frac{ddP}{dx^2} = \frac{ddQ}{dx^2} + \frac{ddR}{dx^2} + \frac{ddS}{dx^2} + \frac{ddT}{dx^2} + \ldots$$

$$\frac{d^3P}{dx^3} = \frac{d^3Q}{dx^3} + \frac{d^3R}{dx^3} + \frac{d^3S}{dx^3} + \frac{d^3T}{dx^3} + \ldots$$

$$\frac{d^4P}{dx^4} = \frac{d^4Q}{dx^4} + \frac{d^4R}{dx^4} + \frac{d^4S}{dx^4} + \frac{d^4T}{dx^4} + \ldots$$

&c... &c... &c...

Or (1er cas)

$$Q^N = Q + \frac{b}{1}\frac{dQ}{dx} + \frac{b^2}{1.2}\frac{ddQ}{dx^2} + \frac{b^3}{1.2.3}\frac{d^3Q}{dx^3} + \frac{b^4}{1.2.3.4}\frac{d^4Q}{dx^4} + \ldots$$

$$R^N = R + \frac{b}{1}\frac{dR}{dx} + \frac{b^2}{1.2}\frac{ddR}{dx^2} + \frac{b^3}{1.2.3}\frac{d^3R}{dx^3} + \frac{b^4}{1.2.3.4}\frac{d^4R}{dx^4} + \ldots$$

$$S^N = S + \frac{b}{1}\frac{dS}{dx} + \frac{b^2}{1.2}\frac{ddS}{dx^2} + \frac{b^3}{1.2.3}\frac{d^3S}{dx^3} + \frac{b^4}{1.2.3.4}\frac{d^4S}{dx^4} + \ldots$$

$$T^N = T + \frac{b}{1}\frac{dT}{dx} + \frac{b^2}{1.2}\frac{ddT}{dx^2} + \frac{b^3}{1.2.3}\frac{d^3T}{dx^3} + \frac{b^4}{1.2.3.4}\frac{d^4T}{dx^4} + \ldots$$

&c... &c... &c...

Dd

$$\text{Donc } P^N = Q + R + S + T + \ldots \; (= P)$$

$$+ \frac{b}{1}\left(\frac{dQ}{dx} + \frac{dR}{dx} + \frac{dS}{dx} + \frac{dT}{dx} + \ldots \right.\; \left(= \frac{b}{1}\frac{dP}{dx}\right)$$

$$+ \frac{b^2}{1.2}\left(\frac{ddQ}{dx^2} + \frac{ddR}{dx^2} + \frac{ddS}{dx^2} + \frac{ddT}{dx^2} + \ldots \right.\; \left(= \frac{b^2}{1.2}\frac{ddP}{dx^2}\right)$$

$$+ \frac{b^3}{1.2.3}\left(\frac{d^3Q}{dx^3} + \frac{d^3R}{dx^3} + \frac{d^3S}{dx^3} + \frac{d^3T}{dx^3} + \ldots \right.\; \left(= \frac{b^3}{1.2.3}\frac{d^3P}{dx^3}\right)$$

$$+ \frac{b^4}{1.2.3.4}\left(\frac{d^4Q}{dx^4} + \frac{d^4R}{dx^4} + \frac{d^4S}{dx^4} + \frac{d^4T}{dx^4} + \ldots \right.\; \left(= \frac{b^4}{1.2.3.4}\frac{d^4P}{dx^4}\right)$$

$$\&c\ldots \quad \&c\ldots \quad \&c\ldots$$

$$\text{Donc } P^N = P + \frac{b}{1}\frac{dP}{dx} + \frac{b^2}{1.2}\frac{ddP}{dx^2} + \frac{b^3}{1.2.3}\frac{d^3P}{dx^3} + \frac{b^4}{1.2.3.4}\frac{d^4P}{dx^4} + \ldots$$

3me *cas.* Il eſt connu que toute fonction algébrique de x peut être ramenée (tout au moins en la réduiſant en ſuite) à une fonction de la même variable, compoſée ſeulement de puiſſances de cette dernière, de manière qu'elle revête la forme du ſecond cas; & qu'il en eſt de même de toute fonction transcendante (comme nous le verrons dans la ſuite). Partant la propoſition eſt générale pour toute fonction de x.

Note poſtérieure au Jugement de l'Académie. (Pag. 188. lig. 2.)

Les réflexions phyſiques contenues dans ce Chapitre ſont tout particulièrement le fruit des inſtructions que j'ai eu le bonheur de recevoir de ce profond Philoſophe. La reconnoiſſance dont me pénètrent les ſoins paternels que ce reſpectable Parent a donnés à mon éducation; l'importance que j'attache à ce que ſes méditations ſur les points fondamentaux de la Phyſique ſoient auſſi répandues qu'elles méritent de l'être; & le déſir que j'ai d'y contribuer autant qu'il eſt à ma foible portée; m'ont guidé dans l'esquiſſe que j'ai tracée de ſes ſentiments ſur les Imperceptibles ou Infiniment-petits phyſiques: en me bornant (pour le fond) à l'expoſition qu'il en a faite lui-même dans ſes ouvrages mentionnés dans le texte; & en me contenant dans les limites que je devois me preſcrire, dans une digreſſion peut-être étrangère à la queſtion purement mathématique, propoſée par l'Académie.

Addition à la Note sur M. Le Sage.

Les vues de cet ingénieux mathématicien sur les Imperceptibles ne sont pas relatives seulement aux objets physiques; elles embrassent aussi les objets des Mathématiques pures, ainsi qu'il me l'a appris par une Lettre du 14me Juillet 1786. Je crois ne pouvoir mieux exposer son sentiment qu'en en copiant le morceau relatif à cet objet; intitulé

„*Exposition de mon ancienne façon de concevoir les Infiniment-petits de tout ordre.*"

„Mon but, dans cette ancienne recherche, étoit d'assigner, une bonne fois, aux Infiniment-„petits de tout genre & de tout ordre, une constitution; qui me permit ensuite & toujours, „de les traiter hardiment comme des quantités déterminées, finies mais négligibles; & qui fût „applicable aux êtres réels, comme aux êtres hypothétiques.

„Pour cet effet je substituai aux quantités moindres qu'aucune assignée, & à celles qu'on pourroit „prétendre être moindres qu'aucune assignable, des quantités moindres qu'aucune qu'on as-„signera réellement jamais: ou plutôt, des parcelles qu'on peut négliger relativement à leurs „touts, sans aucune erreur qui devienne jamais réellement sensible.

„Effectivement, de telles quantités sont vraiment *déterminées*, puisque toute application qu'on „fera réellement jamais, de quelque proposition que ce soit, est déterminée en soi, quoique „actuellement inconnue: vu que tous les futurs contingents sont déterminés, n'y eût-il même „aucun être qui les prévît, ni aucun *Nexus* entre ces futurs-là & le présent."

E r r a t a

Ce Mémoire ayant été imprimé en l'absence de l'Auteur, il prie le Lecteur de corriger avant la lecture les fautes principales qu'il a cru remarquer.

Page	Ligne	Au lieu de	Lisez
8	10	$\zeta\left(1-\dfrac{1}{n+1}\right)$	$2\left(1-\dfrac{1}{n+1}\right)$
—	13	ζ	2
16	13	Proportion	Proposition
—	17	par l'axe	par l'arc
19	4	$C + \delta$	$C' + \delta$
20	3	$\dfrac{C' \times B'}{C' + \delta}$	$\dfrac{\delta \times B'}{C' + \delta}$
21	1	multiplié	multiplé
—	5	double	doublé
22	19	$B \times^{\delta}$	Bz^{δ}
24	4	(Lim. $A +$	Lim. ($A + \ldots$
—	27	$A' : Q'$	$A : Q'$
26	10	binominal	binomial
28	9	$\dfrac{\delta}{z}$	$\dfrac{\delta}{z}$

Page	Ligne	Au lieu de	Lisez
28	9	$x\,\dfrac{d-a}{\ }$	x^{d-a}
—	17	x^{d-a}	x^{d-a}
29	6	x^{b-1}	x^{d-1}
—	—	x^{c-1}	x^{d-1}
—	9	$\dfrac{\Delta y}{\Delta x}$	Lim. $\dfrac{\Delta y}{\Delta x}$
—	10	$\dfrac{3Bx^4+\ldots a-1}{Dx^4+\ldots)a}$	$\dfrac{3Bx^4+\ldots}{Dx^4+\ldots)\frac{a-1}{a}}$
31	1	du Rapport	du second rapport
—	5	$R, S, T,$	R, S
—	16	Nx^n	Nx^n
—	18	$3Cy^{n-1}x^2$	$3Cy^{n-1}x^2$
32	10	$\dfrac{dP}{Q}$	$d.\dfrac{P}{Q}$
33	18	intégrable	intégrale
36	24	génératise	génératrice
38	31	droite	courbe
39	7	rapport MT	rapport de MT
42	11	$F \,\&\, P'$	$F \,\&\, F'$
43	7	P'	P
—	17	nx^{n-1}	nBx^{n-1}
44	15	$D^{IV}\,\Delta x^4$	$D'''\,\Delta x^3$
45	17	$n(-1)$	$n-(n-1)$
48	17	$\dfrac{n\pm-(n-1)}{n}$	$\dfrac{n-(n-1)}{n}$
51	26	binominal	binomial
55	11	$\dfrac{\frac{0}{0}+a}{\frac{\Delta}{\Delta}}$	$\dfrac{\frac{0}{0}+a}{\frac{\Delta}{\Delta}}$
56	12		
57	2	$\dfrac{ddP}{dx}$	$\dfrac{ddP}{dx^2}$
—	3	$(x-a)^2 \times Q$	$(x-a)^2 \times Q''$
60	29	$xy \,\&\, x'y$	$XY, \,\&\, X'Y'$
—	31	Px', Py	PX', PY
—	—	Yy'	Y,y
—	32	$Px \,\&\, Py'$	$PX, \,\&\, PY'$
61	4 & 6	tang. x	Tang. X
—	9	Px'	PX'
—	14	Px	PX
—	—	Py	PY
—	26	$x \,\&\, x'$	$X \,\&\, X'$
—	29	$\Delta'x'$	$\Delta'X'$

Page	Ligne	Au lieu de	Lisez
62	7	x & x'	X' & X''
—	16	minimum	minima
63	2	$\Delta x \frac{4}{3} \dfrac{ddp}{dx^3}$	$\Delta x \frac{4}{3} \dfrac{ddq}{dx^2}$
—	11	$(f-x)\dfrac{2n+1}{2n}q$	$(f-x)^{\frac{2n+1}{2n}}q$
64	14	celles	celle
66	8	x	X
—	9	$\dfrac{T'x'}{XX''}$	$\dfrac{T'x'}{X'x'}$
—	13	$X'y'$	$X'Y'$
69	11 & 12	perpendiculaires. P. ex. d'un	perpendiculaires, p. ex. D'un
70	18	cof T. N'	cof F N'
71	5	$\dfrac{\Delta MP}{PP}$	$\dfrac{\Delta MP}{PP'}$
76	29	AP	NP
77	18	Mr	$M\mu$
80	15	mu	$M\mu$
—	—	$\dfrac{AC}{AM}$	$\dfrac{AC}{MP}$
—	17	$\dfrac{a-3}{3}$	$\dfrac{a-2}{3}$
82	21	$\log y = \log e$	$\log y : \log e$
84	2	$\dfrac{x}{u}\dfrac{dq}{dy}$	$\dfrac{x}{u}\dfrac{dq}{dy}$
85	11	§.	§. XVI.
—	25	MP	$M'P'$
86	12	de deux	des deux
89	10	$\dfrac{1}{m-2}(Ca+x)y$	$\dfrac{1}{m-1}((a+x)y$
91	11	des Rapports	du Rapport
—	13 & 19	pris	prise
92	11	$\dfrac{\lambda}{m}y$	$\dfrac{\lambda}{m}x$
94	17	EE'	E, E'
96	7	$\dfrac{1}{d-x}$	$\dfrac{1}{d+x}$
—	16	pour	par
—	24	$x6$	x^6
97	3	$\dfrac{x}{2}-\dfrac{1}{3}x^3$	$\dfrac{1}{2}\cdot\dfrac{1}{3}x^3$
—	5	$\dfrac{dxy}{dx}$	$\dfrac{d.\,xy}{dx}$
98	13	$\dfrac{\Delta x^4}{1.2.3.4.5}$	$+\dfrac{\Delta x^5}{1.2.3.4.5}$

214

Page	Ligne	Au lieu de	Lisez
100	6 & 7	Perpendiculaires. Soient p. ex :.	perpendiculaires p. ex. Soient
—	22	$\frac{nn}{y}$	$\frac{nn}{yy}$
101	4	$\frac{z}{3}$	$\frac{z}{3}$
103	10	$M F'$ / $M e'$	$M \mu$ / $M e$
—	11	$\frac{M M'}{M e'}$	$\frac{M M'}{M e}$
104	12	des retours	du retour
—	18	$\frac{\text{à cof } e}{de}$	$\frac{\text{à cof } e}{de}$
—	—	$\frac{\text{à fin } e}{de} = - \text{cof } e$	$\frac{\text{à fin } e}{de} = - \text{cof } e$
105	2	$\frac{A e^2}{e.e}$	$\frac{A e^2}{e.e}$
106	24	de deux	des deux
108	17	en	en
109	27	$S P m$	$S P^{\square}$
113	5 & 9	$X S X'$	$X F X'$
—	13 & 16	$\frac{z}{\ }$	$\frac{z}{\ }$
114	6 & 14	$M' P$	$M' P$
115	9	$M F$	$M T$
—	26 & 27	s'en	l'en
123	5 & 6	& s'imagine	il imagine
124	3	développé	développées
125	16	eſt	elle eſt
141	25	par z	par z
144	4	comme	connu
—	8	autre,	autre côté
145	1	=	+
150	28	$a =|= ,$	$a =|= 1,$
153	18 & 19	valeur. Dans	valeur dans
156	14	proposition	proportion
—	18	+	=
157	19	$\frac{+}{8}$	$\frac{z}{8}$
158	7	de ces	des
159	13	petit	effacez
—	21	la plus petits	plus grande qu'elle?
162	2	pour	par
163	25	pour	par
170	11	arc	axe

Page	Ligne	Au lieu de	Lisez
172	10-17	an	an
—	17	$\dfrac{a^2}{a^2}$	$\dfrac{a^6}{a^6}$
176	11	sommes	sciences
—	24	en	au
177	2	&	effacez
181	3	millissima	millesima
184	8	de gravité commun	commun de gravité
—	20	contours	ajoutez; au plan proposé, & de l'un ou l'autre de ces deux contours;
189	23	accélérative	accélératrice
190	13	$\dfrac{A v}{A v}$	$\dfrac{d v}{d v}$
191	8-12	a	X
—	12	$A \times B$	$A X B$
—	13	$A' \times B'$	$A' X B'$
194	14	$S X + X X'$	$S X + \tfrac{1}{2} X X'$
196	10	$\dfrac{X x^2}{2' x^2}$	$\dfrac{X x^2}{T X^2}$
—	—	$(2 T Q + X' x', X' x' \times \dfrac{X x'^2}{T x'^2}$	$(2 T Q + X' x') X' x' \times \dfrac{X x'^2}{T X'^2}$
—	12	$T x^2 : T x'^2$	$T X^2 : T X'^2$
198	5	Integal	Integral

Errata des Planches de l'Exposition des Calculs supérieurs.

Dans la 2.ᵈᵉ des Fig. 3.ᵐᵉˢ, au lieu de $T M'Q$, il faut $T M Q'$.

Fig. 5.ᵐᵉ. La trace $M'g$ doit être un arc de cercle décrit du point F comme centre, avec le rayon $F M'$; & ne doit pas être prolongée comme elle l'est, au delà du point M', du côté de la Tangente $M T$.

Fig. 6.ᵐᵉ. La trace marquée $M'Q'$ doit être $M'Q$; & cette trace, au lieu d'une ligne droite, doit être un arc de cercle, dont F est le centre & $F M'$ le rayon.

Fig. 12.ᵐᵉ. La trace Ma doit être une ligne droite. La trace Nn doit être un arc de cercle, dont M est le centre & MN le rayon. La lettre marquée m', au sommet du triangle $M m' M'$ doit être m; ce triangle étant $M m M'$.

Fig. 14.ᵐᵉ. Au lieu de $M' P$ il faut $M P$.

Fig. 16.ᵐᵉ. La ligne $M'm' R'Q$ doit être $M'm' R'Q'$.

Fig. 20.ᵐᵉ. La trace Tt doit être un arc de cercle décrit du point C comme centre avec le rayon $C T$; & Tt' est une perpendiculaire à $C T'$.

Fig. 23.ᵐᵉ. La trace Pc, courbée dans la Figure, doit être une seule ligne droite parallèle à $P' C'$.

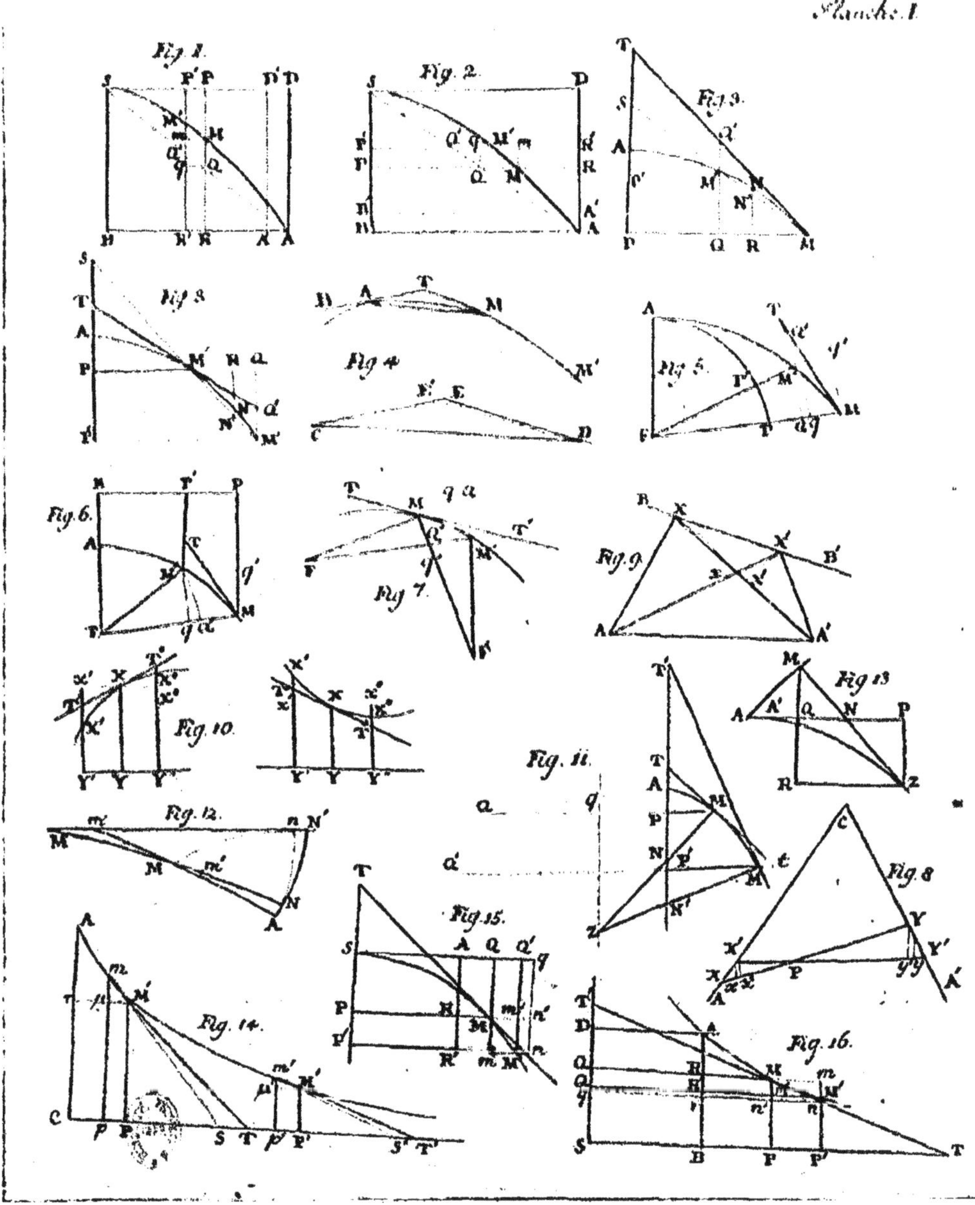
Fig. 1.
Fig. 2.
Fig. 3.
Fig. 3
Fig. 4
Fig. 5
Fig. 6.
Fig. 7
Fig. 9.
Fig. 10.
Fig. 11.
Fig. 12.
Fig. 13
Fig. 14.
Fig. 15.
Fig. 16.
Fig. 8

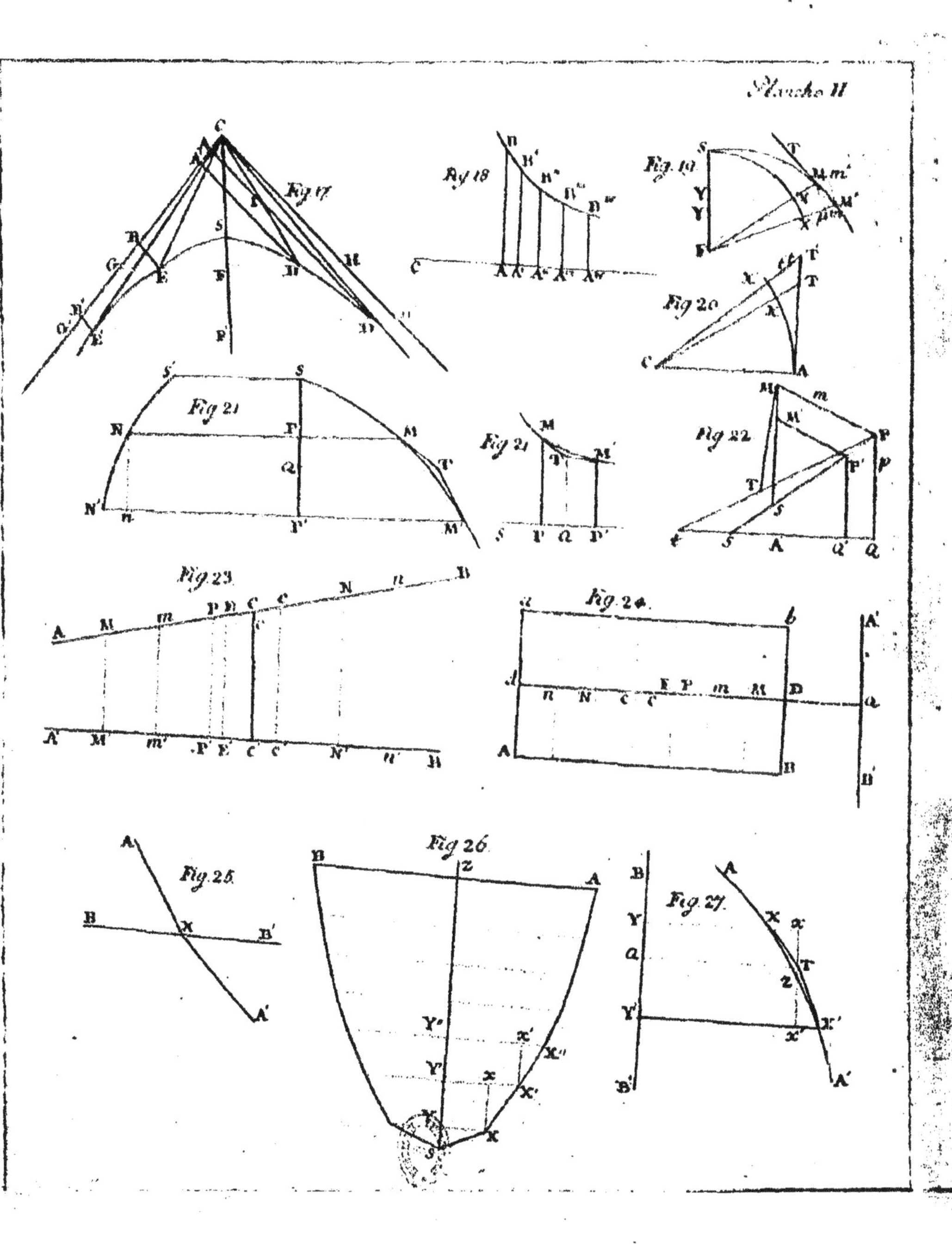

Planche II
Fig 17
Fig 18
Fig 19
Fig 20
Fig 21
Fig 21
Fig 22
Fig 23
Fig 24
Fig 25
Fig 26
Fig 27